城市综合防灾与应急管理

翟宝辉　袁利平　等 / 编著

中国建筑工业出版社

图书在版编目（CIP）数据

城市综合防灾与应急管理／翟宝辉等编著．—北京：中国建筑工业出版社，2020.5
 ISBN 978-7-112-25422-4

Ⅰ.①城…　Ⅱ.①翟…　Ⅲ.①城市－灾害防治－研究－中国
②城市－突发事件－公共管理－研究－中国 Ⅳ.①X4 ②D63

中国版本图书馆CIP数据核字（2020）第175740号

　责任编辑：宋　凯　张智芊
　责任校对：张惠雯

城市综合防灾与应急管理

翟宝辉　袁利平　等／编著

*

中国建筑工业出版社出版、发行（北京海淀三里河路9号）
各地新华书店、建筑书店经销
北京建筑工业印刷厂制版
北京建筑工业印刷厂印刷

*

开本：787×1092毫米　1/16　印张：24½　字数：407千字
2020年10月第一版　2020年10月第一次印刷
定价：**52.00**元
ISBN 978-7-112-25422-4
（34901）

前　言

这本书的原型《城市综合防灾》出版于 2007 年，今年修订再版出于以下三方面考虑：

第一，满足需求。

这本书市场上已经很难买到了，绝大部分书店和网络平台都显示缺货。当然，有些旧书交易网站可以高价买到，我自己就曾经从孔夫子旧书网买到过，但机会凤毛麟角。而自从北京工业大学把这本书列为博士研究生入学考试指定参考书以来，需求量一直是递增的，有的直接找我来索购，熟人来要，我就赠送了，但后来我也无能为力，样书、抢购书都送完了。幸亏我还留了一本收藏，不然这个版本的原件都难以得来，这得感谢袁利平同志安排她的硕士研究生邓捷扫描、译读，形成我们修订版 Word 格式的"底图"。

第二，形势要求。

这又可以从两个方面来看，一个是政治经济社会发展角度，一个是科学规律认知角度。

先看政治经济社会发展角度。城市综合防灾经历了两个十年，第一个十年是从 1998 年长江洪水过后开始的，1999 年中国科学技术协会组织了《减轻自然灾害白皮书》编写工作，我有幸参加了中国城市科学研究会城市综合防灾方面的联络工作，并在白皮书中，结合当时的硕士学位论文部分内容，贡献了一篇"如何建立综合防灾体系"的署名文章。记得白皮书出到 2005 年（一年一本）就没有继续了。2001 年 7 月，北京从筹办 2008 年第 29 届奥运会角度，开始构建城市运行保障体系；2003 年 SARS 之后，国家开始着手搭建应急预案体系；2004年我因主持"城市综合防灾战略研究"课题，借调到当时的建设部工程质量安全监督与行业发展司防灾与抗震处工作一年，开始接触国家层面的专项应急预案编制。这个研究是该司按照当时部长的要求，提出并委托我们政策研究中心完成的，这个课题的研究成果就是《城市综合防灾》一书的基础。

第二个十年是从2008年开始的，2008年对于我们来说是不平凡的一年，2008年1月，湖南、湖北、贵州、广西、江西、安徽等6省区遭遇严重冰雪灾害，电力输送设施遭遇严重威胁，城市间交通大部分瘫痪，城市日常物资储备因此告急，很多城市遭遇了断电断水、污水无法排放的窘境；2008年5月12日汶川遭遇特大地震，毁损最严重的是学校建筑，岷江两岸随时可能的塌方和后来出现的堰塞湖威胁着进出汶川的咽喉要道，是否异地重建在移民安置和本地支撑力脆弱间纠结；2008年8月，第29届奥林匹克运动会在北京举行，北京用三套备选保障方案出色完成了"城市运行"保障任务，这一切都突显了城市综合防灾的重要性和必要性。2010年的上海世博会充分借鉴2008年北京奥运会的经验，综合运用物防、技防、人防、狗防增强了上海世博会的保障能力；后来的亚运会、大运会、全运会都全力丰富着城市运行综合保障能力的提升；近年的APEC、G20、"一带一路"等政治经济活动更是大尺度检视着城市运行综合保障能力、防范能力和应急反应能力。这次机构改革，专门成立了应急管理部，则是对城市综合防灾和应急管理的认识达到了应有高度。

再看科学规律认知角度，城市灾害预防是从单灾种预防开始的，有颇多成熟的研究成果，而且有很长的研究历史。1999年中国科学技术协会组织编辑《减轻自然灾害白皮书》时，17个全国性学会就有16个学会专门研究单灾种方向，城市综合防灾被列为第17种灾害。这第17种灾害有可能包括发生在同一个城市前16种灾害的任意组合，那么它们之间是什么关系？谁是谁的次生灾害？又如何相互影响？情形非常复杂，当然吸引了众多研究，出现了大尺度差异化研究方向。中国城市科学研究会倡导的城市综合防灾研究聚焦在城市承灾体上，终于得到大家的认可。这就提出如何认识城市的问题？城市是什么？由什么组成？遭遇灾害时损失的是什么？不能恢复城市运行时都造成了哪些损失？这就出现了城市学和灾害学的结合与联姻。城市正常运行需要哪些保障？一旦发生紧急状态，城市应该有哪些提前准备？物资？设备？技术人员？技术？程序？流程？法律？警察？医生？这就道出了城市运行管理与应急管理的对接问题。这次中央城市工作会议提出，城市工作要树立系统思维，从构成城市诸多要素、结构、功能等方面入手，对事关城市发展的重大问题进行深入研究和周密部署，系统推进各方面工作。这是对城市发展规律最准确的认知，是城市综合防灾与应急管理研究的指路航标。

第三，圆梦之旅。

到这本书出版时我从事城市科学研究应该有 34 年了。在王如松院士的多年引导下，我尝试了从钢筋混凝土柱梁中走出来，走出建筑物，走出建筑群，走出小区，走向城市，最后走出城市，从生态学视野看城市的要素、结构、功能和过程。我的梦想就是借助多学科知识及其载体，把城市看清楚，看透明，看到隐患，看到方向。我看到了地下建筑物的柱子坐在岩石上或者筏式基础上，托起横梁及其以上的建筑物、构筑物，期间穿插着供水管、雨水管、污水管、电缆管、煤气管、暖气管，墙面和地面围合出生活空间、办公空间、商业空间、会议空间、交通空间、游憩空间，各类设施和树木绿草围合出道路、广场、各类功能区、公园游园、河流，支撑起人们的政治、经济、社会活动，体现出效率、便捷和秩序。城市，让生活更美好！这是国人的城市梦——中国梦，也是我的梦。为了使这样的梦圆，就必须保障建筑物是安全的，各类管线是安全的，空间是有秩序的。

因此，这本书修订时特别强调了对城市的认识，特别是对城市运行的认识，把地下地面设施分成了六大系统，称为城市基础功能，地面以上分为公共空间和专属空间。六大系统的综合防灾与应急管理做好了，公共空间的应急准备充分了，城市的正常运转就有保障了。当然，综合防灾是个系统工程，是全社会的责任和义务。但应急管理是城市必须的功能，是平时的战争，需要专门的技术、队伍、设备、程序、训练和社会动员。因此本书特别强调了城市运行和应急管理的关系，希望城市运行管理精细化，把风险降到最低，应急管理现代化，把恢复城市正常运行的时间缩到最短，这才是一个功能完善的城市！

翟宝辉

2019 年 6 月 12 日

于北京百万庄

原版总序

在走向 2020 年"全面小康社会"的发展过程中,我们面对城镇化加速的重大挑战。

我们已经基本完成了工业化初、中期的发展任务。2006 年,中国的钢产量达到 4.2 亿 t;外汇储备超过 1 万亿美元。与这样的工业化、国际化、现代化以及市场化进程相应的,是我们的城镇化正在如火如荼;城市建设、城市改造、城市扩张和城市结构调整与功能完善正在成为国民经济最重要的推动力量之一。可以这样说,化解我国未来战略过程中的诸多重大难题,例如就业、提高农民收入和农村剩余劳动力转移、资源短缺、提高国际竞争力、实现与环境友好和可持续发展等,共同出路之一是推进城镇化。但毋庸讳言的是,我们对城市的认识是不充分的。改革开放之前,我们的基本建设方针还是"靠山、分散、进洞",是"要准备打仗",是"知识青年到农村去",是"先治坡后治窝"。当前,我们迫切需要做好城市建设、城市管理、城市基础设施的完善等方面的工作,以及城市资源优化配置和城市综合防灾等多方面的研究,总结经验、探索规律。

城市不仅要建设,而且要管理。城市管理是公共管理中最重要的组成部分之一。进入 21 世纪以来,政府如何转变职能、更充分地提供公共产品、促进社会和谐等问题,已经成为社会普遍关注的焦点。城市规划、公共交通、公用设施、园林绿化、环境改造、建筑质量、建筑市场监管、建筑节能、征地拆迁、房地产业及市场发展以至小区建设、出租车管理等都成了制度建设的迫切之需。

建设城市与管理城市，就需要一大批专业化的干部人才。为加强城市管理领域的人才培养，满足实践发展的迫切需要，提高建设系统各级干部的专业化水平，普及城市管理的实用知识，我们特组织建设系统权威、资深的专家学者共同编写了这套《城市管理万有文库》大型丛书。

本丛书是各级城市管理领域的实用手册性读物，按专题编写，每个专题中包括基本理论和规律概要介绍、现行法律法规及要点诠释、各地实践经验与案例三个基本部分，并兼顾介绍国内外先进成熟的经验。本丛书的编辑原则格外强调权威性、政策性、实用性和可操作性，是建设系统实际工作者的业务指南。本套丛书将作为建设部党组委托部政策研究中心与清华大学、中国人民大学合办，面向全国建设系统定向招生 MPA（公共管理硕士）教育的指定教学参考书。

由于时间仓促和经验、水平限制，本丛书的内容肯定还有诸多疏漏不足。我们热烈欢迎读者批评指正。

本丛书在编纂过程中采用了建设部各司局委托的多项课题研究成果；丛书的出版得到了中国发展出版社的大力支持，责任编辑为本书的出版付出了巨大心血。谨在此一并表示感谢。

陈 淮

2007 年 4 月

目　录

第一章　对城市的认识

第一节　关于城市的概念及其认识

城市是有一定人口规模，并以非农产业为主的居民生产生活集聚地，它是自然生态聚落的一种特殊形态，在自然背景下人工设施高度密集、人类活动高度集中的特殊空间。

城市是一种区域现象，它是人类活动的中心，同周围广大区域保持着密切的联系并占有主动地位，具有控制、调整和服务等功能。

城市本身是一个"面"，其内部各种要素的演变和组合构成一个不断演进的动态系统，城市中的环境一般都是按照人的意志改造过，以人为主体的社会活动改变了原有城市所在地的生态本底，形成了一个具有强烈人工色彩的生态系统，该系统由诸多子系统构成，如：建筑物、商业网、交通网、电信网、供排水网、煤气管网、教育系统、文化网等，这些都是靠人工系统维系的。

从区域角度看，城市又是一个"点"。城市一方面表现为不断从周围区域获取能源、原材料、劳动力、粮食和蔬菜等生产要素和生活要素；另一方面，城市为了生存和发展，又不断向周围地区销售产品或提供服务。所以，几乎每个城市都是一个地区的经济、政治或文化中心，每个城市都有自己的影响区域（腹地或集散区），每个城市都在其影响区域内起着焦点或核心作用，但由于城市规模不同，其影响范围各异，影响区之间也有可能叠加或交错。

现代城市的突出特点表现为网络化。在人口高度集中、人的活动高速运行的城市，道路交通、通信、信息、供电、供水、供气等基础设施发挥着举足轻重的作用，它们又形成相互依存的网络，共同为城市的运行保驾护航。在这样一个构成复杂、活动多样、财富集中、人口集中的城市网络，任何一个子系统受到破坏都有可能造成其他系统的紊乱，甚至导致整个城市网络的崩溃。因此，提高城市的防灾减灾能力，始终保障城市的运行安全，成为理论研究和城市建设实践的基本任务。

城市是一个复杂的巨系统。城市是一定数量的人口在一个设施平台上进行政治、经济、社会和文化体育活动所形成的聚合体。这个设施平台的规划建设和运行管理是一切政治、经济、社会和文化体育活动的基础，离开这个平台，所有的政治、经济、社会和文化体育活动都无法进行，因而可以把它称为城市的基础功能，把在基础功能之上进行的所有政治、经济、社会和文化体育活动称为衍生功能，两者的有机整合构成丰富多彩的城市整体。

第二节　城市的六大基础设施

城市基础功能是指通过城市基础设施的正常运转，为居住在城市的人们进行各项活动提供基础支撑的能力。人们在城市中进行的正常活动，可分为工作、生活、出行和休憩四大类，这些活动的进行离不开城市供排水、电力通信、供热、供气、垃圾处理、交通运输、园林绿化等基础功能，这些基础功能是城市存在、运行和发展所必需的，一旦得不到保障，城市将立刻陷入瘫痪，因而，城市基础功能被称为城市的命脉。

满足城市基础功能至少包括以下系统：

一是城市道路交通运输系统。主要由城市道路、货运、客运三方面组成。首先满足城市生产的原料、半成品、成品的转运和劳动力的运送等，直接为生产服务。其次，满足生产以外的客货运需求，包括商业贸易、日常生活、交流交往、休闲游憩等产生的出行和运输服务。

二是城市供水排水污水处理系统。主要由供水、排水和污水处理三部分组成。城市生产生活和游憩都离不开相应的水供应，而这些环节产生的废水和自然产生的雨水都通过排水系统进行收集处理，经过污水处理厂处理后再排回到自然河流与湖泊。这三部分的正常运行都依赖管道网络，涉及大量的投入和日常维护工作。

三是城市垃圾收运处置系统。主要由垃圾收集、转运和处置三个环节组成。人类生产生活和游憩会产生大量的废弃物，城市政府通过对废弃物的收集、分类、转运和处置，为城市提供整洁良好的城市环境。

四是电力能源供应系统。主要由电力、燃气、供热三部分组成。电力既是生产资料，也是生活资料，无论生产产品还是服务都离不开电力供应，无论是日常生活或休闲活动都离不开电力的保障。燃气正成为取代部分燃煤的洁净能源之一而受到城市的喜爱。供热虽然不是每个城市的必备系统，但对北方城市而言是城市各项生产、生活必不可少的支撑系统，是生活、工作的基本条件。

五是城市邮电通信系统。主要包括邮政、电信两部分。邮政是通过传统的信件联系方式提供沟通服务，但是城市生产生活所必需的，不会因为越来越多人通过电话网络进行联络而消失。电信是随着信息技术的进步而出现的快捷沟通方式，涵盖电话、移动通信、网络服务等。

六是城市园林绿化系统。主要包括公园、植物园、湿地、水面、行道树、专有绿地、生态农业用地等。该系统为密集居住的人们提供了新鲜的空气、游憩的开敞空间和宜人的绿色景观。

以上六个方面对保障城市健康运行虽然未必全面，但都是必需的，须臾不可离开。城市唯有满足基本的生产生活条件，城市居民才有可能积极地创造更多物质财富，从而带动城市政治、经济、社会、文化的全面发展。对城市基础功能的维护，既要求城市政府直接运营的系统提高效率、维持稳定性和改善服务质量，又要保障城市的健康和安全运行。

第三节 城市六大基础设施与综合减灾管理

城市的基础功能依靠如上归纳的六大系统的正常运行来完成。我们可以把城市各项基础设施正常运转，城市公共空间秩序良好，城市各项政治、经济、社会和文化体育活动正常开展的状态称为城市常态。但随着城市人口和活动越来越密集，城市的复杂性和系统间的依赖性越来越强，由于自然灾害和人为因素导致城市局部或整体的基础功能丧失或不能正常运转，城市部分或大部公共空间秩序混乱，城市政治、经济、社会和文化体育活动不能正常开展的情况发生频率增加，往往使城市处于应急状态。城市政府需采取应急措施尽快恢复城市常态，此时，我们称之为对城市应急状态的管理。

把对应急状态的管理涉及的各项工作落实到日常管理之中，分析城市中潜在的危险因素对城市基础功能和公共空间的影响，预测不同等级灾害发生的可能性，利用现有的资源数据库及现代化的数字管理技术手段，进行相关资源数据库的共享和对接，对可能发生突发事件的区域进行专业预警预报，完善数字化的管理体系，一旦发生突发情况，才能够及时定位灾害或事故发生地点、破坏程度和可能损失，采取妥当的应急措施，保障城市基础功能正常发挥或尽快恢复正常。

城市政府在常态管理过程中应重视制定城市应急预案的工作，建立完善的应急联动机制，各相关部门协调配合，统一部署应对突发事件的应急物资、救援车辆，真正实行统一管理、统一调度、统一救援的应急管理体制，维护城市基础功能的正常发挥或尽快恢复。

第四节　六大基础设施的防灾减灾范畴

一、城市道路交通运输系统

城市道路交通运输示例如图 1-1 所示。

图 1-1　城市道路交通运输示例
图片来源：百度百科，有修改。

交通运输是指人与物在空间地域上的移动，是将人与物从一地运至另一地的过程。一般认为有五种交通运输方式：道路、水运、铁路、航空和管道。交通运输是人们生产与生活中不可缺少的一部分，给人们的生活、生产带来了极大的便利，已经为人们创造了巨大的经济与社会价值。但是，在创造价值满足人们需要的同时，交通运输事故也给人们带来了巨大的灾难。公路运输方面，百余年来，全世界死于车祸的人数已达到4000万人，这个数目相当于第一次世界大战死亡人数的5倍，超过了第二次世界大战死亡人数的总和；据原国家经贸委对全国安全生产情况的通报，1995～1997年，我国公路运输中死亡人数连续三年超过7万人，每年直接损失18.5亿元，相当于每3年就要发生一次唐山大地震；2001年全国共发生道路交通事故75.5万起，造成10.6万人死亡，54.6万人受伤，直接经济损失6亿元，这意味着，在我们身边，每天要发生交通事故2068起，死亡290人，伤残1495人，也就是说，在我国，每1分钟就有一起车祸发生，平均5分钟我国就有一人因车祸而死。我国道路交通事故死亡人数约占全世界道路死亡人数的1/7，而我国汽车拥有量只占世界的2%，由此可见我国的公路安全形势是非常严峻的。

公共交通安全一旦遭受突发事件的影响，人员疏散和救援相对困难，处置不当将产生巨大的人身和财产损失，对社会经济和生活造成重大影响。如2005年，伦敦地铁发生爆炸案，至少造成49人死亡，700多人受伤；2005年，上海仅轨道交通一号线10分钟以上严重晚点所造成的突发事件就高达20起。因此，制定合理的应急预案是减小突发事件不良影响的重要前提条件。从当前突发事件应急处置情况看，应对和处置方法相对单一、作业流程较为松散、作业时间缺乏科学标准等诸多问题，已成为制约应急处置能力提高的瓶颈。

二、城市供水排水污水处理系统

城市供水排水污水处理系统如图1-2所示。

水安全的概念是在世纪之交正式提出来的。一些国外专家或国际组织从水资源保护和利用的角度理解水安全，认为水安全的核心思想是以公平、高效和统一的方法保护水资源，同时适当地开发利用水资源，以满足人类生存、发展和其他经济活动的需要。国内许多学者在分析了我国的水安全问题后，从保护人身财

图 1-2　城市供水、排水、污水处理系统

产安全、保护环境、保持社会稳定和促进经济发展等方面对水安全的定义进行了探讨。

　　在综合大量城市水安全事例和国内外专家研究的基础上，我们认为，城市水安全问题主要是指由于城市水资源短缺、水污染、水环境破坏，以及洪涝、干旱等灾害对城市经济、社会、生态、人民生命和财产造成的威胁，因此，城市水安全至少应该包括以下几个方面的内涵：持续的供给、通畅的排水和有效的治污等。

　　（1）持续的供给。城市的用水需求是连贯的、相对稳定的，受自然和人为因素的影响小，持续的、不间断的供给是城市水安全的重要内容。水资源的"断炊"会使城市的发展陷入瘫痪，造成的后果将是无法估量的。因此，每个城市都需要有稳定的水源和足够的供水能力，都需要有良好的运行和管理机制，以满足城市持续的用水需求。

　　（2）通畅的排水。城市需要有完善的排水系统保障城市雨水和污废水的通畅排放，保障城市良好的卫生环境和免遭洪涝的灾害。城市每天用水量的约80%最后都要以废水的方式排放，城市的排水系统需要满足城市的日常排水需要，保证污废水的及时有效排出；同时还要有足够的预留空间，保证雨季和汛期雨水量大时的城市雨水排放需求。排水不畅或者排水容量过小，都会引起城市积水，甚至引发局部的洪涝灾害。

　　（3）有效的治污。城市的污废水需要经过处理达标后才能排放，有效的治污能够保证城市良好的居住和生态环境。污水没有经过有效的处理后排放，必然污染水源水质，破坏城市生态环境，影响居民身体健康。有效的治污能够保证城市水资源的良性循环，保证良好的生活和生产秩序。

保证城市拥有足够的水量、合格的水质、持续的供给、通畅的排水和有效的治污是实现城市水安全的根本保障，但是由于自然或者人为的原因，如发生干旱、洪涝、突发危机事件等影响到城市水安全时，还需要城市有完善的预警机制和较强的应急能力。

城市供水设施指用于取水、净化、送水、输配水等设施的总称，包括公共供水设施和自建供水设施。城市供水的灾害类型主要包括：

（1）城市水源或供水设施遭受生物、化学、毒剂、病毒、油污、放射性物质等污染；

（2）取水水库大坝、拦河堤坝、取水涵管等发生垮塌、断裂致使水源枯竭；

（3）地震、洪灾、滑坡、泥石流、人为采砂、洪水等导致取水受阻，泵房（站）淹没，机电设备毁损；

（4）消毒、输配电、净水构筑物等设施设备发生火灾、爆炸、倒塌、严重泄漏事故；

（5）城市主要输供水干管和配水系统管网发生大面积爆管或突发灾害影响大面积区域供水；

（6）调度、自动控制、营业等计算机系统遭受入侵、失控、毁坏，传染性疾病爆发；

（7）战争、恐怖活动导致水厂停产、供水区域减压；

（8）黄河水流量急速下降影响取水等；

（9）其他原因造成大面积停水。

三、城市垃圾收运处置系统

城市垃圾收运处置系统如图 1-3 所示。

垃圾灾害是一种人造灾害，自然界不存在处于原始自然状态的垃圾，垃圾是伴随人类社会的产生与发展而形成发展起来的。人口数量的不断增长、人类对自然资源的不合理开发利用、经济的高速增长以及人类淡漠的生态环保意识是导致垃圾产生的主要因素，而对垃圾处理处置不当和技术水平低下，使垃圾由最初

7

图 1-3　城市垃圾收运处置系统
（*a*）方桶垃圾箱（2m³）；（*b*）圆桶垃圾箱（0.3m³）；（*c*）压缩垃圾车；（*d*）拖拽垃圾车

的破坏城市环境卫生演绎成全球性灾害。全世界每天新增垃圾 469149 万 t，人均日产垃圾 1.81kg，人均年产垃圾 660.65kg，垃圾产生量的年平均增长速度达 8124%，高出世界经济平均增长速度的 215.3 倍。1989 年《时代》杂志封面上登载的一个装着地球的垃圾袋作了预警，并加以"濒临窒息的地球"，预示蓝色的地球正在变成宇宙中一团巨大的垃圾场。这种情况在当时曾使世界的传播媒介为之震撼。

面对如此巨量的垃圾，人类只要将其妥善地做无害化处理，或加以综合利用使其变为再生人文资源，化害为利，变废为宝，就不但不至于对人类造成危害，反而可造福于人类。然而事实恰恰相反。从图 1-4 还可看出，缺乏妥善处置处理和再生利用的垃圾，在日晒、雨淋、风吹、渗沥、径流、高温分解、自燃等自然机制作用下，通过各种途径进入土壤、水体、大气，对农作物、航运、水上养殖、动植物生长及人类造成直接威胁，并殃及宇宙太空。垃圾灾害发生的高产速生性、密集都市性、多类复杂性、潜伏持续性和强危害性等属性决定了处理处置垃圾灾害所面临的技术与经济困难以及减灾治灾的紧迫感，它要求人们在治理垃圾灾害的过程中，必须从其产生到运输、预处理、贮存、最终处理的每一环节都要妥善控制，实行垃圾在生产与生活各个环节的全过程控制，这就增加了控制的

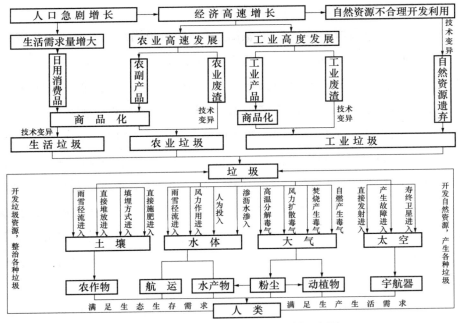

图1-4 垃圾灾害形成与循环机制示意图

复杂性和综合整治的难度。垃圾灾害的现状灾情有下列具体表现：

1. 侵噬土地与农田，诱发滑坡与火灾

没有人类就没有垃圾，但人类及城市又与垃圾互不相容，大量的城市垃圾只好运至城郊露天堆放。有资料估算，每堆积 1×10^4t 的垃圾，约需占地 1 亩（666.6m^2）。以北京市为例，市区日产垃圾达 6700t，年产 2445500 万 t，航空遥感数据表明三环路以外 50m^2 以上的垃圾堆 4900 余座，占地约 600hm^2（1984 年），现在近郊已无空地堆放，只好向昌平、大兴、房山等远郊扩展。中国农民耕作了五千多年的土地能保持良好的生态环境，这在世界上完全可以自豪于过去，却难以骄傲于未来。从国外看，美国堆存的工业垃圾占地达 5948hm^2，日本达 2758hm^2，独联体达 3000 余 hm^2，德国达 1338hm^2。大量堆放的垃圾，不仅污染环境，吞噬农田，而且诱发滑坡与火灾。根据国内外有关报道，如英国高达 244m 的威尔士阿伯芬垃圾堆曾滑入城里，导致 800 多人伤亡；美国在 60 年代中期曾有 500 多处垃圾堆发生火灾；我国辽宁、山东、江苏三省曾有 42 座煤矸石垃圾堆自燃，占被调查的 112 座垃圾堆的 37.50% 以上。

2. 污染土壤与江河湖海，破坏动植物生长

据黑龙江省环科所对哈尔滨市韩家洼子生活垃圾场污染土壤的实验资料表明，垃圾场中锌、铅、铜、镉、汞五类毒性重金属含量分别为 937.86mg/kg、157.65mg/kg、108130mg/kg、0.952mg/kg 和 1.533mg/kg，分别是环境标准值的 10.84 倍、5.34 倍、3.80 倍、10.13 倍和 22.88 倍；垃圾场下部土壤层（0～20cm）的五类重金属平均含量相应分别比背景值高 3.15 倍、2.28 倍、2.09 倍、5.25 倍和 8.67 倍；垃圾场周围的土壤层（0～20cm）的五类重金属含量的污染程度远低于其下部和中间。这些毒性物质在风化、雨淋和高温条件下，发生一系列化学反应，杀死土壤微生物，导致草木不生。包头市大量堆积的尾矿垃圾使其下游的全巴兔乡大片土地污染，居民被迫搬迁；重庆市郊将垃圾长期施入农田，导致土壤中的汞浓度高出背景值的 3 倍多；南京郊区使用未处理的垃圾肥田，造成土地板结，果菜污染。

垃圾污染江河湖海，在雨水径流、渗沥、风吹、有意倾倒等传播作用下，各种垃圾汇入河流和海洋。美国的波托马河因受垃圾污染被称为"垃圾淹没的河流"；德国的博登湖内某些游泳场因垃圾污染而停止使用；英国威尔士南部斯旺西和中部喀地干居民胃癌死亡率分别比全国平均值高 40%、60%，亦是冶金垃圾污染水体的结果；日本某氮肥公司将大量含甲基汞的垃圾排入水俣湾，造成鱼类中毒，人食毒鱼得水俣病死亡；我国长江两岸垃圾大量倒入江中，不仅污染水体，而且危及航运安全，贵阳市一露天垃圾场严重污染邻近饮用水，引起当地居民痢疾大流行；波兰至少有一半江河遭受垃圾污染，以致作为工业用水都不合格。

3. 污染大气，严重威胁人体健康

堆放于地表的城市垃圾在适宜的温度与湿度条件下，通过微生物分解释放出各种有害气体、恶臭和细粒，随风飘散，污染大气；垃圾在焚烧过程中产生 PCDD（二噁英）、PCDF（呋喃）、PCA（多环芬香族化合物）、PCB（聚氯联苯）等强致癌物质，造成二次污染。据报道，美国至少有 75% 的城市垃圾堆散发着臭气，华盛顿一垃圾堆冒烟 20 年，至少有 67% 的垃圾焚烧炉缺乏空气净化设备，严重的空气污染使美国在今后 50 年内将有 20 万人患皮肤癌死亡。中国山西省一项检测资料表明，在距一垃圾场 200m 处的大气中的二氧化碳含量超过国家标准好几倍，甲烷含量超过国家标准的 110～450 倍。由垃圾所致的空气污染使全世

界数以千计的城市倍受其害。

4. 破坏城市环境卫生、资源损失严重

据对我国 381 个城市的调查统计表明，全国城市垃圾的产生量每年平均增加 10%～12%，而清运量仅占产生量的 70%～80%，生活垃圾及粪便的无害化处理率更低，只有 5% 左右。2/3 的城市处在垃圾包围之中，每一个垃圾场都成了强污染源。垃圾污水严重污染城市地下水，北京、南京、杭州等地多次发生农民聚众推倒垃圾的事件。截至 1994 年底，我国发生的固体垃圾污染事件仍高达58 起。

四、电力能源供应系统

1. 电力系统

城市电力供应夜景如图 1-5 所示。

图 1-5　城市电力供应夜景

城市电网是城市中最基本的市政公用设施之一，是保证城市社会经济正常生活秩序的生命线。它负责向各类首脑、指挥、金融等要害部门提供市政用电，向各大公司企业提供生产用电，向城市居民提供生活用电，还负责向其他公用设施和系统提供保证其正常运转的用电。一旦供电系统受突发事件影响，并导致城市电网大面积停电时，将会对城市生活的正常运转带来巨大的负面影响。可以预见，大面积停电会产生严重的、甚至灾难性的后果：公众的日常生活将被打乱，他们将缺乏照明、没有空调、交通无信号指示、电信可能中断，而商业活动可能

因计算机数据丢失等原因而遭受巨大损失，银行、商场将无法营业，金融活动被迫停止。无论何种原因造成的大面积停电，都会对电力企业带来很大压力。特别是如医院病人因停电原因导致死亡、停电造成化工企业爆炸或有害物质的泄漏、引发工矿企业事故、引起社会骚乱等灾难性后果发生，电力企业必将承担更大的社会压力。

纵观近年来国际上发生的多起大停电事故，对城市的正常运转造成了巨大的负面影响，并造成巨大的经济损失。以电网发生重大事故后的黑启动为例，大电网从黑启动到全面恢复供电的时间间隔少则 3 ~ 5h，多则十几个小时，这期间的城市电网必然陷入大面积停电的混乱状态。美加"8.14"大停电事故、莫斯科大停电事故、洛杉矶大停电事故以及 2006 年发生在中国郑州的"7.1"停电事故和发生在欧洲的"11.4"的突发大停电事故均表明，各个国家的城市，尤其是大城市随时面临着超过设防水平的电网突发事件带来的大面积停电威胁。此外，还引起了一系列社会连锁反应和不良政治后果，为此迫切需要各有关部门采取有效措施来更好地预防、避免和及时处理突发性的大停电事故。如能针对停电事故采取一些有效的应急措施，就不会在事故面前束手无策，并可将停电损失与影响降到最低。

电力系统的故障，除了运行设备故障、人为操作失误外，很大一部分源于自然灾害。在我国 2004 年的电网故障中，自然灾害造成的有 14 起。而这一数据在 2001 年、2002 年、2003 年分别为 7 起、5 起和 10 起。2005 年不完全统计：2 月华中地区的冰灾，4 月和 6 月江苏地区的 500kV 输电塔风灾倒塌以及夏季登陆我国的 8 个台风，均对电力系统造成很大的损失。电力系统因自然灾害所引发的故障呈现逐年递增的态势。

（1）电力系统的风灾

1）世界主要国家电力系统风灾概况

在引发电力系统的自然灾害中，风灾是最为严重的一种。日本的统计表明，其电力供给中所有故障的 70% 都是由架空输电线路的故障产生的。例如：1991 年在日本登陆的 19 号台风，首次造成高压输电塔和其他电力设施的极大的损坏。此后政府和各公司成立了专门的研究攻关组，对此进行了详细的研究。1999 年 9 月 24 日登陆日本九州地区的 18 号台风造成 4 个输电线路的 15 基输电塔倒塌，

3 个输电线路的 6 条发生断线。九州电力公司测得的该台风的最大瞬时风速超过 70m/s，风速超过了设计标准是造成输电塔倒塌的主要原因。2002 年 10 月 1 日，日本 21 号台风造成茨城县 10 基高压输电塔连续倒塌的严重事故。当时由设置在附近一个输电塔上的风速仪记录的最大瞬时风速为 56.7m/s（高度 68.5m）。此次事故共造成 30 万用户停电，289000kW 电力供给发生故障。灾后调查委员会的调查发现，其中一座输电塔在强风作用下的基础上浮是导致这次事故的主要原因。2005 年登陆美国的数次飓风，都给登陆地区的电力系统造成极大的损失。其中飓风卡特里娜造成 290 万户用户停电，飓风威尔玛更是造成 600 万户用户停电。事实上，由强风暴所造成的大停电在近些年来在世界各地呈现递增的趋势。

除了在强风作用下输电塔的倒塌，导地线的裹冰舞动也是造成事故的原因之一。导地线在裹冰的情况下，由于截面形状的改变，再加上其他一些因素，即使在风速不高的情况下，也可能引起导地线的舞动。舞动是一种发散型的振动，振幅很大。日本对其国内的输电线舞动状况进行过较为全面的观测，通过研究发现，舞动所造成的事故包括线间短路和接地短路，所造成的损失包括电弧烧伤、断股、断线、杆塔损坏、倒塔、防振锤或间隔棒损坏等。

2）我国近年来电网风灾事故

改革开放以来，我国电力工业得到飞速发展，逐步缩小了与世界发达国家的差距。1996～2002 年期间，我国新增发电装机容量 1.37 亿 kW，年均 1957 万 kW，占世界新增发电装机容量的 30% 左右，居世界首位。2002 年，我国发电量完成 15716.5 亿 kW·h，发电装机容量达到 3.54 亿 kW·h，均居世界第二位，仅次于美国。500kV 输电线路逐步成为我国各电网的主干线路。但同时，500kV 输电线路的累计倒塔次数和倒塌基数也呈现越来越多的趋势。例如：1989 年 8 月 13 日华东 500kV 江斗线镇江段 4 基输电塔倒塌；1992 年和 1993 年，500kV 高压输电线路两次发生风致倒塔事故；1998 年 8 月 22 日华东 500kV 江南 I 线江都段 4 基输电塔倒塌；2005 年 4 月 20 日，位于江苏盱眙的同塔双回路 500kV 双北线发生风致倒塔事故，一次倒塌 8 基，造成非常严重的经济损失；2005 年 6 月 14 日，国家"西电东送"和华东、江苏"北电南送"的重要通道江苏泗阳 500kV 任上 5237 线发生风致倒塔事故，一次性串倒 10 基输电塔，造

13

成大面积的停电。大风同时造成临近的 500kV 任上 5238 线跳闸，两条线路同时停止输电。这两次 500kV 输电塔的风毁事故，对于华东电网造成了非常严重的影响。

除此之外，我国其他地方的风致倒塔事故也频繁发生。2005 年 7 月 16 日，龙卷风袭击了湖北黄州城区附近，造成黄冈电网 220kV 线路杆塔、110kV 杆塔受损 22 基，其中倒塌 220kV 输电塔 3 基，110kV 输电塔 16 基。7 月 19 日，龙卷风袭击武汉洪山区，造成 110kV 两基输电塔被拦腰折断。2005 年 5 月 26 日，青海省贵德县遭受狂风袭击，共造成 330kV 输电塔 3 基破坏。

除了龙卷风和飑线风造成的输电塔倒塌之外，台风对我国东南沿海电网所造成的破坏时有发生。2004 年 8 月 12 日"云娜"台风在浙江登陆，损坏的输电线路达到 3342km。受这次台风影响，浙江电网 500kV 线路跳闸 10 次，全省共有 9 座 220kV 变电所失电；110kV 系统线路跳闸 68 次，主变压器跳闸 5 台次。2005 年在我国登陆的台风共有 8 个，其中四个台风共造成 110kV 以上输电塔倒塌 5 基。

根据不完全的资料统计显示，仅 2005 年，发生在我国的强风（包括飑线风、龙卷风和台风）即导致 500kV 输电塔倒塌 18 基，110kV 以上输电线路倒塔 60 基。在输电线的舞动方面，自 1957 ～ 1992 年初，我国共发生了 44 次导线舞动，涉及线路 161 条，致伤导线 66 根，引起线路跳闸 119 次以上。其中，1988 年 12 月 25 ～ 26 日，湖北省 500kV 姚双与双凤现中山口大跨越发生舞动，舞动峰峰值 10m，持续舞动 16 小时后，1 根子导线因严重磨损，断落江中，2 根导线重伤，金具与护线条大量损坏。因舞动断线，造成停电 5 天，抢修换线耗资 300 万元，少送电 3600 万 kW，直接经济损失 1260 万元，间接经济损失 27250 万元。

3）风致灾害频发原因

针对我国近些年来高压输电塔频发的倒塌事故，国内的研究者作过很多研究。从目前的研究结果来看，我国近些年风致倒塔的主要原因有：从大环境来讲，全球气候变化是一个主要原因。由于人类对于自然的过度索取，使得全球的气候发生了变化，灾害性天气呈现出越来越频繁的趋势。

输电塔 - 线体系是一种复杂的空间耦联体系，这种耦合效应使得输电塔的动力特性和风振响应的评估十分困难、复杂，是国际国内风工程界长期关注且至今未能解决的重大研究课题。目前对输电塔在风荷载作用下动力响应的了解相当缺乏。实际风场资料匮乏，输电塔线耦联体系的风振实际测试数据以及试验数据的缺乏，给研究带来了巨大的困难，严重阻碍了我国输电塔抗风研究。研究的相对滞后是我国风致倒塔频发的一个主要原因。

高压输电塔抗风设防标准偏低。由于片面强调节省用钢量，我国仅对大跨越输电塔抗风设计采用 50 年一遇的重现期，对于普通的高压输电塔采用的是 30 年的重现期。而国际上其他国家的设计规范中对于设计风速的重现周期最小都是 50 年，有些规范还分不同的设计水准考虑 100 年、200 年甚至 500 年的重现周期。以日本为例，其高压输电塔抗风设计标准是以 15m 高度 10min 平均风速不小于 40m/s 设计，而我国对于 500kV 输电塔则是以 20m 高度处 10min 平均风速不小于 30m/s 设计的。设计标准较低是风灾影响严重的一个主要原因。

对风致倒塔事故的重视程度不够。对于抗风存在侥幸心理，使得每一次大规模的倒塔之后并未引起足够的重视，往往归结为风速超过了设计规范，没有从根本上解决问题。这也是风致倒塔事故频发的一个原因。

（2）电力系统的地震灾害

1）国外电力系统的地震灾害

地震的发生也会对电力系统产生很大的威胁。近年发生的多次强烈地震都对所在地区的电力系统造成了严重的破坏。在这些破坏性强烈地震中，电力系统中高压变电装置的破坏尤其引人注目。例如：1989 年发生的美国 Loma Prieta 地震中，230 kV 与 550kV 变电站破坏严重；1994 年 1 月美国 Northridge 地震，电力系统的震害也集中于 230kV 和 550kV 变电站，地震同时造成北美地区 110 万人的用电中断。1995 年 1 月日本神户地震中，一批 770kV 和 275kV 变电站破坏。约 20 基输电塔发生基础沉陷、塔身倾斜，另有部分输电塔的绝缘子震坏。地震造成 260 万户用户停电。1999 年土耳其 Kocaeli 地震，同样发生了很大范围的停电。大范围停电的一个最主要的原因是一 380/154kV 变电站的破坏。地震中，这一变电站中所有 4 个变压器均因为基础螺栓断裂而移动了 50cm。6 个主要的回路继电器中的 5 个破坏，导致油从绝缘套管泄漏。此次地震中，还有其他九座变电站的变压器、开关设备和建筑受到不同程度的破坏，所有的这些破坏都是与地面的强烈震动直接相关。2004 年 10 月日本新潟地震，造成 28 万户用户停电。在输电线路中，由于滑坡等造成 1 基输电塔倒塌、3 基倾斜，轻微倾斜有 20 基。

11 个变电所受损，其中避雷器损坏 1 件，机器基础下沉有 21 件。配电设备受损共有 7566 件，其中，支撑物等 4227 件（倒塌 88 件，倾斜 4139 件），与电线关联的有 3339 件（断线 105 件，其他 3234 件）。

2）我国电力系统的地震灾害

在我国发生的地震中，也多次对电力系统造成严重威胁。例如：1976 年唐山大地震使电力系统遭受极大的破坏，从此展开了电力系统抗震的若干研究工作。1996 年内蒙古包头地震，张家营变电站停止供电达 11h；虽然地震没有造成人员的重伤和死亡，但造成损失电量 304 万 kW·h 时，约 30 多万平方米建筑设施受损严重，仅电力部门直属单位直接经济损失就达 1 亿元以上。1999 年 9 月 21 日，我国台湾集集大地震对于电力系统造成了非常大的破坏。这次震害的一个主要特点是高压输电塔的破坏，这在以前的地震记录中是非常少见的。由于一个开关站、多个变电站以及 345kV 输电线路的破坏，使得台湾的南电北送受阻，造成台湾彰化以北地区完全断电，社会和经济损失难以估计。地震中还有大量的电力设备的破坏，特别是变电站和开关站设备的大量破坏。高压输电塔 - 线体系的震害主要有以下几种：① 因山体滑坡、场地液化以及不均匀沉降引起的震害；② 因地震断层地表破裂、地面变形引发的输电塔震害；③ 因输电塔结构抗震设计不足所引发的震害；④ 因地震反应过大，导线相互接近发生短路、断线，以及绝缘子的震坏。

3）电力系统的震害特点

历史震害经验表明，电力系统的震害主要有以下特点：

没有固定或锚固的电力设备是很容易受地震作用而破坏的，特别是那些设置在轨道上的设备以及没有可靠连接的支柱架设的设备。变压器破坏会大大延缓系统恢复供电的时间。

由于强烈的地面运动以及设备之间连接的相互作用，高压变电站设备中的瓷性绝缘子比较容易在地震中遭受破坏。

由于输电线的低频振动对输入地震能量的解耦作用，同时也由于输电塔抗风设计的要求，输电塔结构的震害相对较轻。震害经验表明：输电塔的震害绝大多数源于地震所引起的地面变形、不均匀沉降以及基础的震害。在地震高烈度区，也会产生输电塔结构的动力破坏。

上述震害特点表明，电力系统的震害主要集中在发电、变电以及开关设备。因此，电力系统的抗震设防重点是厂房、设备及基础等，对于处于高烈度区的输电塔，也要重视抗震设计。

（3）电力系统的其他自然灾害

除了强风和地震外，其他的一些自然灾害也威胁到电力系统的安全运行和稳定。一些极端气候条件对电力系统的破坏还非常严重。

1）电力系统的冰灾情况

电力系统的冰灾事故在世界各地都有不同程度的发生。例如：1998年1月，加拿大冻雨、冰灾持续一周，是加拿大有记载的最大的天气灾害。冰灾造成输电设施上的最大覆冰厚度达75mm，导致116条高压输电线路破坏和1300基输电塔倒塌。配电线路破坏350条，杆塔倒塌16000座（个）。冰灾造成100万户用户停电，停电影响到的人口占加拿大人口总数的10%。

2005年2月7～20日，我国华中地区的雨凇天气导致输电线路大范围覆冰，导致大范围的冰致电力系统灾害。这次大范围冰灾事故有3个主要特点是：① 杆塔倒塌严重。华中电网220kV以上线路中电塔倒塌41处。② 绝缘子串覆冰严重造成频繁冰闪。2004年12月20～28日跳闸28次，2005年2月7～20日，华中电网220kV以上电网共发生故障跳闸80次。③ 大幅度的导线舞动严重。舞动使部分双串玻璃绝缘子相互碰撞，最严重的一串中破碎17片，舞动的冲击力使绝缘子球头断裂导致掉串。

2）电力系统的雪灾

除了冰灾，暴雪也会对输电线路造成非常大的损失。1972年12月1日，日本北海道普降暴风雪。裹雪后的导线直径最大的达18cm。由于输电线的着雪以及风的作用，共有56基输电塔倒塌。迄今为止，这仍是日本北海道最为严重的输电设备事故。2005年10月10日，美国科罗拉多州普降暴雪，造成丹佛市大约2.5万户民宅和商店断电。

3）沙尘暴等灾害的影响

除了冰灾、雪灾以外，洪水、沙尘暴等也会对电力系统造成很大的危害。例如：1990年4月25日，由沙尘暴引起的停电在埃及首都开罗及主要城市造成了严重混乱。2001年4月，新疆阿克苏地区遭遇了近年来最大的一次强沙尘暴袭击，大量输电塔、通信塔被吹倒，引起大面积长时间停电。1993 年 7 月中旬，美国 Cooper 核电站遭遇到一次百年不遇的洪水，由于洪水摧毁了堤坝，不得不紧急关闭该核电站。在美国，每年因为飓风所带来的降雨所造成的洪水对于电力系统的破坏都非常严重。

2. 燃气系统

城市燃气管网示例如图 1-6 所示。

图 1-6　城市燃气管网示例

城市供气指符合燃气质量要求，供给居民生活、公共建筑和工业（商业）企业生产作燃料用的公用性质的燃气，主要包括天然气、液化石油气和人工煤气。城市燃气供应系统指由城镇燃气管道及其附件、门站、储配站、灌瓶站、气化站、混气站、调压站、调压箱、瓶装供应站、用户设施和用气设备组成。

燃气系统的灾害类型主要有以下几类：

（1）燃气开采、生产、加工、处理、输送过程中遭遇非正常情况，导致城市气源或供气设施中气质指标严重超标。

（2）石油炼厂、油气田、气田、制气厂、液化天然气、液化石油气储罐发生垮塌等事故，致使气源中止。

（3）地震、洪水、滑坡、泥石流、台风、海啸等自然灾害导致气源开采、制气生产、气源输送受阻或者天然气上游、中游、下游各站址以及液化天然气、液化石油气的储罐站、灌装站淹没，机电设备毁损。

（4）气源开采（生产）、输配、应用设施设备以及辅助设施等发生火灾、爆炸、倒塌、严重泄漏。

（5）城市主要供气和输配气系统管网发生干管断裂或突发灾害影响大面积区域供气。

（6）调度、自控、营业等计算机系统遭受入侵、失控、毁坏。

（7）爆发传染性疾病，影响大面积区域供气等。

城市燃气供应系统安全是城市基础设施和基本功能安全的重要内容之一。例如，北京除华北油田供气以外，绝大部分依靠陕甘宁气田通过陕京一线向北京供气。若陕京一线遇自然灾害、战争、恐怖袭击及设备事故等情况造成停供，将依次造成如下后果：公交车加气停供，大量公交车无法运营，采暖用气停供，市内大部分地区停止供暖，大面积停气，造成全市大部分餐饮商户停业，居民用户无法正常生活，从而引发食品抢购，造成社会混乱，若发生全市大面积停气，集团公司完全恢复供气需要时间，而停气期间正常社会运行处于瘫痪状态。

五、城市邮电通信系统

城市邮电通信系统如图 1-7 所示。

图 1-7　城市邮电通信系统

通信是社会的重要基础结构、传递信息的网络，被视为社会和经济的生命线，是现代经济的重要组成部分，失去通信，社会将产生难以想象的后果。

"5·12"汶川大地震使四川省公众通信网络遭受了重大的损失，截至 2008年 6 月底，四川电信（不含 C 网）受灾经济损失共计约 61.74 亿元，其中直接经济损失 36.74 亿元，间接经济损失约 25 亿元；四川移动受灾经济损失共计约 35亿元，其中直接经济损失为 15.1 亿元，间接经济损失大约为 19.7 亿元；四川联通和网通全网共计资产净值损失 6.14 亿元。四川省公众通信网直接经济损失分类别统计情况如图 1-8 所示。汶川大地震发生后，震中区域对外的通信全部中断，直到 147h 后，7 个重灾县对外移动通信才逐渐恢复。无独有偶，在 2008 年初的南方雪灾中，大范围冰冻雨雪天气使南方受灾地区输电线路遭到破坏，停电导致不少地区通信中断（图 1-9）；12 年前的云南丽江地震，也是由于通信中断，使得灾区灾情信息 48h 后才报告到北京。接二连三的灾难都暴露出一个共同的问题，那就是我国通信应急能力很脆弱，已经成为应急管理中一大软肋。

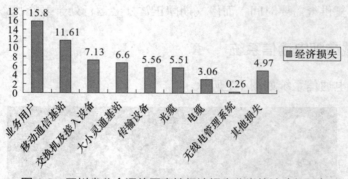

图 1-8　四川省公众通信网直接经济损失分类统计（亿元）

应急通信保障主要针对突发事件，不同于日常运行维护中的例行维护工作内容。概括来说，应急通信保障主要适用于如下事件：

（1）因发生自然灾害时的通信保障：洪水、地震、台风、泥石流、雪灾等。

（2）因发生公共卫生突发事件时的通信保障：重大疫情、重大伤亡救治等。

（3）因发生社会安全突发事件时的通信保障：大规模集会、游行以及恐怖暴力事件等。

（4）因举行重大活动时的通信保障：国事会议、大型体育运动会、大型展览、军事演习等。

图 1-9　2008 年冰冻灾害中的通信设施

（5）重大节日期间的通信保障，如"五一""十一"、中秋节、春节等。

（6）因其他电信运营企业网络中断需要本企业配合时的通信保障。

（7）因电信运营企业自身运营事故导致企业自身网络发生重大异常或中断情况时的通信保障。

（8）上级下达的重要通信保障任务（图 1-10）。

图 1-10　汶川地震中的应急队伍

人们日常生活越来越离不开通信，通信已经成为一种必须的生活工具和手段。尤其是在发生重大事件，这种依赖性更为突出。在汶川地震灾害中，许多受灾群众在地震发生时，逃跑时所带的东西不是钱包、存折等，而是手机、充电器这些通信设备，由此可见人们对通信的依赖性及信赖度，而这无疑对应急通信体系建设提出了更高的要求。

根据不同事件类型，应急通信工作离不开其他相关社会单位的支撑和配合。从整个国家的角度来看，通信行业保障应急预案体系是国家突发事件应急管理体系的一个组成部分。针对我国目前通信市场状况，主要包括中国电信、中国移动、中国网通、中国联通、中国铁通、中国卫通六家运营商，六大运营商的应急预案体系共同构成了通信行业应急预案体系。图 1-11 为国家突发事件应急管理体系。

图 1-11　与通信行业有关的国家突发事件应急管理体系

六、城市园林绿化系统

城市广场、公园及绿地空间是城市中重要的开放空间，它们不仅可以美化城市空间形态，为人们提供良好的休闲场所，对城市防灾也有着特别重要的意义。尤其在防止火灾发生、延缓火灾蔓延、临时避难急救、多功能分洪蓄洪、作为城市重建的据点等方面拥有其他类型的城市用地无法比拟的优势。2001 年 10 月 1 日，全国第一个应急避难场所的试点建设在北京元大都城垣遗址公园完成。北京成为全国率先进行应急避难场所建设和在社区设置应急避难标志的城市。2001 年 10 月 16 日颁布的《北京市实施〈中华人民共和国防震减灾法〉办法》中更是明确规定"本市在城市规划与建设中，应当考虑地震发生时人员紧急疏散和避险的需要，预留通道和必要的绿地、广场和空地。地震行政主管部门应当会同规划、市政、园林、文物等部门划定地震避难场所"。其后北京市在八大城区乃至更大范围内，逐步把具备条件的朝阳公园、皇城根遗址公园等多处公园绿地改造成具有防灾功能的城市绿地（图1-12、图1-13）。

图1-12　北京元大都城垣遗址公园是北京最大的城市带状公园

图1-13　北京元大都城垣遗址公园现貌

在国内城市已经开始进行了防灾绿地的相关探索与实践，但综观防灾绿地的规划与设计，由于其自身所存在的多功能性且无明确分类依据与标准，导致防灾绿地多为分散布置，无系统化构架，缺乏对于各类防灾类型的绿地空间的布局与设施规划。对于防灾绿地的概念框架、设立基础与功能分层系统化的认识的缺乏、与城市防灾体系规划、城市绿地系统规划的相关规划设计的脱节是造成这一现象的原因。

以往的教训是敲响防灾绿地研究的警钟，我们所经历的各类大型自然和人为灾害是真实给予的警示；而对防灾的忽视与淡漠则阐明了防灾绿地管理研究的必要性和迫切性。基于目前我国对于防灾绿地的研究还处在探索阶段，城市防灾绿地的规划建设与评价也是一项新课题，而对城市绿地所承担的防灾功能的研究更是屈指可数，现行的城市绿地规划与评价体系对于应急避难、防灾减灾等功能考虑不健全，这些问题限制了城市绿地防灾功能的有效发挥。在这种背景下，本书尝试对我国城市绿地的防灾功能及建立、规划进行系统的评价。

第二章　城市综合防灾基本理论

第一节　城市综合防灾基本概念

　　城市化表现为人口向城市的迁移和积聚，由于经济、社会和文化体育活动在城市高度集中和快速运转，社会财富在城市积聚和流动，基础设施规模的扩大和现代化，社会分工进一步细化，各种活动和设施的相互依赖性空前增强。同时各种风险因素也被强化，风险可能逐级放大，风险一旦出现，造成的生命和财产损失大大增加。

　　近年来，世界上发生的一系列自然灾害和恐怖袭击事件，如南亚地震、墨西哥湾飓风、印度洋海啸、纽约"9·11"事件、伦敦地铁爆炸等，给相关国家造成了巨大的生命财产损失，给世界人民生活带来了重大影响。我国是一个灾害多发国，且处于经济快速发展和各种矛盾突发的重合期，党中央国务院准确把握国际国内发展形势，适时提出科学发展观和构建社会主义和谐社会的目标，高度重视城市公共安全，对城市综合防灾提出了更高的要求。

　　作为国家公共安全的有机组成部分，城市是维持国家安全的关键环节。一般而言，我国的城市不仅自然灾害较多，而且人为灾害比较频繁，是火灾、交通事故、环境污染的多发区。城市的现代化程度越高，系统化水平越先进，遭受灾害的可能性也越大，灾后的损失程度也越严重。因此，城市政府始终承担着构筑城市公共安全和应急体系的重任，并在其中发挥着主导作用。城市供水、供电、供气、交通、通信等基础设施的安全运营成为确保城市安全的重要环节。北京"7·21"暴雨之后，当时在任的温家宝总理对在交通、供电、防汛、公安等各部门一线工作的同志表示了慰问，并要求"确保供电、房屋，尤其是危旧房的安全"。他批示，从长期来看，要对城市建设进行一些反思，将首都建设得更好。

21世纪前20年即是我国经济社会发展的机遇期，也是各种矛盾的凸现期，如何度过这个事故多发期是摆在我们面前的巨大挑战。因此，全面提升政府的公共危机管理能力，预防各种突发事件，减少灾后损失，保障公共安全，保护已有的发展成果，维护经济和社会的可持续发展，已经成为各级政府不可回避的重大挑战。

一、安全和灾害的概念

关于安全和防灾的概念国内还没有比较一致的看法，特别是从不同灾种角度给出定义的较多，往往强调灾种的特殊性，而对综合防灾给出的定义较少，安全与防灾并用的现象也不少见。

在《辞海》中，"安"为安全和安慰的意思。如《国策·齐策六》："今国而定，而社稷已安矣"；杜甫《茅屋为秋风所破歌》："风雨不动安如山"，这里的"安"是一种感受，是对周围环境的适应、愉悦和免受威胁的感觉。

英国人将安全分为一般安全（Safety）和公共安全（Security）两部分，前者强调个人生理、心理安全或系统内部安全；后者是指人与人之间、系统与系统之间以及彼此组成的系统整体的安全。

"灾"原指自然发生的"火灾"，如《左传·宣公十六年》："凡火，人火曰火，天火曰灾"，后泛指水、火、荒、旱等所造成的祸害。

因此，"安全"与"灾害"是一对相对概念。无论是自然原因还是人为原因，只要造成对人们生命和财产安全威胁的就构成灾害。自然灾害就是造成了人员伤亡和财产损失的自然现象。人为灾害就是由于人为原因造成了人员伤亡和财产损失的事件。

二、防灾和综合防灾的概念

1. 防灾

灾害是造成了人员伤亡和财产损失的自然现象或人为事件，从这个意义上说，防灾的目的就是避免灾害，保证安全。

灾害有的是可以避免的，有的则是不可避免的，不以人们的主观意志为转移。譬如，技术事故、工程事故通过严密设计和监管是可以防范的，甚至有的战争和恐怖活动，通过和平努力也是可以避免的，但气象灾害、地质灾害人类迄今还无法避免。工程技术的严密也仍然无法保证工程和项目的绝对安全。

因此，防灾的概念应该是全局的系统概念，不仅要防范灾害的发生，还必须准备应对灾害的到来。

2. 综合防灾

美国人较早使用"综合防灾（Comprehensive Prevention）"的概念，甚至把"应急管理（Emergency Management）"改成"综合应急管理（Comprehensive Emergency Management）"的概念，分为首尾闭合的四个阶段：准备预防、应急反应、救援减灾和恢复重建。其内涵是全灾种设计（包括自然灾害、技术事故、核战争与恐怖袭击）、全社会参与（包括各级政府、社会私营和公营部门、社区）和全过程防御。

我国提出的事前、事中、事后全过程减灾非常具有新意，但仅仅停留在概念上，综合协调的体制、机制和制度安排严重缺失。综合防灾还必须强化全过程观念、全方位观念、整体观念和系统观念，并在灾害的事前、事中、事后阶段得到充分反映。

事前准备阶段应该包括技术、经济、社会、管理准备。其中，技术准备包括：规划、设计、施工、研究、试验、推广、规范；经济准备包括：物资储备、人员定位、医疗救护设备；社会准备包括：专业救援人员培训、准专业人员训练、社区演练、意识培养；管理准备包括：应急预案体系、应急管理体系、应急指挥通信系统。

事中反应阶段应包括反应和救援两部分。反应阶段包括启动应急预案、启动应急管理体系、开通应急指挥通信系统。救援阶段包括救人、救物和援助。救人包括自救、互救和救助，自救保证灾难发生时自救自保，互救是自保基础上的互救，而救助是有组织的救援；救物是在保证人员安全的前提下对财物的挽救；援助是指对被救人员派发食物、水、卫生用品，提供医疗和临时庇护。

事后阶段包括防疫、恢复、重建三部分。其中，防疫是大灾过后的主要任务；恢复是灾后使生产、生活恢复正常；重建是指对被损坏的基础设施、公用设施和家园的新建。

三、城市防灾相关术语的定义

《城市规划基本术语标准》GB/T 50280—1998 中对有关城市防灾的术语进行了定义。

（1）城市防灾：为抵御和减轻各种自然灾害和人为灾害及由此而引起的次生灾害，对城市居民生命财产和各项工程设施造成危害及损失所采取的各种预防措施。

（2）城市防洪：为抵御和减轻洪水对城市造成灾害而采取的各种工程和非工程预防措施。

（3）城市防洪标准：根据城市的重要程度、所在地域的洪灾类型，以及历史性洪水灾害等因素，而制定的城市防洪的设防标准。

（4）城市防洪工程：为抵御和减轻洪水对城市造成灾害性损失而兴建的各种工程设施。

（5）城市防震：为抵御和减轻地震灾害及由此而引起的次生灾害而采取的各种预防措施。

（6）城市消防：为预防和减轻因火灾对城市造成损失而采取的各种预防和减灾措施。

（7）城市防空：为防御和减轻城市因遭受常规武器、核武器、化学武器和细菌武器等空袭而造成危害和损失所采取的各种防御和减灾措施。

第二节 城市综合防灾理论

一、关于灾害源的最新研究

目前的防灾研究大多集中于城市，而城市是处于地表一定范围内的开放系统，它不仅有地质、地貌、水文、动植物、国土等自然生态构成的环境要素，还包括社会、人文环境的制约要素。

从历史上看，灾害（指自然的风、水、震等）集中发生在城市的频率尚不足世界"灾害谱"的 1%，但自然灾害却毁掉过世界上许多著名的大城市。仅 20 世纪就有美国旧金山市、苏联阿拉木图市、智利蒙特港、日本东京、中国唐山市等。典型的城市灾害源分类如下：

1. 自然灾害

自然灾害是指那些纯粹由于自然的原因，破坏了系统的正常循环过程、空间秩序、稳定结构而引起的祸害。主要包括地震、台风、洪涝、山崩、海啸、飓风、滑坡、泥石流等。自然灾害和自然现象的区别在于，自然灾害由于自然现象造成了人员伤亡和财产损失。对自然灾害史料的信息化处理表明：历史悠久的北京、西安、武汉、南京、成都等城市都曾有沙尘暴、洪涝、滑坡、地陷、海啸、地震、酸雨、城市高温等灾害发生。

2. 人为灾害

人为灾害主要指由于人们的行为打破了人与自然的动态和生态平衡，违反了系统的运行规律，导致了科技、经济、社会系统的动荡和不协调，引起人员的伤亡和财产损失。人为灾害有：空难、海难、车祸、噪声、核泄漏、污染、火灾等。它是人类认识的有限与无限、科技发达与尚不发达这类矛盾的必然表现形态。

从造成人为灾害的原因看，表现在以下四个方面：

（1）人类对大自然的直接处理不当，在利用自然、改造自然过程中超过了大自然的资源承载能力和废物降解能力，如造成烟雾、酸雨、水污染等。

（2）人类在科技、经济、社会关系上协调不当，引起人与自然关系和社会生活的失衡，从而造成人为灾害，如城市拥挤、温室效应、热岛效应、环境污染等。近300年前发端的工业革命浪潮，在造就工业发展和城市社会成长的同时，也对生物圈形成严重破坏，城市人工生态系统的建立以牺牲自然生态系统为代价，构成了对城市生态系统的"建设性"破坏。

（3）人类对科学技术应用不当或产品使用不当，在运用科研成果开发利用新资源、新能源和产成品使用中的失误造成事故，如核泄漏、车祸、空难、建筑施工事故等。以人为失误为代表的随机错误事件，使处于稳态的城市系统及其功能受到严重干扰和发生畸变，破损、失调、总熵流剧增，火灾、车祸、海难、空难、毒气污染等特大恶性事件进一步加剧了系统的紊乱。

（4）社会、人文、心态方面的傲慢与无知加重了技术因素导致灾害的可能性。虽然近来专家学者多次提出开发规划不能忽视灾害研究，地震、台风（热带气旋）、风暴潮、滨江和沿海堤防的加固增高等，但未能坚定相关城市根据市情制定综合防灾策略的决心。

随着城市化的快速推进和郊区化以及逆城市化现象的出现，乡村防灾问题逐渐突显，日本新潟地震的教训提醒我们，乡村居住的分散特点和一直以来的防灾安排缺位应该引起各国的高度重视：城乡一体化的综合防灾制度安排需要进一步提升和强化。

二、综合防灾的理论研究和实践需求

1. 中国重大自然灾害评估与救助管理系统

自联合国大会通过"国际减灾十年"活动的决议以来，我国已于 1989 年由 28 个部委组织"中国国际减灾十年委员会"，1993 年在北京召开中国灾害管理国际会议。在中国国际减灾十年委员会的领导下进行国家减灾战略、减灾规划、管理体制的设计和研究工作，完成纲领性的"中华人民共和国减轻自然灾害报告"，引起了世界各国极大重视。联合国成立援华减灾专门小组并投入启动资金，促进与我国的减灾合作。

我国建设的综合防灾项目包括中国重大自然灾害评估与救助管理系统。该系统为中国自然灾害评估及综合减灾对策系统（8-8A）第一阶段项目，属中国 21 世纪议程第一批 66 个优先项目之一，其目的是在几年内实现对重大自然灾害的科学评估及灾害发生后的紧急救助和生活保障，提出以"中国自然灾害评估与救助管理系统及基本能力建设"为核心，其中应急评估与紧急救助是关键。该系统由中挪合作完成并将建立在民政部，地理信息系统是该系统的主要支持系统。上海浦东开发区建立综合减灾系统，是中国 21 世纪议程优先项目的8-8B。

2. 理论的发展趋向于综合防灾

1990 年 9 月 27 日～10 月 3 日在日本横滨等市召开的"国际减灾十年"，提出了包括城市化与灾害危险等八大方面的成灾课题，会议尤其期望找到"国际减灾十年"的指导原则，为"世界走向少灾的 21 世纪"做好准备，代表着减轻自然灾害活动的国际趋向及热潮。如上所述，随着城市大系统的发展，灾害各灾种之间的相互关系和相互影响日益被揭示，为此传统城市灾害防治概念与救灾体制有改革和再研讨的必要。正如钱学森教授 1989 年 10 月在致函《灾害学》杂志编委时指出的："以前参加灾害研究的人多为地学领域，扩大化也只是天、地、生，有局限性，应全面看待灾害学，尤其不要忽视火灾、核工厂事故、化工厂泄毒等人为灾害"。这就启发我们，面对城市灾害，囿于个别部门、分门别类进行探索，已不适应现代科学的发展，必须建立综合研究体系，予以"天、地、生、人"系统的大交叉、大渗透的科学评价与论证，从总体上避免重复投资，克服总体效益差的问题，也只有此才有希望攻克成灾措施中关键的、带共性的技术难点。

从我国情况看，虽然研究灾害、认识灾害、防灾救灾抗灾减灾早已引起国内外专家的支持与关注，城市规划、建筑设计的决策管理也从一定程度上纳入了诸如抗震、防洪、消防等项工程规范及规程，但现在的最大缺陷在于仅仅注意单项防灾，仅就现象论现象，未总结并注意到灾害间的关联性，更未总结归纳出必要的方法论，使灾害研究无标准、无规范可依，停滞在低水准上。到 2007 年，我国编制的城市建设规范总表中建筑安全尚无规范，城市防灾法规也寥寥无几。

3. 实践的发展要求综合防灾

推进城市化必须建立并强化综合性的城市灾害应急管理体系。

中国是世界上自然灾害类型多、发生频繁、灾害造成损失严重的少数国家之一。近年来我国灾害造成的经济损失每年已近 1000 亿元，接近于国家每年财政收入的 1/4，因灾人员伤亡也相当严重。目前，我们城市化率已达到 60.60%，城市已进入快速发展时期。另一方面，我国城市遭受灾害威胁的形势十分严峻。资料表明，全国 70% 以上的大城市、半数以上人口和 76% 以上的工农业产值都分布在气象灾害、海洋灾害、洪水灾害和地震灾害等自然灾害十分严重的沿海及东部平原、丘陵地带，物质泄漏、交通中断等人为灾害也极易引发城市的不稳定。灾害对城市的威胁正不断加剧，但我国城市的灾害应急能力却十分脆弱。

中华人民共和国成立迄今，我国大中城市已从总体上配置了水、洪、风、震、消防等防灾设施，并初步形成单项的程度不等的防灾工作系统（如北京正在建造现代化的消防指挥中心）。但计划经济体制下形成并沿袭下来的分部门、分灾种的单一城市灾害管理模式并未得到彻底改变，使城市缺乏统一有力的应急管理指挥系统，造成"养兵千日"却不能"用兵一时"的被动局面。因此，要尽快构建全社会统一的综合性灾害管理指挥、协调机制，形成城市灾害应急管理的合力。城市综合防灾的系统思想就在于改变传统防灾"各自为政，单搞一套"的体系，而追求并建立一个以预测、预报、防治、救援几大系列为主干，包括各单项灾种子系统在内的总体研究体系。有分析表明，此综合体系及实施系统比单项设施可节省一次投资的 4/5。

4. 综合防灾的软分析与硬技术

综合防灾作为一种新理念，无论其内涵和外延如何界定，既具有自然属性，也具有强烈的社会属性。自然界是自然科学真正的实验室，灾害只不过是大自然运动变化的极端形态之一。因此，灾害的发生有自身的规律性，作为自然科学的一个门类，通过实验、计算和分析，可以在技术上采取很多措施，确保人类生命和财产一定程度的安全。

但是，灾害的发生有很大的或然性，又与人类活动有着密切关系。可以设想，在荒无人烟的地方发生地震，无论致灾能量多大，也不能称做发生了地震灾害，而仅仅是发生了地震事件。所以综合防灾是与人类社会紧密相连的，把握城市社会人文的基本特征和经济社会运行规律，是综合防灾的基础和依据。

一个区域的综合防灾能力既体现在硬技术的应用上，又是一种传统灾害文化和现代意识充分融合的反应，是对区域防灾能力的软分析。

国外防灾界认为，目前阶段软分析的引入比硬技术的应用更重要、更有效。特别是对墨西哥湾地区两次飓风袭击前后的对比，人们普遍认识到，一系列针对城市安全的综合防灾应急预案和充分的资源准备是非常必要的，成为城市进一步发展的约束条件。

因此，我们认为，综合防灾不仅仅是建筑的"小震不坏""大震不倒"的结构安全度，还必须要求维持城市生命线系统一定的完好率，保证城市足够的防灾避难空间和物资储备。而且必须沿着防灾软科学及硬技术两大主线，就工程与非工程、从自然与社会人文的角度进行全方面分析，作出城市防灾综合规划安排，其关系如图 2-1 所示。

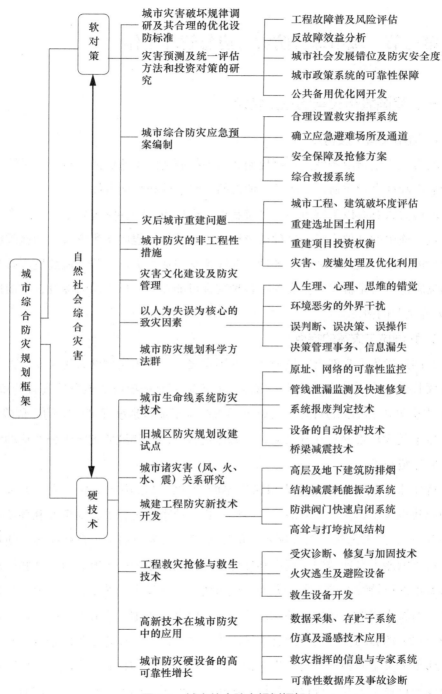

图 2-1　城市综合防灾规划框架

图片来源：金磊。

第三节　城市综合防灾与应急管理工作

一、我国城市灾害的主要特点

1. 城市灾害一般特点

城市灾害是指由于发生不可控制或未加控制的因素造成的，对城市系统中的生命财产和社会物质财富造成重大危害的自然事件和社会事件。

城市灾害具有以下特点：一是链状性。当城市中一种灾害发生后，时常会直接导致一连串的其他灾害，这种情形称之为灾害链，也叫次生灾害。如地震后导致的房屋倒塌、交通线中断、各种生命线系统损坏、火灾、传染病爆发等就是典型的灾害链；二是群发性。表现在各种灾害可能在同一城市同时爆发，从而造成"群灾齐至"的情形。

2. 我国城市灾害的特点

我国是世界上自然灾害最为严重的国家之一，重大突发性灾害频发。大多数城市面临着洪水、地震及地质、气象、海洋灾害等一项或数项自然灾害的威胁。23 个省会城市和 2/3 的百万人口以上的城市位于地震裂度 Ⅶ 度以上的高危险区；70% 以上的大城市分布在气象灾害、海洋灾害、洪水和地质灾害十分严重的沿海及平原丘陵地带。

近年来，随着我国城市人口密度不断增加，城市用地不断扩大，灾害对城市的威胁也逐步扩大。一方面，一些地区盲目追求经济发展，对资源和环境"掠夺式开发"，严重忽视了防灾减灾的战略任务，人为地加重了自然灾害，使社会承受灾害的能力愈加脆弱，资源和环境破坏造成的损失呈上升趋势，威胁国民经济与城市的可持续发展。另一方面，城市化的高速发展，城市人口和财富的快速集聚，对城市资源、环境、基础设施、城市管理等提出了严峻的挑战。而且城市本身有很大的脆弱性和安全隐患，城市内部复杂的基础设施之间的依赖性越来越强，遇重大安全问题，容易产生连锁反应，造成重大伤亡和巨大经济损失。我国城市规模迅速扩大与基础设施建设、城市管理水平之间的差距拉大。同时，全球化带来了城市要素的快速流动，这种人流、物流、资金流、技术流和信息流在全球的流动带来了城市要素的不稳定性和不确定性，从而使传统的城市结构变得脆弱和失衡，城市安全的风险在不断增加。

从国际统计数据观察，人均 GDP 在 1000～3000 美元之间的时候，也是公共安全事故的高发期。这个时期，经济进入快速发展阶段，新旧观念相互碰撞，社会结构剧烈变动，社会不稳定因素增加。如果城市化滞后于工业化，就会加剧城市差距、阻碍第三产业的发展，并最终导致整个经济的失调；如果社会管理相对落后，公共服务不能普遍惠及广大群众，就会滋长不满，并导致事故频发、社会无序、行为失范等诸多社会问题；如果收入差距拉大、就业增长缓慢、腐败问题加剧，就很容易引发社会不稳定。与此同时，随着人们物质文化生活水平逐步提高，参加公共活动、旅游、私人购车等行为增多，也在一定程度上增加了安全事故的发生概率。这些问题在我国已经显露。

因此，在全球化、城市化和我国经济社会转型的大背景下，我国大中城市已经进入了一个典型的危机高发期，传统与非传统的城市安全事故的出现日益频繁。呈现出以下特点：① 危机事件呈现高频次、多领域发生的态势。② 非传统安全问题，尤其是人为危机和人为制造的危机成为现代城市安全的主要威胁；由于这些非传统危机比自然危机（如洪水、地震等）更具有隐蔽性、不确定性、偶发性和突发性，政府对人为危机缺乏相应的、完善的预警和救治，从而加重了危机发生后的破坏性。③ 突发性灾害事件极易被放大为社会危机。④ 危机事件国际化程度加大。特别是大城市、特大城市和超大城市，从整体上已经进入一个典型的危机高发期，传统与非传统的城市安全事故的出现日益频繁。

二、城市综合防灾与应急管理工作现状

1. 城市综合防灾管理体制的演变过程

国内外城市综合防灾管理体制的发展过程，大致可归纳为三个阶段。

第一阶段（大多在 20 世纪 60 年代以前），是以单项灾种部门的应急管理为主的体制，在观念上是以救灾、应急救援为主导思想，并制定若干单项灾种法规。

第二阶段（从 20 世纪 60～90 年代），从单项灾种应急管理体制转向多灾种的"综合防灾减灾管理体制"。

第三阶段（从 20 世纪 90 年代，联合国开展国际减灾十年活动以来，特别是"9·11"事件之后），由于国际政治环境重大变化，重大自然灾害和国际恐怖活动猖獗等原因，把"综合防灾减灾管理体制"上升到"危机综合管理体制"形成"防灾减灾—危机管理—国家安全保障"三位一体的系统。其中，"危机管理"既承担原来自然灾害和人为灾害等危机事件的综合应急管理，又承担危及国家安全的重大自然灾害事件或重大恐怖活动的综合应急管理。

2. 国家减灾中心的成立

国家减灾中心于 1997 年 11 月由原国家计委批准，1999 年底中心大楼奠基建设，2002 年初大楼建成。2002 年夏，中央编制委员会正式批准建制及 85 人名额。至此，国家减灾中心正式启动。

国家减灾中心作为中国国际减灾委员会的技术支撑系统，在综合利用我国现有的防灾减灾系统的基础上，应用现代化高新技术建立起 9 大技术系统：① 中央灾害信息系统，与中央十余个部委联网，逐步做到信息共享。② 国家灾情管理系统，与全国 30 多个省市联网，逐步做到灾害信息共享。③ 灾害信息处理系统，处理各种灾害信息，为预测评估及辅助决策服务。④ 灾害预测评估及辅助决策系统，为中央、各部委、各省市重大灾害服务。⑤ 灾害信息综合平台（含综合数据库），为各大系统互连互动服务并提供综合数据库。⑥ 紧急救援系统，一旦重大灾害发生，启动系统为紧急救援工作服务。⑦ 灾害信息发布系统，按不同档次及规定，向不同信息需求者和单位分发灾害信息。⑧ 灾害信息网络系统，确保上述系统网络互连，形成一个资源共享的综合信息管理系统。⑨ 通信系统，提供中心与中央、各部委、各省市以及灾区的通信信道。

国家减灾中心的主要任务是：① 跟踪、分析重大自然灾害的发生、发展情况，向中央、国务院、国家减灾委、有关部门及相应省市提供重大自然灾害的灾情预测，快速评估和辅助决策信息服务。② 建立国家综合减灾信息系统，汇集、分析、处理国内外的灾情及减灾信息，实现灾害及减灾信息共享。③ 为地方政府开展重大减灾行动提供重大自然灾害的灾情跟踪分析、灾情预测、快速评估和辅助决策信息服务。④ 为民政部及有关部委制定重大自然灾害的紧急救灾预案提供技术服务，为国务院、国家减灾委、有关部门的紧急救灾工作提供辅助决策意见；⑤ 开展国家的减灾宣传、人员培训、科学研究和成果推广等活动，并开展国际减灾交流与合作。⑥ 协调开展减轻重大自然灾害的综合研究。

3. 以专业防灾系统为依托，逐步发展综合防灾体系

随着社会发展及不同灾害突现与根治或预报、减灾的需要，水利部、农业部、林业部、地震局、海洋局、气象局等陆续建立，形成了各自一套与国际接轨的、较为先进的防止或减轻相应灾害的系统，每个系统都在各自相关灾种防灾减灾工作方面取得了重大成就。但是，由于受分门别类的灾害管理体制的限制，这种单灾种（如台风、暴雨、洪水、干旱、地震等）、分部门、分地区的防灾抗灾现状已明显不能适应减灾的实际需要，加强灾害研究和综合管理成为当务之急。

1990～2000 年，全球"国际减灾十年"活动能够对全球和中国防灾减灾带来概念更新，对建立综合防灾系统起到了巨大的促进和推动作用，建设综合的、高科技的、现代化的防灾减灾体系成为防灾工作的主要目标和任务。我国在一系列抗灾防灾的实践中，在不断地发挥已有系统与部门的作用基础上，逐步发展形成综合高科技的现代化防灾减灾体系。

具体来说，这个体系包含：① 国家减灾委建设的国家减灾中心及其现代化高科技系统；② 国家减灾委、生态环保部及航天总公司建设的国家减灾环境小卫星星座（即"八星计划"）；③ 国家人防办推进的防灾、防空一体化建设；④ 水利部建设的国家防洪抗旱系统；⑤ 地震局建设的国家地震减灾中心；⑥ 中国气象局建设的中国多普勒气象雷达站网（103 个站）；⑦ 国家海洋局建设的国家海洋监测系统；⑧ 工业和信息化部建设的中国应急通信网；⑨ 自然资源部建设的中国地质灾害监测系统；⑩ 民政部建设的国家救灾物资储备系统等。

三、城市综合防灾指导思想和基本思路

1. 指导思想

城市综合防灾应立足于全面完善城市灾害综合防御体系，推动城市综合防灾能力的均衡提高，保障城市的可持续发展和居民的防灾安全，其指导思想为：预防为主，综合防御；平灾结合，突出重点；全面设防，依法监管；防、抗、避、救相结合。

具体阐述为：以法律法规、工程建设强制性标准和相关应急预案为依据，以城市防灾规划为龙头，以新建工程设防和现有工程鉴定加固为重点，依靠科技创

新和技术进步，加强工程建设、城市建设防灾的监督管理，全面提高工程建设和城市建设的综合防灾能力和城市应对突发公共事件的能力。

2. 基本思路

（1）从构建社会主义和谐社会的高度推动城市建设综合防灾工作的发展。把城市综合防灾作为构建社会主义和谐社会的重要内容，贯彻习近平新时代中国特色社会主义思想，坚持"以人为本"的施政理念，以对人民群众生命财产高度负责的精神，加强领导，落实责任，采取措施，保证灾时最大限度地避免和减少人员伤亡，尽量降低国家和人民群众的生命财产损失，保障城市的可持续发展和居民的防灾安全。

（2）确立与城市可持续发展相适应的综合防灾大安全观。综合防御是城市应对各种自然灾害的根本思路，城市综合防灾应突破传统体制下形成的单灾种防御格局，从片面的和局部的"小安全"，发展为综合防灾的大安全观，要坚持观念创新，用综合防灾的大安全观去调整城市防灾能力建设的思路，城市、社区、企业的综合防灾建设要成为评价其工作绩效的标志及衡量尺度。

（3）建立法制、体制、机制相结合的城市综合防灾常态建设理念。贯彻"安全第一，防御为主"的指导方针。灾害防御要强调法制、体制和管理机制的有机结合，从行政管理、规划建设、应急救灾等各个环节突出城市防灾综合防御体系的建立和完善。针对城市建设综合防灾的特点，树立防灾体系建设常态化的理念。

（4）城市综合防灾应贯穿规划、设计、建设、使用的全过程。完善城市综合防灾的各级规划体系，推动重要工程系统、重点区域的防灾设计和建设，建立全社会参与的、以社区综合防灾为基础的城市综合防灾体系，注重既有建筑全寿命周期内的防灾能力。

（5）促进城市防灾能力建设中的两个转变：单灾种防御向多灾种综合防御的转变，单体工程防灾向系统防灾的转变。重点需要做好：从单灾种应急管理体制转向为多灾种综合常态防灾管理体制；从单灾种防灾技术转向为多灾种综合防治技术；从单灾种防灾规划转向为多灾种综合防灾规划；进一步提高重要建筑和大型公共建筑的防灾能力建设，特别是把公共建筑系统的救灾能力建设作为重点，加强城市基础设施和重点公共建筑的健康安全监测、检测，提高突发公共事件紧急处置和应急能力；从注重新建建筑设防和既有建筑加固转向工程设施及工程系统全寿命防灾安全保障。

四、城市综合防灾目标和战略重点

早在"十一五"期间，城市综合防灾就提到了日程，部分已经实现，部分有待继续完善。

1. 城市综合防灾的目标设立

总体目标：完善城市综合防灾管理与应急体系，应对各种突发公共事件的预警和应急机制比较健全，使城市综合防灾能力大幅度提高，确保城市居民生命财产安全。

具体目标：基本形成城市综合防灾法规体系和综合防灾防御体系框架；完善各级城市灾害应急预案；实现城市工程设施抗灾设防和城市综合防灾规划的常态化建设与管理；城市重大工程及生命线基础设施抗灾能力明显增强；保障信息收集、处理、发布和反应渠道畅通；市民防灾减灾意识有明显提高。

2. 战略重点

（1）城市建设工程抗御各类灾害的能力显著提高。经济发达地区的一般新建、改建、扩建工程要求 100% 达到各类灾害设防要求，欠发达地区城市要求 90% 以上要采取各类抗灾措施。

（2）开展城市抗灾能力普查工作。通过城市抗灾能力基础资料普查体系试点建设，逐步推广国内城市的抗灾能力普查工作。

（3）大城市中 90% 以上、中小城市 80% 以上完成新一代城市防灾规划的修编工作。进一步推动城市综合防灾规划试点工作，完成相关标准体系建设，全面启动城市综合防灾规划的编制工作。

（4）开展城市综合防灾新技术试点。在灾害高发地区的城市中选取 3～5 个作为城市综合防灾新技术试点城市，通过试点逐步寻求抗灾加固、资源分布、防灾据点建设、避灾疏散安排等防灾措施的优化技术。

（5）开展社区综合防灾设计建设的试点。在全国进行 2～3 个城区防灾设计和社区综合防灾设计建设的试点，促进城市城区和社区防灾设计及建设的标准化和进一步推广。

（6）推动城市综合防灾据点体系建设。城市公共建筑在防灾救灾中的作用明显提高，探索依托公共建筑进行城市综合防灾据点体系建设的管理和技术思路。

（7）开展区域灾害综合防御体系试点。进行区域灾害综合防御体系的试点研究和建设，探讨建立城市群落之间特大灾害预警体系和综合救灾体系建设的相关管理与技术对策。

（8）重大工程和生命线基础设施的灾害监测体系试点。完成城市重大工程和生命线基础设施的灾害监测体系试点 2～3 项，重点是进行城市轨道交通系统和燃气系统的灾害监测和应急指挥系统建设。

3. 具体措施

（1）城市安全，管理先行。改革和发展城市综合防灾的行政和技术管理体系、应急预案体系，加强城市综合防灾的法律、法规、技术标准和监管体系建设。

（2）强化城市防灾规划在城市综合防灾中的龙头地位。城市防灾减灾应该实施常态化的建设方针。在城市防灾常态化建设的过程中，城市防灾规划起着龙头的重要作用。因此，除重点加强城市防灾规划技术研究和各地城市防灾规划的编制试点外，还应逐步建立和完善城市城区防灾设计与社区综合防灾规划，推动社区防灾为基础的全社会综合防灾体系。

（3）城市防灾能力的建设是综合防灾的核心内容。城市综合防灾能力很大程度上取决于工程设施的抗灾能力的大小。因此，保证工程设施抗灾能力的不断提高是城市综合防灾的根本对策。其核心是除进一步加强新建工程设施的设防和管理外，还要加强在役工程设施防灾能力的检测、鉴定及加固改造工作，提高和保证在役工程设施的防灾能力。同时还要加强城市重大工程，城市轨道交通、燃气等重要生命线系统的综合防灾能力建设，从规划设计、建设过程、紧急处置、应急反应、灾后恢复等环节增强其安全性能。

（4）应急预案体系建设是减轻城市灾害的重要保证。城市一旦发生公共危机事件，有无准备大不一样。通过实施预案中的总体思路及基本部署可以减少失误，从而力求使突发事故和灾害损失减到最小。为此，各地在完善已有应急预案时必须合理策划，做到重点突出，反映本区域内主要的事故风险，并合理地梳理各类预案的关系，切不可造成不同类型预案的交叉和矛盾。同时应进一步总结国内外灾害应急的经验教训，提高预案实施的水平。

（5）科技创新与应用是建设系统综合防灾的重要手段。现代安全防灾及防御和应急体系应当是快速、高效和科学的体系。只有充分应用现代公共安全、计算机、通信、网络、卫星、遥感、地理信息、生物技术等高新技术组建各类现代系统去构架，才能面对这一任务。因此应加强城市综合防灾技术应用的科技投入，促进各类城市综合防灾新技术的科技转化和推广应用。

第三章 城市综合防灾与应急管理政策和法规

第一节 城市防灾政策概述

城市灾害显然不是一个灾种,也没有哪个部门专门负责,因而针对城市的专门政策也不存在。但是,城市作为一个承灾体,各种灾害都有可能发生,而城市的发展成本取决于城市防范灾害的能力,对各种灾害的防范必须统筹考虑,综合安排,尽量避免浪费和重复建设,才可以实现城市的可持续发展。也正因为如此,学术界才提出了城市综合防灾的概念,住房城乡建设部还曾专门设立了《城市综合防灾战略研究》课题,梳理这方面的理论和政策。

事实上,任何可能发生在城市的灾害都是城市灾害,因而针对这些灾害的政策就都与城市综合防灾有关。本章就先从各灾种防灾的相关政策入手进行归纳。

一、城市灾害的分类

城市灾害一定是伴随城市的产生而产生的。城市形成的原因和地理位置不同,面临的灾害形式也各不相同。沿海沿河城市防洪防潮的任务位于首位,而西北城市防沙防风任务突出,处于地震带的城市把地震预防放在突出位置,东部沿海城市普遍面临台风侵袭,西南城市滑坡泥石流常常光顾。

城市灾害在城市化进程中显现,我国典型的城市灾害发生于 20 世纪四五十年代,而对城市灾害展开研究则是在 20 世纪 70 年代以后。目前归纳最全面的是金磊在《城市灾害学原理》一书的分类,他将城市灾害归纳为 14 大类:① 地震灾害;② 水灾害;③ 气象灾害;④ 火灾与爆炸;⑤ 地质灾害;⑥ 公害致灾;⑦ 建设性破坏致灾;⑧ 高新技术事故;⑨ 城市噪声危害;⑩ 住宅建筑综合症;⑪ 古建筑灾害;⑫ 城市流行病;⑬ 城市交通事故;⑭ 工程质量事故致灾等。其中前 5 类基本属于传统的自然灾害,后面的 9 类都与人类活动有密切的关系。

　　城市作为一个有机的复杂巨系统，其子系统之间的相互关系密切，在遇到突发灾害时，系统间相互影响十分明显，尤其是作为城市生命线的供水、供电、供气、道路、通信等系统的损坏，将使城市生产、生活难以为继，特别是随着城市现代化水平的不断提高，技术复杂性和相互依赖性增加，灾害影响面正在相对扩大。一方面，一种灾害常常表现为多种灾因的复杂叠加；另一方面，一些平常灾变会在城市系统中累加放大，酿成大灾，形成所谓"灾害链"，如1976年唐山大地震，既有地质因素的影响，也有人为作用的加剧（不适当的采掘方式）。这使城市灾害具有必然的相关性。

　　我国处于转轨时期，一方面传统的计划经济体制下形成的防灾救灾抗灾模式已经远远满足不了市场经济的需要。另一方面，由于自然灾害之间存在某种必然的联系，随着城市规模的扩大，传统的防灾救灾抗灾体系出现了许多薄弱环节，需要探索新的城市综合防灾模式。

　　中国正处于高速城市化进程，未来10～20年内城市灾害背景不会改变，无论是富裕的东部还是正在开发的西部，城市灾害的叠加作为一种趋势是不能忽视的重要问题和现象。

　　在这种背景下，我国正在形成一套适合新时期特点的城市综合防灾政策。

二、救灾政策演变

　　传统的防灾救灾抗灾体系从救灾开始，虽然在历史上发挥了积极的作用，但对中央财政来说越来越显被动。改革开放以来，救灾体系发生了深刻变化，一个中央、地方、企业、社会、国际国内齐努力的救灾格局正在形成。

1. 计划经济体制下的救灾政策

　　在计划经济体制下，如果发生了重大灾情，由地方政府层层上报到上级部门，直到中央政府，再由中央政府根据灾情的大小，按照一定的标准把救灾减灾的款项层层下拨到下级政府，地方政府根据行政隶属关系再进一步下拨到县、村等基层单位，直到把钱粮款项等救灾物资发放到灾民手中，形成了"灾民找政府，全国找中央"的格局。

　　中华人民共和国成立以后，中央政府每年都要拨付十多亿元的救灾款项，在重灾年份甚至达到几十亿元。由政府包揽防灾、救灾、重建等一切工作，这种体制虽然高度体现共产党和政府对人民的充分关心和负责精神，并且可以集中人力、物力、财力实施减灾工程，但同时也造成了严重的弊病。最突出的是造就了地方、企业和民众的依赖思想，难以发挥各方面的减灾积极性，难以形成广泛的社会化减灾行动。渠道的单一化给中央政府带来沉重的负担，面对日益加重的自然灾害和日渐突出的人为事故，中央政府财政独立应对各类灾害，显得越来越捉襟见肘和力不从心。此外，单纯的政府行为往往忽视了减灾的经济效益和产业性质，抑制了我国减灾产业的形成和发展。

这种救灾体制的形成有其经济上的原因，与当时的计划经济体制有着密不可分的联系。在计划经济体制下，国家为实现重工业化，必须源源不断地把农业剩余输往城市和工业。中央政府通过"工农产品价格的剪刀差"制度、"农产品收购制度"和"人民公社制度"剥夺农业剩余，因此，农民、农村的抗灾减灾的能力非常薄弱。在城市，由于企业生产资料由政府划拨，生产什么，生产多少由政府决定，利润全部上缴给国家，企业没有自主经营权、投资权，所以企业乃至城市政府的自主防灾能力都十分低下。中央政府必然承担起防灾救灾的主要责任，这样一来中央政府的财政负担非常沉重。表 3-1 是部分地震后中央政府拨款的数额和拨款占经济损失的比例。

部分地震救灾国家拨款情况　　　　　　　　表 3-1

时间	地点	震级	经济损失（万元）	国家拨款（万元）	拨款比例（%）
1962.3.19	广东河源	6.1	3020	169	6
1967.3.27	河北河间	6.3		2050	
1974.4.22	江苏溧阳	5.5	3491	836.2	24
1975.2.5	辽宁海城	7.3	81000	37500	46
1976.7.28	河北唐山	7.8	1327500	492900	37
1979.7.9	江苏溧阳	6.0	24728	4060	16
1985.8.23	新疆乌恰	7.4	10213	6750	66
1988.11.6	云南澜沧耿马	7.6	275000	156000	57
1989.4.16	四川巴塘	6.7	41042	10000	24
1989.10.1	山西大同阳高	6.1	36532	1710	5
1992.11.26	福建龙岩连城	5.0	10200	1000	10
1993.3.20	西藏拉孜昂仁	6.6	690	1650	239

2. 改革开放后救灾政策的新格局

改革开放以后，随着经济体制改革的深入，中央和地方事权的划分，在救灾模式上进行了一些探索，逐渐形成了一套富有中国特色的新的救灾政策。

1980年，应联合国救灾署的要求，中国不再在遭遇自然灾害时拒绝国际组织和外国政府、企业的援助。当年即有20多个国家和国际组织向湖北、河北灾区提供了2000多万美元的援助。1991年华东地区大水灾发生以后，中共中央、国务院为更快、更好地解决灾区困难，及时、果断地向国际社会和国内各界呼吁紧急救灾援助和救灾捐赠。全国共接受境内外捐赠款物23亿元人民币，相当于国家常年灾民生活救济费的23倍。

1983年召开的第八次全国民政工作会议提出进一步改革救灾救济工作，拓宽救死扶贫工作的道路。在这前后，全国各地出现许多新的救灾资金的筹集、管理方式和组织。仅在全国推广的就有：1982年兴起于江西的救灾扶贫储金会，1986年诞生于河南和云南的救灾互助储粮会；1984年出现于山西潞城的救灾扶贫经济实体等。

1983～1986年，民政部与财政部先后对甘肃、宁夏、西藏、新疆、青海、贵州6省、自治区试行特大自然灾害救济款包干制度。1993年1月，全国救灾救济会议上提出实行中央和地方分级负责的救灾工作管理新体制。1994年，第10次全国民政会议提出要进一步深化救灾体制改革，明确各级政府的救灾责任，逐步建立起救灾工作分级负责，救灾款分级负担，逐年增加各级政府救灾救济款投入的救灾体制。这就有效地改变了以往不管大灾小灾都由国家包揽、地方完全依赖于中央的局面，也有利于防止夸大或隐匿灾情等不良现象的发生。为拓宽和保证救灾资金的来源，第10次全国民政会议还提出逐步逐级建立救灾预备金制度，即各级政府每年从本级财政预算中拨出一定的比例，以作为救灾预备金。救灾预备金坚持专款专用原则，有灾救灾无灾积累。目前，救灾预备金制度已在部分省区试行。

经过不断的改革探索，我国救灾资金的筹集渠道越来越多，一个国家和社会、国内与国际，财政拨款、民间互助、救灾保险与有奖募捐相结合的新局面已经形成。

在多重风险因素不断交织的当代社会，自然灾害、事故灾难、公共卫生事件、社会安全事件等突发性事件对人们生产生活造成的影响不断升级，应急管理成为政府与社会共同关注的焦点。我国政府集中力量办大事的优势明显，但仍不可忽略社会组织在突发事件应急管理过程中的潜在力量。在我国，社会力量参与应急管理经过近十年的探索，相关政策与社会实践都有了明显进步，而发展前景也充满着挑战。

三、物资储备制度

我国过去长期处于分灾种、分部门、分地区的灾害管理制度，导致灾害应急的储备工作为适应这种制度而一直处于分散无序状态。一方面使得大量的灾害应急资源不能适时合理储备，另一方面由于各灾种管理职能部门间的资源流动凝滞，大多实行事后紧急筹集、调动救灾资源的传统做法，使各种已经极其有限的资源仍不能实行有效整合，资源只能是简单地相加而无法产生协同作用。面对许多突发性灾害，最终在抗灾救灾中贻误时机。

1998 年 7 月 31 日，民政部、财政部颁布了《关于建立中央级救灾物质储备制度的通知》，提出了构建救灾储备仓储网络的设想。根据民政部的要求，救灾物质储备体系必须覆盖全国各个地区，同时为各个地区重特大救灾工作服务。因此，建立纵横交错、覆盖全面的物质供应体系十分关键。为了预防和救助城市灾害，目前民政部已经建立了较为完善的救灾物质储备网络。在沈阳、天津、郑州、武汉、长沙、广州、成都、西安等设立了 8 个中央级救灾物质储备仓库，标志着在全国建立救灾物质储备制度的开始。经过几年的建设和调整，全国目前已经设立了天津、沈阳、哈尔滨、合肥、郑州、武汉、长沙、南宁、成都和西安等 10 个中央级救灾储备物质代储单位，这些中央库存储有单棉帐篷、衣被、冲锋艇、净化水器等应急物质，在 2003 年新疆地震中这些物质起到了极大的作用。各地特别是经常发生自然灾害的地区都积极落实救灾物质储备制度，建立了救灾物质仓储设施。目前，我国救灾物质储备网络已经基本形成，储备了一定数量一定品种的救灾物质，为灾害救助提供了物质保障。

结合城市灾害管理特点，中国将重点抓好制定救灾应急预案、开展救灾应急预案演练等方面工作，另外还要扩建救灾物资储备网络，储备必要物资，在全国现有分布于沈阳、天津、郑州、西安、成都、武汉、长沙、广州物资储备仓库基础上，扩充北京等为中央库，适当增加储备物资总量和品种。在组织城市灾害紧急救援力量建设方面，将考虑利用市场资源，通过政策引导和扶持，吸引民间资本建立专业的紧急救援服务企业，开拓我国紧急救援服务市场。同时以城市社区为依托，通过培训，组成具有一定自救、互救知识和技能的社区志愿者队伍。

四、防灾应急制度

防灾应急制度是由公共卫生事件引发的。2003年4月1日时任国务院副总理吴仪首次在公开场合提出应急机制建设问题，4月14日国务院第四次常务会议提出抓紧研究《突发公共卫生事件应急条例》，4月20日即完成初稿，并经过专家论证，又形成了多次条例征求意见稿，经过15个国务院部委的反馈，形成条例草案，经5月7日国务院第七次常务会议审议通过，5月9日国务院总理签署。此种速度是空前的，反映了中央的高度重视。《条例》无疑成为中国抗击"非典"的利器。现实地讲，《突发公共卫生事件应急条例》颁布实施，对保证"非典"防治工作的顺利开展，保障公众身体健康与生命安全，维护社会稳定，具有重要意义。从长远看，《条例》的出台标志着我国进一步将突发公共卫生事件应急处理工作纳入到了法制化的轨道，将促使我国突发事件应急处理机制的建立和完善，为今后及时、有效地处理突发事件建立起"信息畅通、反应快捷、指挥有力、责任明确"的法律制度，这在2020年的新冠肺炎疫情期间得到了印证。

防震应急制度建设走在前列。2002年按照国办要求，结合建设部内部司局调整，建设部重新修订发布了《建设部破坏性地震应急预案》（建抗〔2002〕112号）。2004年，按照《国务院关于实施国家突发公共事件总体应急预案的决定》要求，编制和颁布了《建设系统破坏性地震应急预案》。新的预案更加紧密地结合了建设系统的特点，加强了系统内各部门的协调，明确了各自的责任，提高了可操作性。各地建设系统也随后制定了相应的破坏性地震应急预案，如陕西省完善了《陕西省建设系统破坏性地震应急预案》，福建省对原有的《福建省建设厅破坏性地震应急预案》进行了修订。江西九江的地震证明了《预案》具有一定的有效性。在地震前期，江西省建设厅刚刚颁布《江西省建设系统破坏性地震应急预案》，并在实践中受到了检验。在九江防震减灾中，地震、民政、公安消防、安全监管、卫生、电力等各有关部门都各司其责、各行其政，通过严密的组织和协调，尽量减少了人民生命财产的损失，因此我们可以把九江地震防震减灾工作看做是《预案》的演练。

五、防灾规划政策

2003年11月1日起施行的《城市抗震防灾规划管理规定》（中华人民共和国建设部令第117号），对防灾规划管理机构、防灾规划编制内容和实施要求作了明确的规定。

《中华人民共和国城乡规划法》（中华人民共和国主席令第74号，2008年1月1日起施行）第四条规定："制定和实施城乡规划，应当遵循城乡统筹、合理布局、节约土地、集约发展和先规划后建设的原则，改善生态环境，促进资源、能源节约和综合利用，保护耕地等自然资源和历史文化遗产，保持地方特色、民族特色和传统风貌，防止污染和其他公害，并符合区域人口发展、国防建设、防灾减灾和公共卫生、公共安全的需要"；第十七条规定："规划区范围、规划区内建设用地规模、基础设施和公共服务设施用地、水源地和水系、基本农田和绿化用地、环境保护、自然与历史文化遗产保护以及防灾减灾等内容，应当作为城市总体规划、镇总体规划的强制性内容"；第十八条规定："乡规划、村庄规划的内容应当包括：规划区范围，住宅、道路、供水、排水、供电、垃圾收集、畜禽养殖场所等农村生产、生活服务设施、公益事业等各项建设的用地布局、建设要求，以及对耕地等自然资源和历史文化遗产保护、防灾减灾等的具体安排"；第三十三条规定："城市地下空间的开发和利用，应当与经济和技术发展水平相适应，遵循统筹安排、综合开发、合理利用的原则，充分考虑防灾减灾、人民防空和通信等需要，并符合城市规划，履行规划审批手续"；第三十五条规定："城乡规划确定的铁路、公路、港口、机场、道路、绿地、输配电设施及输电线路走廊、通信设施、广播电视设施、管道设施、河道、水库、水源地、自然保护区、防汛通道、消防通道、核电站、垃圾填埋场及焚烧厂、污水处理厂和公共服务设施的用地以及其他需要依法保护的用地，禁止擅自改变用途。"

《城市规划编制办法》（中华人民共和国建设部令第146号，2006年4月1

日起施行）第二十九条城市总体规划纲要应包括的内容中规定："提出建立综合防灾体系的原则和建设方针"；第三十一条中心城区规划应包括的内容中规定："确定综合防灾与公共安全保障体系，提出防洪、消防、人防、抗震、地质灾害防护等规划原则和建设方针"；第三十二条城市总体规划的强制性内容中规定："城市防灾工程。包括：城市防洪标准、防洪堤走向；城市抗震与消防疏散通道；城市人防设施布局；地质灾害防护规定"；第三十四条规定中包括："城市总体规划应当明确……综合防灾专项规划的原则"。1998 年正式颁布的《中国减灾规划》明确减灾工作的重点，即要把大中城市、对国民经济和社会发展具有全局性、关键性作用的骨干工程及影响全国或较大区域的灾害作为减灾工作的重点。

建设部于 2005 年编制了新一代的抗震防灾规划，促使各地抗震防灾水平的提高。抗震规划是城市总体规划的一个不可缺少的组成部分，编制和实施城市抗震防灾规划是从源头上减轻地震灾害的有效措施，也是提高现代化城市综合抗震能力的有效手段。迄今为止，全国抗震设防区 80% 的城市都编制了抗震防灾规划。为了进一步推进城市抗震防灾规划编制的规范化、标准化，提高各地编制城市抗震防灾规划的水平，建设部发布的《城市抗震防灾规划标准》（GB 50413—2007，中华人民共和国建设部公告第 628 号）于 2007 年 11 月 1 日实施。《城市综合防灾规划标准》（GB/T 51327—2018，中华人民共和国住房和城乡建设部公告 2018 年第 200 号）于 2019 年 3 月 1 日正式实施。

六、自然灾害预警政策

全国形成了由 251 个地面气象站、124 个高空探测站和 80 多个新一代天气雷达组成的气象监测预报网。

目前我国已建成国家和省级专业地震台站 400 多个、区域遥测台网 30 个，建有地方台、企业台 1400 多个，以及群测点 8000 多个。"九五"期间，地震台站的观测手段实施了数字化技术改造，建成了以全球卫星定位系统（GPS）为主要手段的中国地壳运动观测网络。

全国共有基本水文站 3130 个，水位站 1073 个，雨量站 14454 个，试验站 74 个，地下水规测井 11620 万个组成的水文监测网。

第二节　城市防灾管理部门分工与协调

城市灾害管理资源的配置是一个非常复杂、相互联系的体系。从总体上分，有人、财、物的管理；从时态上分有灾前管理、灾时管理、灾后管理；从部门分，涉及科技、工业、交通、通信、人力资源、物资、财政、经济动员政策等方面的管理；从系统分，有行政、专业、社会管理系统；从过程分，贯穿于测、报、防、抗、救、援储个环节；按管理的层次分，有国家级灾害管理层（国家减灾委、全国综合灾害管理中心）、中央部委、局专业灾害管理层（含减灾专家系统、灾害数据库等）、省级灾害管理系统、地方灾害管理系统；按部门职责分，有决策指挥部门、主管职能部门、辅助部门。所以，城市灾害管理资源的配置是一个有机的相互制约和联系的组织体系和组织过程。

一、中央主要相关部委的分工与协调

1. 中央主要相关部委的职能

1998 年，《国务院办公厅关于印发民政部职能配置内设机构和人员编制规定的通知》（国办发〔1998〕60 号）中明确规定："将国家经济贸易委员会承担的组织协调抗灾救灾的职能交给民政部。"民政部作为救灾工作的主管部门，其主要职责包括：（1）掌握灾情。及时了解、核实、报告与掌握自然灾害的情况是做好救灾工作的前提。在这项工作中，要掌握遭受自然灾害的种类及因灾损失的情况，包括农作物的受灾、成灾面积，受灾、成灾人口数量，因灾缺粮人口和需要救济的人口数量，人畜伤亡、房屋、衣被、粮棉油料等生活物质和水利设施的损失情况；口粮、衣被、住房、医疗以及因灾引起的生活等问题在内的灾区群众生活安排情况；灾区开展生产自救的情况，如采取的措施，进展的情况，收到的效果等等。（2）管理和发放救灾款物。（3）贯彻、检查救灾政策的执行情况。主要包括检查抢修、转移群众及财产、灾民临时安置、紧急救济、灾民的生产、生活安排、生产自救、重建家园、恢复建设、救灾款物的发放等情况。（4）总结交流救灾的工作经验。

国家防汛抗旱总指挥部办公室设在水利部，这是我国防汛抗旱工作的最高

组织机构，早在1950年，我国就设立了中央防汛总指挥部，1971年成立中央防汛抗旱指挥部，1988年成立国家防汛总指挥部，1992年将"国家防汛总指挥部"改名为"国家防汛抗旱总指挥部"，主要职能是组织全国防汛抗旱工作，承办国家防汛抗旱总指挥的日常工作。

国家减灾委员会（以下简称"减灾委"）为国家自然灾害救助应急综合协调机构，负责研究制定国家减灾工作的方针、政策和规划，协调开展重大减灾活动，指导地方开展减灾工作，推进减灾国际交流与合作，组织、协调全国抗灾救灾工作。减灾委办公室、全国抗灾救灾综合协调办公室设在民政部。减灾委各成员单位按各自的职责分工承担相应任务。

中国气象局是经国务院授权、承担全国气象工作的政府行政管理职能的国务院直属事业单位。主要职责是：（1）拟定气象工作的方针政策、法律法规、发展战略和长远规划；制定、发布气象工作的规章制度、技术标准和规范并监督实施；承担气象行政执法和行政复议工作。（2）组织拟订和实施气象灾害防御规划，参与政府气象防灾减灾决策，组织指导气象防灾减灾工作；组织编制国家气象灾害应急预案，组织气象灾害防御应急管理工作；组织气象灾害监测预警及信息发布系统建设，负责气象灾害监测预警和信息发布；承担国家重大突发公共事件预警信息发布工作；负责重大活动、突发公共事件气象保障工作；组织对重大灾害性天气跨地区、跨部门的气象联防和重大气象保障；组织气象灾害风险普查、风险区划和风险评估工作；组织对国家重点工程、重大区域性经济开发项目、城乡建设的气象服务；管理人工影响天气工作。（3）对国务院其他部门设有的气象工作机构实施行业管理，统一规划全国陆地、江河湖泊及海上气象观测、气象台站网、气象基础设施和大型气象技术装备的发展和布局，审订气象信息采集、传输、加工的质量评价方法并监督实施；组织气象技术装备保障和质量监督、气象计量监督，审核全国大中型气象项目的立项和方案。（4）管理全国陆地、江河湖泊及海上气象情报预报警报、短期气候预测、空间天气灾害监测预报预警、城市环境气象预报、火险气象等级预报和气候影响评价的发布；组织论证并审查大气环境影响评价。（5）组织气候变化科学相关工作；组织气候资源的综合调查、区划，指导气候资源的开发利用和保护；组织并审查国家重点建设工程、重大区域性经济开发项目和城乡建设规划的气象条件论证。（6）组织指导气象部门的科技体制改革、组织气象领域重大科研攻关和成果的推广应用，协调气象科技开发、技术合作和技术推广；组织宣传、普及气象科学知识，提高全民气象防灾减灾和气候资源意识。（7）管理气象外事工作，代表我国政府参与世界气象组织及其他国际气象机构的活动，开展与外国政府（地区）气象机构间的合作与交流。（8）统一领导全国气象部门的工作；以中国气象局为主管理省级气象部门的计划财务、机构编制、人事劳动、队伍建设、教育培训和业务建设；指导地方气象事业的发展。（9）协助地方人民政府指导地方气象职工队伍的思想政治工作和精神文明建设。（10）承办国务院交办的其他事项（中国气象局网站，2020）。

2. 分工与协调

建立了具有中国特色的抗灾救灾综合协调机制，提高了政府对灾害管理工作的宏观综合决策水平。每遇大灾，国务院各有关部门密切配合，形成了良好的救灾合力。国家发改委、民政部、财政部、水利部、农业部、交通运输部、卫生部、教育部、中国人民银行等部门积极安排支援灾区的各项救灾资金、救灾物资及贷款。气象部门全力以赴做好灾区天气预测、预报，地震部门认真做好灾区地震监测工作，交通、铁路、民航等部门优先安排抢运救灾物资，海关、商检、卫检等部门优先安排救灾物资的检验、进关。中国人民解放军指战员、武警官兵、公安干警和民兵预备役部队在各地的抗灾救灾中发挥了中流砥柱的作用。

二、城市防灾减灾与应急管理部门分工和协调

1. 传统城市防灾减灾体系的缺陷

长期以来，我国城市防灾减灾的管理以分类管理为主，注重单项灾害管理，还没有形成综合型的城市应急管理体系。进行减灾、抗灾的部委很多，有的已经形成了较强的单项减灾救援力量，但是不能适应综合防灾的需要。灾害的发生具有链生性和群发性等特点，次生灾害和主要灾害并至。仅仅靠单项防灾部门的行动，难以满足防灾减灾的需要，难以保障人民生命财产的安全。这种在计划经济体制下形成的分部门、分灾种的单一城市灾害管理模式，割裂灾害管理的系统性和整体性，越来越难以适应现代城市灾害的特点。城市缺乏统一的强有力的指挥管理系统，在面临群灾并至的复杂局面时，既不能迅速形成应对极端事件的统一力量，也不能及时有效地配置分散在各部门的救灾资源（表3-2）。

我国目前的灾害管理情况 表 3-2

管理内容	气象灾害	海洋灾害	洪水灾害	地质灾害	地震灾害	特重大事故
检测预报	气象局	海洋局	气象局、水利局	地矿局	地震局政府	劳动部主管（交通、公安、全总工）
防火抗灾	各级政府，农林渔、交通、工业等部门	各级政府，交通、水产、能源、建设部门	各级政府，水利、交通、建设部门	各级政府，铁道、建设、交通部门	各级政府，地震、建设、交通部门	各级政府，省区市安全委员会
救灾	各级政府，国务院生产办公室，民政部门，部队等	各级政府，国务院生产办公室，民政、交通部门，部队等	各级政府，国务院生产办公室，民政部门，部队等	各级政府，国务院生产办公室，民政部门，部队等	各级政府，国务院生产办公室，民政部门，部队等	各级政府，国务院生产办公室，民政部门，红十字会等
援建	政府	政府	政府	政府	政府	政府

资料来源：王绍玉，冯百侠.城市灾害应急与管理［M］.重庆：重庆出版社 2005.

2. 城市综合防灾新模式探索

面对新时代、新任务提出的新要求，以习近平同志为核心的党中央从全面深化改革的全局出发，着力破除国家应急管理体制深层次难题，下大决心把多个部门、机构的应急管理职能整合到一起，2018 年 3 月组建应急管理部，开启了中国特色应急管理体制新时代，具有重要的里程碑意义。应急管理部整合了分散在国家安全生产监督管理总局、国务院办公厅、公安部、民政部、原国土资源部、水利部、原农业部、原国家林业局、中国地震局、国家防汛抗旱总指挥部、国家减灾委员会、国务院抗震救灾指挥部、国家森林防火指挥部等 13 个部门的全部或部分职责。

应急管理部主要职责有：组织编制国家应急总体预案和规划，指导各地区各部门应对突发事件工作，推动应急预案体系建设和预案演练。建立灾情报告系统并统一发布灾情，统筹应急力量建设和物资储备应在救灾时统一调度，组织灾害救助体系建设，指导安全生产类、自然灾害类应急救援，承担国家应对特别重大灾害指挥部工作。指导火灾、水旱灾害、地质灾害等防治。负责安全生产综合监督管理和工矿商贸行业安全生产监督管理等。公安消防部队、武警森林部队转制后，与安全生产等应急救援队伍一并作为综合性常备应急骨干力量，由应急管理部管理，实行专门管理和政策保障，采取符合其自身特点的职务职级序列和管理办法，提高职业荣誉感，保持有生力量和战斗力。应急管理部要处理好防灾和救灾的关系，明确与相关部门和地方各自职责分工，建立协调配合机制。

这次应急管理体制改革体现了系统性、整体性、协同性的改革思维，建立了综合性应急管理机构，使其朝着职责明确、集中统一的国家应急管理组织机构方向迈进，体现了大安全、大应急的理念。组建应急管理部，整合了相关领域的应急救援职能资源，实现了"三个整合"，即整合了防灾、减灾、救灾三种应急管理能力体系，整合了火灾、水旱灾害、地质灾害三种灾害防治体系和防治能力，整合了公安消防部队、武警森林部队、安全生产应急救援队伍三支常备应急骨干力量。这次机构改革打破了部门本位、条块分割、自成体系的碎片化应急管理格局，实现了国家突发事件应对机构从过去综合协调型向独立统一型转变，从"条块化、碎片化"应急管理模式向"系统化、综合化"应急管理模式转变。

一年里，应急管理部边组织、边应急、边防范，启动应急响应 47 次，新组建了国家综合性消防救援队伍，有效应对重大灾害事故。组建之年，实现了新时代应急管理工作的良好开局。自然灾害因灾死亡失踪人口、倒塌房屋数量、直接经济损失比近五年平均值下降 60%、78% 和 34%；生产安全事故总量、较大事故、重特大事故与上年相比实现"三个下降"，其中重特大事故起数和死亡人数分别下降 24% 和 33.6%，自新中国成立以来，首次全年未发生死亡 30 人以上的特大事故，有效维护了人民群众生命财产安全和社会稳定。2018 年和 2019 年，应急管理累计组织灾害事故视频会议 395 次，启动重特大灾害事故响应 105 次，派出工作组 443 个。

但我国应急能力总体不适应严峻复杂的公共安全形势，不适应新时代人民日益增长的安全需要，必须坚持问题导向，以更高的标准和更有利的举措，加快提升各类灾害事故防范救援能力。要统筹推进自然灾害防治能力建设，突出建设国家综合性消防救援队伍，提升国家航空应急救援能力，支持专业和社会救援力量发展，推动应急管理信息化跨越式发展。要全面建设应急管理法律制度体系，加快应急管理法律法规制修订工作，推进应急预案和标准体系建设，改进安全生产监管执法。要大力提升应急管理基层基础能力，加强基础理论研究，推进先进技术研发应用，实施基层应急能力提升计划，推进应急管理国际交流合作。

第三节　城市防灾与应急管理法规概述

一、有关城市防灾的单项法律

依法行政是未来政府机构改革和效能提高的方向。减灾立法是以法律规范的形式把综合灾害管理系统固定化、制度化，赋予其权威性和强制性。据统计，在计划经济下，关于灾害专门法律法规的制定，最早的是 1950 年 10 月 14 日《政务院关于治理淮河的决定》、1955 年 5 月 11 日《东北及内蒙古沿线林区防火办法》、1963 年 4 月 18 日《关于黄河中游地区水土保持工作的决定》、1979 年 3 月 20 日《国家地震局关于保护地震台站观测环境的暂行规定》等。30 多年，只颁布了决定、规定级寥寥几个具有一定强制性法规意义的文件，其他的则是通知、指示、通令、指令等规范性文件，称得上法律的几乎没有。

我国与防灾减灾工作有关的立法工作是从 20 世纪 80 年代后期开始逐步开展起来的，先后制定了水法（1988）、水土保持法（1991）、防洪法（1997）；防震减灾法（1998）、消防法（1998）、气象法（1999）等，这些法律或直接与某个灾种的防灾减灾工作有关，或在其中包含了某个灾种的防灾减灾的章节。现行的多数单灾种法律覆盖面单一，没有综合的减灾思路，往往造成投资的重复建设和浪费。

1. 地震减灾法律体系

我国是一个多地震国家，而且是大陆地震最多的国家，地震分布广、强度大。由于我国的许多城市存在着有潜在发震危险的活断层，许多建筑物抗震性能没有达到防震减灾十年目标的要求，使得地震灾害极为严重。据统计，我国 20 世纪以来造成死亡超过千人的大震灾共有 22 次，平均 4.4 年一次。其中 20 世纪全球两次死亡 20 万人以上特大地震灾害都发生在我国。一次是 1920 年海原地震，另一次是 1976 年的唐山地震。唐山地震以后，尤其是汶川大地震后，党中央国务院对地震的立法工作十分重视，制定了相关法律，住房和城乡建设部、国家地震局、民政部也制定了许多相应的法规。

有关防震减灾的法律、行政法规、行政规章主要有：1997 年 12 月 29 日第八届全国人民代表大会常务委员会第二十九次会议通过的《中华人民共和国防震减灾法》，这是防震减灾领域的基本法律，是防震减灾工作的基本法律依据；《地震监测设施和地震观测环境保护条例》《破坏性地震应急条例》《地震预报管理条例》；国家地震局、原建设部、民政部三家单位联合发布的《关于加强地震重点监视区的地震防灾工作的意见》、国务院办公厅下发的《关于中国对国外发生破坏性大地震做出快速反应的通知》等。

根据我国的实际情况提出了抗震设防的三个水准目标：小震不坏、中震可修、大震不倒。原建设部依此组织编制和修订了抗震设防标准规范 40 余项，如《建筑抗震设计规范》《建筑抗震鉴定标准》《构筑物抗震设计规范》《建筑工程抗震设防分类标准》等国家强制性标准，并编制了《建设部破坏性地震应急预案》《房屋建筑工程抗震设防管理规定》以及新一代的抗震防灾规划。此外，各省、自治区、直辖市以及有立法权的市也都就防震减灾工作的某一方面的事项制定了相关的地方性法规、规章。

2. 防洪法律体系

我国的城市大部分因水而设，因水而兴，一方面处于江河洪水和风暴潮的威胁之中，另一方面也出现了由于自然和人为原因造成的供水不能满足需水要求的不平衡现象。位于我国暴雨洪水频发区的部分省（区、市）（河北、上海、江苏、浙江、安徽、山东、湖北、湖南、广东、广西）中的 322 座有防洪任务的设市城市，防洪标准相对较低。统计表明，低于和等于 20 年一遇防洪标准的城市占被统计城市数的 84.1%，表明位于我国东部常遭遇洪涝灾害的城市中有八成以上的城市防洪标准在 20 年一遇以下。这充分说明我国中东部地区防洪形势之严峻。

1982 年 6 月 30 日，国务院发布了《水土保持工作条例》，1988 年 1 月 21 日，第六届全国人民代表大会常务委员会第二十四次会议通过了《中华人民共和国水法》，1991 年 7 月 9 日，国务院根据《中华人民共和国水法》的规定，制定了《中华人民共和国防汛条例》，1998 年 1 月 1 日，全国人大常委会又制定了《中华人民共和国防洪法》，第一次以国家法律的形式，对防洪抗洪相关的各种问题进行了比较系统的规定。

3. 事故防治法律体系

在矿山安全领域，1992 年 11 月 7 日，全国人大常委会通过《中华人民共和国矿山安全法》，1996 年 10 月 30 日，劳动部发布了《中华人民共和国矿山安全法实施条例》《核事故防治法》。1993 年 8 月 4 日，国务院第 124 号令发布《核电厂核事故应急管理条例和处理规定》《医疗事故防治法》，2002 年 4 月 4 日，国务院发布了《医疗事故处理条例》。

在火灾事故领域，有专门规定火灾应急工作的《中华人民共和国消防法》（1998 年 4 月 29 日，第九届全国人民代表大会常务委员会第二次会议通过），也有对特殊火灾加以规范的《中华人民共和国森林防火条例》（1988 年 1 月 16 日国务院发布）等。

4. 环境灾害防治法律体系

环境保护法是调整环境保护中各社会关系的法律规范的总称，是指国家、政府部门根据发展经济、保护人民身体健康与财产安全、保护和改善环境需要而制定的一系列法律、法规、规章等。环保法规迅速成为一门新兴的独立法律分支，是和近几十年来世界很多国家和地区环境严重恶化，以致需要国家政府干预这种情况相联系的。

我国的环境保护工作起始于 20 世纪 70 年代初，1973 年召开全国环境保护工作会议，确定了"全面规划、合理布局、综合利用、化害为利、依靠群众、保护环境、造福人民"的方针。在这个方针的指导下，国家和地方开始有组织地制定了环境保护政策、法规、标准，并逐步形成了具有中国特色的环境保护工作制度。

1979 年，我国正式颁布了《中华人民共和国环境保护法（试行）》，这标志着我国环境保护工作步入了法制轨道。以《试行法》为依据，以后又相继颁布了《中华人民共和国海洋环境保护法》《中华人民共和国大气污染防治法》《中华人民共和国水污染防治法》《中华人民共和国噪声污染防治条例》及相关的资源法、环保行政法规和许多部门规章及标准。基本形成了具有我国特色的环境法律法规体系。

1989 年根据我国环境保护事业发展的需要，对《中华人民共和国环境保护法》进行了修改；1995 年对《中华人民共和国大气污染防治法》进行了修改，同时，颁布了《中华人民共和国固体废物污染环境防治法》，1996 年对《中华人民共和国水污染防治法》进行了修改，同时颁布了《中华人民共和国环境噪声污染防治法》，环保法律的颁布与修订完善，有力地保障和推动了我国环境保护事业的深入发展。

5. 地质灾害防治法律体系

地质灾害是包括地震、泥石流、滑坡、沙漠化等自然灾害，由于地震对我国人民的生命财产造成重大的损失，所以常常被单列出来，作为重点的防治对象。例如世界上死伤超过 20 万人的两次大地震（海原地震和唐山地震）都发生在中国。但是，除了地震外，我国在其他的地质灾害的立法上还有许多空白点，特别是缺少专门性立法。我国目前关于在地质灾害防治的法律规定主要是在土地资源保护等法律上，如 1985 年全国人大常委会颁布的《中华人民共和国草原法》，国务院发布的《水土保持工作条例》等。

二、有关城市防灾的应急管理法律

自然灾害或者人为灾害发生以后，往往会出现各种紧急情况、特别是一些重大的自然灾害或者人为灾害发生以后，政府必须采取一些紧急措施能有效地控制社会局势，维护正常的社会秩序。因此，灾害应急作为灾害法的重要调整对象基本在相应的灾害法中得到了体现，有的灾害应急活动还制定了专门的灾害应急条例，如《破坏性地震应急条例》《核电厂核事故应急条例和处理规定》以及《突发公共卫生事件应急条例》《国家突发公共事件总体应急预案》等。

中国没有在《宪法》中规定统一的紧急状态法律制度，却制定了包括戒严法、国防法、防洪法、防震减灾法和传染病防治法等法律在内的紧急状态法律，这些法律都明确规定了政府在不同的紧急状态时期可以采取的紧急措施以及公民在紧急状态时期应当受到限制的权利和必须履行的法律义务。例如防洪应急在《中华人民共和国防洪法》和《中华人民共和国防汛条例》中得到了体现，《中华人民共和国森林法》和《森林防火条例》是森林防火应急工作的主要法律依据。地质灾害应急，如滑坡、火山爆发等地质灾害没有出台有关应急法律。环境灾害应急主要集中在《中华人民共和国环境保护法》《中华人民共和国海洋环境保护法》《中华人民共和国大气污染防治法》等法律中。

总之，我国目前的灾害应急法是分散在不同的灾害法中，专门的应急条例很少，这种立法状况对于常见的灾害来说还可以应付，但对于许多不常见的灾害，可能会造成工作上的紊乱。因此，必须在今后的立法中不断加以完善，从单一法规转向面对承灾体的综合法规。

三、有关城市灾后恢复重建的法律

目前，我国在救灾领域还没有一般指导意义的法律，到目前为止，民政部唯一一部与救灾相关的法规是以部长令形式出台的《救灾捐赠管理办法》，属于部门规章。但是中华人民共和国成立以来原内务部、现在的民政部都先后就救灾工作所遇到的各项问题发布过相应的行政规章，如 1950 年 6 月 8 日，内务部发布了《关于继续防备灾荒的指示》和 1950 年 10 月 12 日的《关于处理灾民逃荒问题的再次指示》；1952 年 5 月 15 日《关于生产救灾工作领导方法的几项指示》等（康沛竹，2005）；1983 年 10 月 29 日，民政部发布了《关于严格执行灾民生活救济款专款专用的原则的通知》；1987 年 5 月 13 日，民政部又发布了《关于切实加强救灾款管理使用工作的通知》；1987 年 5 月 13 日，民政部、外交部和经贸部联合提交了《关于调整接受国际救灾援助方针问题的请示》；1990 年 1 月 6 日，民政部与财政部联合发布了《关于妥善处理农村救灾保险超付资金问题的通知》；1990 年 1 月 22 日，民政部、监察部、审计署联合发布了《关于加强监督检查管好用好救灾款的通知》；1990 年 6 月 20 日，民政部又发布了《关于加强灾情信息工作的通知》等。《中华人民共和国防汛条例》《中华人民共和国防震减灾法》等法律、法规都确立了相应的灾后重建和安置制度，将灾后重建和安置工作纳入了法制轨道。如《中华人民共和国防汛条例》第五章专门规定了洪水灾害后各级人民政府防汛指挥部应当积极组织和帮助灾区群众恢复和发展生产。修复水毁工程所需费用，应当优先列入有关主管部门年度建设计划。

在这方面，日本有很好的立法经验，如日本议会在 1947 年就制定了统一的《灾害救助法》，统一规定灾害救助的范围，便于受灾者及时从政府获得必要的救济。另外日本还制定了《受灾者生活重建法》《关于保护特定非常灾害受害者权益的特别措施的法律》《国家为防灾促进集团转移事业采取的财政特别措施》等法律，这些法律都就灾害防治过程中的一些特殊的问题，包括受灾者、受害者、献身者等相关法律权益作了比较明确的法律规定，给予必要的保护。可见，与日本比较，我国的救灾立法的现状十分薄弱，发展不平衡，缺少全面统筹和规范。因此，建立符合我国的政治、经济、社会需要的灾后恢复重建的法律体系十分重要（表3-3）。

我国城市防灾减灾的法律及其相互关系 表3-3

项目	预防	应急	恢复重建
地震减灾	《中华人民共和国防震减灾法》《地震监测设施和地震观测环境保护条例》《地震预报管理条例》《建筑抗震设计规范》《建筑抗震鉴定标准》《构筑物抗震设计规范》	（1）专门应急类法律《破坏性地震应急条例》《核电厂核事故应急条例和处理规定》以及《突发公共卫生事件应急条例》《国家突发公共事件总体应急预案》；（2）其他应急性条款分散在各种专业法中，如防洪应急在《中华人民共和国防洪法》和《中华人民共和国防汛条例》中得到了体现，《中华人民共和国森林法》和《森林防火条例》是森林防火应急工作的主要法律依据。地质灾害应急，如滑坡、火山爆发等地质灾害没有出台有关的应急法律。环境灾害应急主要集中在《中华人民共和国环境保护法》《中华人民共和国大气污染防治法》等法律中	没有统一《灾害救助法》，在《中华人民共和国防汛条例》《中华人民共和国防震减灾法》中有所体现。另外是民政部出台的各种规章制度：《关于严格执行灾民生活救济款专款专用的原则的通知》《关于切实加强救灾款管理使用工作的通知》《关于调整接受国际救灾援助方针问题的请示》《关于妥善处理农村救灾保险超付资金问题的通知》《关于加强监督检查管好用好救灾款的通知》《关于加强灾情信息工作的通知》《救灾捐赠管理办法》等
防洪法律	《中华人民共和国防洪法》《水土保持工作条例》《中华人民共和国水法》《中华人民共和国防汛条例》		
事故防止（火灾）	《中华人民共和国矿山安全法》《中华人民共和国消防法》《中华人民共和国森林防火条例》		
环境灾害防治	《中华人民共和国环境保护法》《中华人民共和国海洋环境保护法》《中华人民共和国大气污染防治法》《中华人民共和国水污染防治法》《中华人民共和国噪声污染防治条例》		
地质灾害防治	《中华人民共和国草原法》《水土保持工作条例》		

第四节　城市综合防灾与应急管理法规解读

由于没有正规的城市综合防灾法，城市综合法的内容体现在一些单项法规和应急法规中。我们把《环境保护法》作为单项法规的典型，把《国家突发公共事件总体应急预案》作为典型的应急类法规加以解读。

一、《环境保护法》的解读

1.《环境保护法》的任务、目的以及作用

根据我国《宪法》和《环境保护法》的规定，我国《环境保护法》有两项任务：① 保证合理地利用自然环境，自然资源也是自然环境的重要组成部分。

② 保证防治环境污染与生态破坏，防治环境污染是指防治废气、废渣、粉尘、垃圾、滥伐森林、破坏草原、破坏植物、乱采乱挖矿产资源、滥捕滥猎鱼类和动物等。《环境保护法》的目的是为人民创造一个清洁、适宜的生活环境和劳动环境以及符合生态系统健全发展的生态环境，保护人民健康，促进经济发展提供法律上的保障。《环境保护法》的作用是保护人民健康，促进经济发展的法律武器；是推动我国环境法制建设的动力；是提高广大干部、群众环境意识和环保法制观念的好教材；是维护我国环境权益的有效工具；是促进环境保护的国际交流与合作，开展国际环境保护活动的有效手段。

2.《环境保护法》的基本原则

《环境保护法》的基本原则，是环境保护方针、政策在法律上的体现，是调整环境保护方面社会关系的指导规范，也是环境保护立法、司法、执法、守法必须遵循的准则，它反映了环保法的本质，并贯穿环境保护法制建设的全过程，具有十分重要的意义。

（1）经济建设与环境保护协调发展的原则。根据经济规律和生态规律的要求，《环境保护法》必须认真贯彻"经济建设、城市建设、环境建设同步规划、同步实施、同步发展的三同步方针"和"经济效益、环境效益、社会效益的三统一方针"。

（2）预防为主，防治结合的原则。预防为主的原则，就是"防患于未然"的原则。环境保护中预防污染不仅可以尽可能地提高原材料、能源的利用率，而且可以大大地减少污染物的产生量和排放量，减少二次污染的风险，减少末端治理负荷，节省环保投资和运行费用。"预防"是环境保护第一位的工作。然而，根据目前的技术、经济条件，工业企业做到"零排放"也是很困难的，所以还必须与治理结合。

（3）污染者付费的原则。通常也称为"谁污染，谁治理""谁开发，谁保护"原则，其基本思想是明确治理污染、保护环境的经济责任。

政府对环境质量负责的原则。环境保护是一项涉及政治、经济、技术、社会各个方面的复杂又艰巨的任务，是我国的基本国策，关系到国家和人民的长远利益，解决这种带头全局、综合性很强的问题，是政府的重要职责之一。依靠群众保护环境的原则，环境质量的好坏，关系到广大群众的切身利益，因此保护环境，不仅是公民的义务，也是公民的权利。

3. 《环境保护法》的特点

《环境保护法》除了具有法律的一般特征外，还有以下特点：① 科学性。环保是以科学的生态规律与经济规律为依据的，它的体系原则、法律规律、管理制度都是从环境科学的研究成果和技术规范总结出来的。② 综合性。环保法所调整的社会关系相当复杂，涉及面广、综合性强。既有基本法，又有单行法；既有实体法，又有程序法；而且涉及行政法、经济法、劳动法、民法、刑法等有关内容。③ 区域性。我国是一个大国，区域差别很大，因此我国的环保法具有区域性特点。各省市可根据本地区制定相应的地方法规和地方标准，体现地区间的差异。④ 奖励与惩罚相结合。我国的环保法不仅要对违法者给予惩罚，而且还要对保护资源、环境有功者给予奖励，做到赏罚分明。这是我国环保法区别于其他国家法律的一大特点。

二、《国家突发公共事件总体应急预案》

总体预案是全国应急预案体系的总纲，明确了各类突发公共事件分级分类和预案框架体系，规定了国务院应对特别重大突发公共事件的组织体系、工作机制等内容，是指导预防和处置各类突发公共事件的规范性文件。

1. 编制目的

编制总体预案的目的是为了提高政府保障公共安全和处置突发公共事件的能力、最大程度地预防和减少突发公共事件及其造成的损害，保障公众的生命财产安全，维护国家安全和社会稳定，促进经济社会全面、协调、可持续发展。在总体预案中，明确提出了应对各类突发公共事件的六条工作原则：以人为本，减少危害；居安思危，预防为主；统一领导，分级负责；依法规范，加强管理；快速反应，协同应对；依靠科技，提高素质。

总体预案将突发公共事件分为自然灾害、事故灾难、公共卫生事件、社会安全事件四类。按照各类突发公共事件的性质、严重程度、可控性和影响范围等因素，总体预案将其分为四级，即Ⅰ级（特别重大）、Ⅱ级（重大）、Ⅲ级（较大）和Ⅳ级（一般）。

2. 适用范围

总体预案适用于涉及跨省级行政区划的，或超出事发地省级人民政府处置能力的特别重大突发公共事件应对工作。总体预案规定，突发公共事件发生后，事发地的省级人民政府或者国务院有关部门在立即报告特别重大、重大突发公共事件信息的同时，要根据职责和规定的权限启动相关应急预案，及时、有效地进行处置，控制事态。必要时，由国务院相关应急指挥机构或国务院工作组统一指挥或指导有关地区、部门开展处置工作。

总体预案规定，国务院是突发公共事件应急管理工作的最高行政领导机构；国务院办公厅设国务院应急管理办公室（2018年9月，国务院办公厅应急管理职责，划入应急管理部，不再保留国务院应急管理办公室），履行值守应急、信息汇总和综合协调职责，发挥运转枢纽作用；国务院有关部门依据有关法律、行政法规和各自职责，负责相关类别突发公共事件的应急管理工作；地方各级人民政府是本行政区域突发公共事件应急管理工作的行政领导机构。总体预案对突发公共事件的预测预警、信息报告、应急响应、应急处置、恢复重建及调查评估等机制作了详细规定，并进一步明确了各有关部门在人力、财力、物力及交通运输、医疗卫生、通信等应急保障工作方面的职责。

总体预案要求各地区、各部门做好对人员培训和预案演练工作，抓好面向全社会的宣传教育，切实提高处置突发公共事件的能力，并明确指出突发公共事件应急处置工作实行责任追究制。对突发公共事件应急管理工作中作出突出贡献的先进集体和个人要给予表彰和奖励。对迟报、谎报、瞒报和漏报突发公共事件重要情况及其他失职、渎职行为的，依法对有关责任人给予行政处分；构成犯罪的，依法追究刑事责任。

国务院各有关部门已编制了国家专项预案和部门预案；全国各省、自治区、直辖市的省级突发公共事件总体应急预案均已编制完成；各地还结合实际编制了专项应急预案和保障预案；许多市（地）、县（市）以及企事业单位也制定了应急预案。至此，全国应急预案框架体系初步形成。

第五节　城市综合防灾与应急管理法规建议

一个地区所遭受的灾害损失是多种灾害的综合影响，减轻自然灾害需要采取监测、预报、防灾、抗灾、救灾、援建等多种措施的社会协调行动，因此，减轻灾害也是一项系统工程。我国应构筑一个普遍适应的防灾减灾的基本法律体系，从法律上明确防灾减灾的责任、内容、对策等，建立统一的观测、预报和应急救灾组织体系；要保证政府的各项组织和管理功能正常运转，保障各项生命线工程的社会功能正常发挥。

法律是现代社会的产物，法治对推动现代社会发展起着重要作用。2016年12月29日国务院办公厅公布的《国家综合防灾减灾规划（2016—2020年）》明确指出："加强综合立法研究，加快形成以专项法律法规为骨干、相关应急预案和技术标准配套的防灾减灾救灾法律法规标准体系，明确政府、学校、医院、部队、企业、社会组织和公众在防灾减灾救灾工作中的责任和义务。"应该讲，到目前为止，尚缺少最高层次的国家减灾基本法，在城市灾害层面上也缺少《城市防灾救灾法》。

一、制定《减灾基本法》

日本的防灾减灾法律体系是一个以《灾害对策基本法》为龙头的相当庞大的体系。按照日本《防灾白皮书》的分类，这一体系共由52项法律构成，其中属于基本法的有《灾害对策基本法》等6项，与防灾直接有关的有《河川法》《海岸法》等15项，属于灾害应急对策法的有《消防法》《水防法》《灾害救助法》等3项，与灾害发生后的恢复重建及财政金融措施有直接关系的有《关于应对重大灾害的特别财政援助的法律》《公共土木设施灾害重建工程费国库负担法》等24项，与防灾机构设置有关的有《消防组织法》等4项。

作为防灾减灾基本法的《灾害对策基本法》，是日本在经历了1959年的台风严重灾害以后于1961年公布实施的。1959年的特大台风灾害暴露了日本当时防灾体制存在的一些突出问题，主要包括：原有的灾害救助法对于大规模的灾害难以进行有效的应对；缺少一个综合的防灾行政体制，各部门为主的立法使各项防灾对策很难协调，缺乏统一性。所以，灾害对策基本法的制定，在日本防灾史上具有重大转折点的意义。该法对与防灾减灾及灾害应急等有关的一些重大事项作出了比较明确的规定。主要包括：各级政府乃至民众对于防灾减灾所负有的责任；防灾减灾组织机构的设置；防灾减灾规划的制定；关于防灾的组织建设、训练实施和物资储备等各项义务；发生灾害后的应急程序和职责所在；志愿灾后重建的财政特别措施。

　　由于灾害法涉及内容极其广泛，灾害防治工作的环节也是千头万绪。因此，想通过制定统一的"灾害法"来规范各种因防止灾害而发生的社会关系，这种立法思路还要不断地探索。最合适我国的立法思路是不断完善各个灾种的法律体系，如目前我国已经存在的以《中华人民共和国防震减灾法》为核心的防震减灾法律体系，以《中华人民共和国防洪法》为核心的防洪法律体系。在此基础上，把共同的元素抽象出来，制定一些基本的法律制度。因为这些基本的法律制度在所有的灾害防治工作中都是通用的，可以作为最基本的灾害防治法律制度来单独立法。例如制定适用于所有救灾事务的《灾害救助法》，建立完善的城市综合减灾规划及防灾行政管理体系的《减灾基本法》。

　　《减灾基本法》既是与所有灾害有关法律法规相关的根本大法，又保留了原有灾害对策的完整性，并从综合减灾意义与对原有法律的不足予以必要补充，有机地调整各法律法规的相互关系。《减灾基本法》的建立使得涉及灾害预防、灾害紧急对应、灾后重建等各种防灾活动都有了法律依据，同时明确机关团体、个人必须承担的义务和责任。由于《减灾基本法》有统一的体制（法的体系和组织体系），使得防灾活动更有效率和更规范化。

　　编制和出台《减灾基本法》，明确其作为我国减灾法制建设和减灾法律体系中的基本法的战略地位，对实现依法减灾，最大可能减少灾害造成的损失和不利影响，推动国民经济和社会的可持续发展具有重要的意义。《减灾基本法》须明确的内容有：①建立中国的防灾抗灾救灾体系，设立一个综合减灾机构全面部署和领导减灾规划和灾害的预防、救助及灾后的重建工作。②建立跨部门的减灾管理信息系统，实现各部门间、中央与地方间、宏观决策机构与救灾部门间灾情信息的及时传送与交换。③建立中央、地方政府、社会各级固定的救灾储备金体系，管好用好减灾经费；加强灾害保险，利用经济杠杆间接减灾。④加强减灾工程管理，提高减灾工程的经济效益、社会效益和环境效益。⑤强化灾害的宏观管理，完善灾害立法，推进减灾科学技术的研究和应用。

二、编制和出台《救灾基本法》

　　救灾工作涉及面广，参与部门多，必须以条例或法律形式固化政府、社会、受灾群众的权利和义务，约束各方面对灾害应尽的职责，最大限度地确保救灾工作依法行政，确保受灾群众的生活权益。今后一段时间，首先要积极争取尽早出台《救灾工作条例》，然后在此基础上制定并出台《中华人民共和国救灾基本法》。

《救灾基本法》进一步明确各级政府部门对灾害管理应负的法律责任，科学定位不同政府部门灾害响应和实施管理分工与合作职责、任务等，用完善的法规体系确保应急处置工作的顺利开展。

围绕《救灾基本法》，建立相应救灾法律法规条例体系。首先是《救灾社会捐助条例》，进一步健全经常性社会捐助的管理机制，健全捐助统计制度、公示制度和表彰奖励制度以及各项优惠政策，促进经常性社会捐助活动深入、健康、持续地开展。开展捐助活动注重充分发挥公益性社会组织的作用，建立和完善激励机制和监督管理机制，建立具有中国特色的公益事业管理体制。其次是《救灾款物运行管理条例》。积极建立救灾资金专户制度，加强救灾工作的民主监督，增强救灾工作的透明度，建立救灾款物管理公示制度，动员全社会监督和关心救灾工作。与此同时，重点强化基层救灾款物的发放管理工作，使受灾群众真正得到应有的救助。再次是《救灾应急预案》。

三、编制和出台《城市防灾救灾法》

城市综合防灾减灾立法，是进行和加强城市综合防灾减灾管理的保证。尤其是市场经济条件下，为切实提高城市综合防灾减灾能力，必须加强城市综合防灾减灾立法。我们认为，中国城市综合防灾减灾要在新世纪得到发展，必须进行《城市防灾减灾法》的编研。

《城市防灾救灾法》旨在为保护城市及公众的生命、人身、财产免遭事故、灾害的破坏。在安全减灾方面要做到：防灾责任的明确化、综合性防灾行政的推进、规划性防灾行政的建立、形成巨灾的财政援助保障体系等。对本法所涉及的事故、灾害状况作出定义，明确防灾责任。明确国家《综合减灾法》与《紧急状态法》的不同管理对象及相互间关系，明确《城市防灾法》是一部综合减灾立法体系中的大法。

该法的指导方针是通过对国家主管部门及城市减灾行政的法律规定，最大限度地防御和减轻各种灾害所造成的人员伤亡及财产损失。其基本原则是坚持综合减灾工作同社会经济发展和环境资源保护相结合；坚持以预防为主，测、报、防、抗、救各工作环节相结合；坚持"避害趋利"、把握全局且突出重点灾种的原则；坚持充分发挥科技进步，使管理、立法在国家综合减灾能力建设中产生作用的原则；坚持处理好城市行政机关、企事业单位及社会公众在执法时的领导关系和责、权、利关系；坚持健全国家防灾减灾立法和执法监督部门间的分级、分部门、分行业的管理体制及运行机制的原则。

城市建设防灾立法的工作应如消防审查、安全防范审查一样，开展以城市重大项目风险评估的方法研究。其中《重大建设项目风险评估导则》立法已势在必行。此外，该法应在组织、政府防灾、综合减灾预案、防灾应急启动、防灾规划、灾害预防、防灾示范、灾后恢复、安全文化教育、其他综合事项等方面作出明确的规定。

加强以《城市防灾减灾法》为中心的法规建设，城市防灾减灾立法是一类大体系问题，按国外防灾减灾立法惯例，要遵循防灾减灾基本法→部门防灾减灾法→防灾减灾行政法规及规章→地方性防灾减灾法规这四大层次。《城市防灾减灾法》是上述一系列法规的组合。

第四章　城市综合防灾规划

第一节　城市综合防灾规划现状

一、现状概述

国内外对城市的防灾技术进行了大量的研究，在城市的地震影响、抗震设防区划、房屋和生命线系统的单体工程抗震、城市地震灾害预测和城市抗震薄弱环节分析以及提高城市抗震防灾能力的对策措施等方面都取得了很大的进展，在我国抗震设防的城市基本上都编制了抗震防灾规划。针对我国城市建筑物和基础设施的抗灾能力比较薄弱的特点，1994年国家自然科学基金会在国家科委支持下批准了"城市与工程减灾基础研究"重大项目，并选定鞍山、唐山、镇江、汕头和广州为综合减灾试点和示范城市。但是，以前的研究工作主要是对单一灾种的分析，其对策也都是围绕着各个灾种分别考虑的，虽然也考虑了在某一灾种发生后的次生灾害影响，但还没有对灾害并发或连发的综合成灾模型进行系统深入的研究，在城市规划中，城市的防灾工作尚没有系统形成综合减灾的态势。

要满足城市综合防灾和城市规划需要，必须解决以下方面的技术问题：① 成灾模式分析与综合防灾数学模型开发。搜集城市及其邻区古今地震、岩溶和采空区塌陷资料，掌握城市成灾规律，研究其成因机制，建立综合成灾预测数学模型。② 城市发展和灾害损失评估方法。建立灾害损失评价数学模型，并针对城市的具体情况作实际分析。③ 地理信息系统（GIS）在城市综合防灾工作中的作用。地理信息系统的发展为其在减灾中的应用既提供了良好的机遇，又带来了新的挑战，是提高防灾减灾技术水平和灾害管理工作的关键。④ 人工神经网络评价模型的建立，综合灾害效应评价。灾害效应受多种因素控制且这种关系不能简单地用线性关系或用权重系数来表示，故建立合适的多元非线性模型是准确评价灾害危险性的关键。应用人工神经网络方法建立灾害危险性预测模型，依据灾害调查资料，建立灾害危险性评价模型实例，分析计算结果，是解决该问题的关键。

二、各种灾害的规律与特点

我国地域辽阔，跨越热带、亚热带、温带和寒带，地表组成物质多样，地质构造复杂，东临大洋，西踞高原，生态环境与气象多变，又由于一些城市防灾减灾资源的投入滞后于工农各业发展与城市化进程，存在多种灾害源和灾害隐患，每年都有多种自然灾害与人为灾害发生。对多种灾害综合研究的结果表明，我国的灾害主要有如下规律与特点。

1. 灾害种类多、出现频次高、成灾因素复杂

地质灾害、气象灾害、环境灾害、火灾、海洋灾害、生物灾害以及交通事故、工业安全事故等多种灾害频发。特别是地震灾害、洪涝灾害、干旱、风暴潮、火灾、交通事故、工业安全事故等灾害发生频次较高。严重缺水、环境灾害也威胁着一些城市的可持续发展。成灾既有自然因素，又有人为因素。由于这两种因素的综合作用，灾害类型、规模、发生频次、严重程度、复杂性与破坏力有增加的趋势，而且出现并发、连发性灾害。

2. 分布地域广、季节性和地域性强

我国的自然灾害在气圈、水圈、岩石圈、生物圈都有比较广泛的分布。

32.5% 的国土处于地震烈度 VII 度及其以上地区，滑坡、泥石流威胁着 70 多个城市；气象灾害中常见的旱灾不止发生在北方，连东南沿海、华东、西南地区也时有发生；分布在中、东部的大江大河平均 3 年发生 1 次大的洪涝灾害；沿海城市经常受到风暴潮的袭击；火灾、交通事故、工业安全事故以及环境污染造成的灾害分布范围更广。许多自然灾害具有季节性与地域特性，例如：洪涝灾害主要集中在夏季和秋季，干旱多发生在春季和秋季，冬季和春季可能发生森林火灾和草原火灾，暴雪则发生在冬季；地震主要发生在我国西南、西北和华北地区，干旱、沙尘暴、严重缺水主要分布在西北和华北地区，洪涝灾害主要发生在沿大江大河的地域，森林与草原大火主要发生在东北和内蒙古自治区。

3. 灾害并发、连发现象严重

灾害一般具有复合性、次生性、群发性，形成并发、连发现象。地震灾害伴生山崩、滑坡、塌陷、海啸、地裂缝、沙土液化以及城市生命线系统瘫痪，甚至导致瘟疫蔓延；洪涝灾害并发或连发滑坡、泥石流、水荒；煤气泄漏与火灾、爆炸，干旱与沙漠化、沙尘暴、严重缺水，多种灾害与瘟病流行，环境污染与疾病发生，气象灾害与交通事故等都存在并发、连发的关系，灾害并发与连发不仅加重灾区的经济损失与人员伤亡，也给防灾减灾带来更大的困难。

4. 灾害危害加剧、损失惨重

城市是人口、建筑物、财富高度集中的地区。随着城市化进程加快与城市经济的快速发展，城市数量、规模与经济实力不断增加，城市在国民经济中的地位越来越重要。因此，城市一旦发生严重灾害，一般都会造成惨重的经济损失与人员伤亡。1995 年日本阪神地震的直接经济损失高达 1000 亿美元，是 20 世纪经济损失最严重的自然灾害。

5. 人为灾害日趋严重

由于灾害管理法规不健全或有法不依、违规违章操作或作业、管理、防护措施不力、缺少强有力的防灾减灾措施、现代管理手段落后以及缺乏经验等原因，火灾与爆炸、交通事故、工业安全事故、公共场所事故、建筑事故、医疗事故、环境污染事故、中毒事件、流行病、城市灾害以及高新技术事故等人为灾害有日益严重趋势。目前在所有灾害中，人为因素造成的灾害大约占全部灾因的 80% 左右。

三、综合防灾规划的必要性

随着我国城市化的快速发展，城市在政治、经济、科学技术、文化教育以及国际交流中的地位越来越突出。到 2010 年我国城市化水平首超 60%。多年来，我国国民收入超 50%、工业产值超 70%、工业利税超 80% 来源于城市，超 90% 的科技力量和高等学校集中在城市。特别是环渤海、长江三角洲、珠江三角洲城市群的形成与发展，成功地推动了这些地区乃至全国的经济发展。但在我国城市化发展过程中也产生了许多必须解决的社会问题，城市灾害是其中的重要问题之一。

我国致灾因素比较多，承灾体相对脆弱，是世界上自然灾害多发国。地震烈度大于或等于 7 度的城市占全国城市的 45% 左右；位于沿海、沿江（河、湖）城市化进程较快的地域汛情不断；气象灾害、地质灾害、火灾、城市生命线损坏与环境污染事故严重威胁着许多城市的安全；而且中国城市化进入快速发展时期后，城市人口与资源（特别是水资源）紧缺的矛盾加剧，城市气候效应（热岛效应、狭管效应、烟囱效应、逆温效应等）明显增加，城市新能源、新材料以及现代设施与技术等的应用也带来一些灾害隐患。

城市特别是特大城市、超大城市一旦发生严重灾害，必造成严重的经济损失和社会影响。1976 年唐山大地震导致唐山市的建筑物和城市生命线系统遭受毁灭性的破坏，死亡 24 万余人，重伤 16 万余人，直接经济损失约 100 亿元。1998 年发生在上海市的甲肝传染病，患者 30 万人，是我国近几十年来患者最多的一次传染病灾害。2003 年初，非典型传染性肺炎在我国 20 多个省、自治区和直辖市传播，造成较大的社会影响和经济损失。1989 ～ 1999 年我国因自然灾害造成的经济损失年均 1578 亿元，占年均国民经济总值的 3.8%、国家财政收入的27.3%。

我国城市化进程中城市的防灾减灾已经引起国家有关部门的关注，并取得了一些颇有理论意义与实用价值的研究成果。但迄今为止，我国许多城市尚未从理论与实践的结合上和从法律上明确城市综合防灾的特殊性，防灾对策研究的重点大多局限于地震灾害和气象灾害，而且是以单一灾种为对象，综合防灾的意识淡薄；许多城市的防灾设计标准较低，依然存在很大的致灾潜势；我国尚未制定城市综合防灾法律，许多城市至今未实施综合防灾管理，城市防灾管理的随意性较大；还没有对灾害并发或连发的综合成灾模型进行系统性研究，在城市规划中也没有形成综合防灾的态势。西部城市和小城镇综合防灾管理更为薄弱。因此，城市综合防灾成为关系国计民生的一件要事。

长期以来，我国的一般做法是除了在城市总体规划中纳入防御和减轻各种灾害的内容外，通常还制定若干主要灾种的防灾减灾规划作为专业规划与总体规划一起实施。城市各个灾种的防灾减灾规划的实施分别由各相关的主管部门分散管理，这种做法不适合城市综合防灾减灾工作的需要，编制城市综合防灾规划势在必行。

第二节　城市综合防灾规划的编制要求

一、规划原则

编制城市综合防灾规划的一个关键问题是建立城市综合防灾指挥机构，在市人民政府和上级防灾指挥机构的领导下，组织实施城市综合防灾规划。城市综合防灾指挥机构下设若干办事机构，分工负责综合防灾的具体事宜。城市综合防灾规划的主体部分应当涉及灾前、灾时和灾后，而且包容城市灾害学、灾害工程学、灾害社会学、城市社会学以及各个单灾种的相关学科和交叉学科。

不同灾种设防水准的协调是编制城市综合防灾规划中出现的新问题。在以往城市各个灾种分散管理的条件下，无需考虑不同灾种之间设防水准上的差异，但编制城市综合防灾规划时，则必须考虑这种差异。为了把不同灾种的设防标准统一到同一个基础上，应当利用多目标层次分析法确定城市不同灾种设防水准的相对权系数和重要性系数。

编制和实施城市综合防灾规划的主要目的是通过合理配置和充分利用城市的防灾资源和一切可利用的手段最大限度地减轻城市灾害。因此，应当按照编制城市综合防灾规划的要求，对城市防灾资源（城市综合防灾基金、城市综合防灾基础设施、抢险抢修与医疗救护资源、城市综合防灾信息资源等）配置提出框架性方案，经深入研究与论证，得到主管部门同意后，纳入城市综合防灾规划。

因此，编制城市综合防灾规划的基本原则如下：

（1）城市综合防灾规划的编制必须以国家的、地方的相关法律、法规为法律依据。

（2）城市综合防灾在城市综合防灾指挥机构统一指挥下进行。

（3）综合防灾规划应满足抗灾设防标准的要求，在设定的灾害强度内发生灾害，能够确保城市居民生命财产安全。

（4）城市综合防灾规划是连接城市总体规划和各单一灾种专业规划的纽带，应当贯彻平时、灾时、战时相结合的原则，突出发挥各种设施和措施的防灾减灾和平时生产、生活与娱乐休闲的综合效益，运用现代化手段合理配置和充分发挥城市防灾减灾资源的效益，在城市综合防灾规划的编制及其实施过程中宜从各灾种的防灾减灾人员中抽调骨干，进行多灾种防灾减灾的专业培训，为城市综合防灾培养骨干力量。为了充分发挥综合防灾减灾的优越性，在综合防灾规划中充分利用各单灾种的应急措施设施。

（5）综合防灾规划的编制应同城市的总体规划、基础设施建设规划、经济发展规划和人口发展规划等相协调。

（6）针对城市灾害的突发性、多种灾害并发与连发性、危害性与难预测性，采取相应的有效防灾减灾对策。

（7）掌握必需的城市各项基础资料，考虑城市在规划时间范围内的发展，原则提出城市综合防灾规划实施预案要点，力求规划具有可预见性、可操作性和可实施性。

（8）城市综合防灾规划既要考虑工程防灾对策、非工程防灾对策，又要考虑灾前防灾、灾时与灾后减灾措施。而且需综合应用城市灾害学、城市规划学、城市生态学等多学科的基础理论指导规划编制。

（9）积极采用先进技术，提高综合防灾工作的科学技术水平和现代化管理水平，努力与国际先进水平接轨。

（10）适用于单灾种的规划原则，体现在各单灾种规划中。

二、基本要求

（1）城市综合防灾规划在其发展的初期宜突出重点，即突出城市可能发生的主要自然灾害和人为灾害。

（2）立足于城市的现状和发展，既要解决当前存在的薄弱环节，也要考虑城市发展过程中可能出现的隐患和问题，使城市的综合抗灾能力不断增强，使城市建设、可持续发展与防灾减灾事业同步发展。

（3）城市及其外围设施防灾减灾的关键目标应包括位于城市上游的水库大坝和泄洪、输水建筑，铁路干线上的重要桥梁和场所，重要电力枢纽的设施与设备，有关国计民生的特别重要的工矿企业，城市供水、通信、交通、医院、消防、粮食等要害系统的关键部位以及可能触发次生灾害（如爆炸、水灾、电击、溢毒、水患、瘟疫等）的要害部位。

（4）城市综合防灾减灾设施的建设应从城市的实际情况出发，兼顾当前和长远的需要，当财力不允许时可以采用统一规划、分期实施的方案。

（5）在编制城市综合防灾规划的同时，还应加强城市法制建设和管理监督。

三、编制重点

编制城市综合防灾规划应当突出以下重点：

1. 规划目标与实现基本目标的主要途径

若城市出现小于或等于设防标准的灾害，不出现大的次生灾害，能够继续维持城市的基本功能，经过很短时间的应急处理，城市的生产经营活动和生活秩序完全恢复正常，不致产生次生灾害和对城市经济发展产生长时间的消极影响，基本不出现人员伤亡或只发生偶然的伤亡事故；即使发生超过设防标准的意外灾害，也不会出现重大的次生灾害和人员伤亡，对城市的经济发展不致造成重大影响，通过实施城市综合防灾规划中的对应措施和救援活动很快控制灾情的发展，并在较短时间内恢复城市的基本功能以及工作、生产、经营和生活的秩序。开发、应用和引进防灾减灾新技术、新方法，可以有效地减轻各种灾害造成的损失，特别是采用具有多灾种综合防御功能的新技术、新方法、新方案，有助于制定高效、经济的防灾减灾措施。城市综合防灾规划中必须贯彻执行国家与防灾减灾有关的法规、标准、规范和行政命令，同时制定地方性的防灾减灾法规、条例和行政命令，由主管部门监督执行。

2. 城市总体布局的防震减灾措施

城市的总体布局按照分散组团格局发展有利于减轻城市灾害。城市总体规划应在综合考虑抗御各种灾害的条件下逐步实现地上地下统一规划和同步发展。建设新的市区应当坚持基础设施与防灾减灾配套措施先行的原则，不得建设不符合防灾减灾标准的建（构）筑物和市政、公用设施。城区建设应控制建（构）筑物密度，适当发展高层建筑，严禁违章建筑。居民生活区、工业区、仓库区应分开建设，易燃易爆、剧毒等危险品仓库应建设在城市边缘独立地段，并在其周围设置隔离带。重要建筑物应当避开地震断裂带、塌陷区、矿山采空区与地震时易于发生严重液化的地段。重视城市公园、广场、绿地和大型停车场的建设，并配备相应的设施，灾时用做避难场所。

3. 建（构）筑物和城市生命线系统的抗灾设防

城市各类建（构）筑物和生命线工程的抗灾设防标准均应符合国家标准。生命线系统工程设施、市政府机关办公建筑、综合防灾指挥机构、人流集中的大型公共建筑（百货商场、影剧院、体育馆、车站候车室、航空港等）和容易产生次生灾害的设施，除满足运行安全的要求外，还应满足发生灾害时的防灾减灾功能要求，抗灾设计应比一般工程提高一个等级，城市主要河道的防洪标准应考虑多少年一遇的最大洪峰流量和日暴雨量。所有新建工程应按规定建设地下人民防空设施或满足人民防空要求的地下室所使用的设备、电器、器械、内外装修都应选用防灾抗灾性能好的产品，并在发生灾害时不翻倒、损坏和发生误动作，防御和尽可能地杜绝任何形态的次生灾害。城市生命线系统应采用抗灾应变能力强的系统设置，确保受灾条件下也具备基本功能，主要措施是：优化系统的结构，增设启闭和控制机构，提高关键部位的强度和稳定性，消除和减少薄弱环节，对于易损部件储备必需的备品、备件；增加生命线系统的迂回功能，确保重点用户的需求保障；适当提高城市生命线系统的冗余容量，网络遭受局部破坏时仍能正常运行；高压输电线路宜采用或改造成地下电缆，主变压器选用防灾型产品。供水管网宜采用铸铁管青铅接口、预应力管胶圈承插接口和铸铁管胶圈承插接口等柔性接口。

4. 防灾减灾设施建设

应统一规划防灾减灾设施与人防工程，建设避难道路和场所，按照"平灾结合、平战结合"的原则，合理配置灾害发生后灾民急需的照明、通信、给水排水和避难疏导标志等。以现有各灾种、各系统的通信设施和手段为基础，建立、发展城市综合防灾通信指挥系统，加速灾害信息收集、传递与利用的进程。建立城市综合防灾决策分析基地，装备城市综合防灾信息系统和决策知识系统。开展城市综合防灾减灾知识普及教育和训练，提高城市居民防灾减灾意识与应急能力。推进城市综合防灾法制建设，把城市综合防灾纳入科学化、法制化轨道。

5. 灾害蔓延过程中的快速响应要求

在城市综合防灾规划中，应制定应急响应制度或规则，尽可能减少指挥失误和因处置不当造成不应有的损失。城市突发灾害的快速响应可以规划为市级、区级和小区级三个层次的指挥调度策略及可能动用的抗灾减灾资源。市级和区级的防灾减灾指挥调度策略可以按灾种和不同规模的灾害制定原则性的预案，小规模的灾害（火灾、交通事故等），可以以区级、小区级救援为主，并可按灾情报告到达的先后顺序组织救援和抢修。但遭受严重灾害时，宜先下令就近处置和救援，待综合防灾指挥机构掌握基本灾情后再按需要和快速响应的有效原则排序并果断采取行动。城市生命线系统的初期抢险抢修和救援活动由各系统按预案和当时的实际情况，重大灾情的处置预案应在市级综合防灾指挥机构备案，以便严重灾害发生后在监督指导所属系统抢险抢修和救援活动的同时，组织专家论证和调配力量实施跨行业、跨部门的快速响应和救援活动。当流经城市的河流流量达到百年一遇的水位警戒线时，按应急响应预案分洪销峰。严重火灾发生后，放弃哪些部分，保护哪些部分，即从何处打开防火隔离带主要靠火灾发生后的正确判断和决策。

四、城市综合防灾规划的编制程序

城市综合防灾规划的编制应该遵守如下程序：

1. 灾害调查分析

利用灾害历史资料、现场调查和信息网络检索等方法，研究灾害发生的规律，初步分析灾害的成因和发展趋势，并评价目前灾害的防御现状。

2. 灾害预测

灾害预测是综合防灾减灾科学决策的基础，预测—规划—决策形成的完整体系是编制综合防灾规划的核心。灾害预测是在灾害调查分析的基础上，结合城市建设和社会经济发展规划，通过综合分析或利用数学模型手段，预测未来灾害产生的期望经济损失和人员伤亡状况。灾害预测包括灾害危险性分析（分析未来灾害的特点、严重程度和频度、可能的影响范围、袭击时间和可能持续的时间等）、城市灾害易损性分析（从城市整体构成的角度出发，研究薄弱环节，为确定综合防灾侧重点提供依据）、经济损失和人员伤亡（图4-1）。

3. 灾害风险区划

不同的灾害在城市的不同区域发生的频度、强度和造成的损失不同。灾害风险区划的关键是确定目前和未来处于一定强度灾害的威胁下，人口和建筑物所承担的风险度。

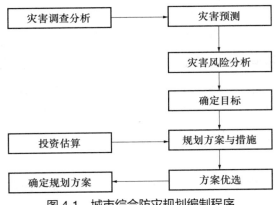

图 4-1 城市综合防灾规划编制程序

4. 确定综合防灾目标

城市综合防灾目标的提出需要经过多种方案比较和反复论证，应与城市建设和经济发展的目标部署相协调，并与未来可能发生灾害的情况和经济实力相适应。

5. 综合防灾规划措施

包括工程性措施（灾害预报系统与布局、城市生命线保障系统规划、救灾装备与布局、抗灾减灾工程建设、疏散与避难场所通道规划、人民防空规划等）和非工程性规划（防灾减灾组织指挥体系建设、救灾队伍建设、灾害应急预案制定、防灾减灾宣传教育、灾害政策法规建立、防灾减灾技术研究与开发等）。

6. 费用—效益分析与方案优选

综合防灾通过适量的经费投入减少灾害造成的损失，取得综合防灾的效益。费用—效益分析综合考虑防灾经费投入与防灾效益的关系，对各个方案进行比较分析，优选综合防灾方案。

第三节　城市综合防灾规划的编制模式

一、编制城市综合防灾规划的主要步骤

1. 收集资料

城市综合防灾规划的基础资料，应满足编制规划的需要，主要包括以下 5 个

方面的资料：

（1）与综合防灾有关的城市基本情况。城市历史与发展状况，行政区划，城市总图，自然环境与社会环境，人口，城市生命线系统设施，住宅、公共设施、公园、绿地、空旷地等资料，工业建（构）筑物及其他工程设施，重要设备（施）、物资、档案的分布，生产与生活物资的储备，环境污染源与发生火灾、爆炸、溢毒等危险点，城市交通事故多发地段与多发点、城市的河流、湖泊、海岸以及高程线、高程点等。

（2）城市的灾害资料。历史上的灾害记录与各类灾害的资料，地震资料、地质资料、气象资料、海象资料、传染病资料，灾害背景资料和专题资料。以地质灾害为例，收集的资料包括 4 个层面：① 地质灾害数据内容层面（城市发生的主要地质灾害数据，像崩塌、滑坡、泥石流、岩溶与采空区塌陷、地面沉降、水土流失、采矿污染、地下水污染等灾害以及各种灾害特征、灾情派生出的相关基础数据）；② 灾害背景数据层面（主要是与地质灾害形成、发展、危害密切相关的地质、气象、社会经济等方面数据，像岩土体、断层构造、地层、地震烈度与设防标准、降雨状况等）；③ 地理数据层面（主要是交通、水系、地形、居民地和境界等）；④ 辅助图层面（图示、图例、方厘格网等）。

（3）工程地质与水文地质资料。工程地质勘探资料、第四系等厚线图和填土分布、地下水水位分布与河（海）岸状况、古河道与采空区地域分布、可液化土层与大孔型土层分布、可能出现滑坡、塌陷、崩塌地段分布等。

（4）地形地貌资料。规划区地形图、孤立高耸的山包、条状突出的山嘴与陡坡的分布、地面沉降与隆起的观测资料等。

（5）建筑物、工程设施与城市生命线系统的综合抗灾能力资料。建筑物与工程设施、工业构筑物和设备、城市生命线系统的分布、结构类型、加固与综合灾害设防情况以及抗灾能力分析，建（构）筑物与工程设施管理、维修、改造等资料。

资料的收集可以采用多种途径与方法。例如：实地调查、测量、测试、遥感判释以及从地理信息系统、全球定位系统、信息网络等获取的资料，相关部门观测统计的资料或调查资料，反映灾害分布空间位置的地形图与城市相关图件资料等。收集的重点是与城市综合防灾有关的原始基础数据—并通过基础数据的合成、运算扩充相关数据。

2. 确认资料的准确性、完整性，补充资料

由于收集的资料来源庞杂，且数据量大，必须全面统一整理加工、精简或合并。数据的准确性与完整性是综合防灾规划可靠性的重要基础，必须认真核实，扩充数据来源，补充资料，力求数据准确、完整。

3. 基础性研究（各种评介）

在城市综合防灾研究领域我国已经取得了重大进展。中国建筑科学研究院等单位承担的国家自然科学基金"八五"重大项目《城市与工程减灾基础研究》开创性地研究了城市与重大工程场地灾害危险性分析与损伤评估理论研究、灾害荷载作用下工程结构的可靠度与优化设计理论、典型中等城市综合防灾对策示范研究、铁路工程示范路段综合防灾对策研究和洪涝灾害对策研究，并取得了重要研究成果，为编制城市综合防灾规划提供了理论与实践基础。特别是唐山、汕头、鞍山和镇江等典型城市综合防灾对策示范研究成果对编制城市综合防灾规划有重要指导意义。例如《唐山市综合防灾的研究》调查分析了唐山市各种灾害源和工程防灾的现状，评价了各单种灾害、伴生和次生灾害的危险程度，探讨了唐山市房屋、生命线系统等的防灾能力和薄弱环节，建立了唐山市城市建设工程信息数据库和综合防灾信息管理系统，确定了唐山市防灾的合理标准和减灾资源合理配置的原则，提出了唐山市综合防灾规划纲要，为唐山市城市建设与现代化管理指明了方向，也为编制城市综合防灾规划奠定了基础。

近些年来，我国城市灾害研究领域取得了许多有理论意义与实用价值的研究成果。对地震、洪涝、干旱、火灾、风暴潮、滑坡、泥石流、岩溶塌陷等灾害进行了比较深入的研究。特别是 1976 年唐山大地震、1998 年长江洪涝灾害等严重灾害的研究涉及城市综合防灾的诸多问题。在城市灾害源的调查、各类灾害与综合灾害成灾模型研究、设施综合抗灾能力评价、综合防灾减灾对策以及综合防灾管理信息系统研制与开发等领域都取得了重要成果，对编制城市综合防灾规划有重要参考价值。

随着城市化进程的加快与城市综合防灾研究的不断深化，提高了城市领导和城市管理机构的综合防灾意识和防灾效益认识。一些城市已经建立或筹划建立城市综合防灾机构、统一的防灾减灾管理系统和应急处置系统；改变单灾种管理模

式，建立城市综合防灾减灾数据库，整合城市防灾减灾信息；设立防灾基金，增加城市综合防灾减灾投入；加强综合防灾减灾立法，强调全社会严格依法防灾减灾；普及综合防灾减灾知识，制定综合防灾减灾演习制度，提高城市居民灾时自救互救能力。城市综合防灾管理正在逐步成为城市管理的重要组成部分。这为编制城市综合防灾规划奠定了组织基础。

依据《中华人民共和国减灾规划》，各省、市、自治区普遍编制了防灾减灾规划；按照《中华人民共和国防震减灾法》等专业性法规的要求，各城市制定了抗震规划、抗洪规划等，为整合各专业防灾规划提供了可能。

我国城市编制综合防灾规划的尝试虽然不多，但也取得了一些研究成果。中国建筑科学研究院等单位完成的《典型中等城市综合防灾对策示范研究》、上海市科技发展基金资助项目《城市综合减灾规划模式研究》和北京市建筑设计研究院发表的《城市综合减灾规划问题初探》等研究成果，提出了编制城市综合防灾规划的原则、基本模式、规划要点或纲要等，可供编制城市综合防灾规划参考。

《国家综合防灾减灾规划（2016—2020年）》《中华人民共和国城乡规划法》《中华人民共和国防震减灾法》等法律法规为编制城市综合防灾规划提供法律依据。《中华人民共和国国民经济和社会发展第十三个五年规划纲要（2016—2020年）》、各省市自治区编制的防灾减灾规划以及各城市编制的总体规划与防灾专业规划，对编制城市综合防灾规划有重要参考价值。

4. 规划编制（现状、薄弱环节、对策）

依据《中华人民共和国减灾规划（1998—2010年）》的要求，我国许多大中城市着手编制综合防灾规划，但由于多年来编制城市防灾规划是以单一灾种为规划对象，没有把城市综合防灾置于应有的高度，制定城市综合防灾规划缺少必要的基础研究理论与实际经验。而且，我国还没有制定城市综合防灾的法律法规，许多城市也没有建立综合防灾的统一指挥机构，给城市综合防灾规划的编制带来许多困难。

城市综合防灾减灾是在顺应自然规律、遵守防灾减灾规程的前提下，发挥人类的作用，利用技术、经济、法律、行政、教育等多种手段削弱、消灭或回避灾害源，削弱、限制或消除灾害隐患，保护或转移承载体。欲达此目的，需要全社会协调行动和综合防灾机构的统一领导。由于长期以来，城市防灾减灾处于分散管理状态，不仅造成不同专业部门重复建设的浪费，也不适应综合防灾的需求；有的城市虽然研制了城市综合防灾信息系统等综合信息平台，有的已经启动或开始运作，但需要进一步完善，逐步积累实用经验。

应当加强城市防灾减灾立法，全社会严格依法防灾减灾，提高市民的自救互救能力。建立城市综合防灾减灾的指挥机构，统一指挥城市的防灾减灾工作，避免多种灾害并发、连发时出现难以应付的局面。利用计算机技术、信息网络技术、地理信息系统、遥感技术、全球定位系统等高新技术，研制基于数字城市的综合防灾知识信息系统等城市综合防灾信息系统，改变以往单一灾种的管理模式，整合、共享城市防灾减灾信息。从而为城市综合防灾减灾、编制城市综合防灾规划奠定法律、组织与信息管理基础。目前，我国部分城市建立的应急管理局，在市人民政府的领导下，统一指挥城市的综合防灾减灾工作，并积极组织编制城市综合防灾规划，是推动城市综合防灾的一种重要组织形式。

二、规划编制的主要内容

1. 规划目标

根据城市的经济和社会发展目标以及城市的自然、地理、社会、灾害和环境条件，以保障城市居民生命财产安全、减轻自然灾害与人为灾害造成的经济损失为目的，在城市总体规划的基础上，编制城市综合防灾规划。

2. 规划范围与年限

确定城市综合防灾规划的地域范围、面积。根据城市总体规划，确定城市综合防灾近期规划、中期规划与长期规划的具体时间范围。

3. 规划原则

城市综合防灾规划必须遵守的各类原则。

4. 规划依据

（1）国家法规、规范、标准与政策。如《国家综合防灾减灾规划》《中华人民共和国城乡规划法》《中华人民共和国防震减灾法》《中华人民共和国防洪法》《中华人民共和国水法》《中华人民共和国消防法》《中华人民共和国人民防空法》《中华人民共和国传染病防治法》以及各专项防灾法。

（2）地方法规、规范、标准与政策。

（3）城市的其他相关规划。城市总体规划、基础设施建设规划、经济发展规划、人口发展规划等。

5. 城市概况

地理与人口概况、自然条件、地质条件、经济发展概况等。

6. 单灾种防灾规划

7. 综合防灾规划

8. 综合防灾规划实施的支撑系统

第四节 主要单灾种规划模式举例

一、防震减灾规划

1. 抗震设防标准

邻近地区的抗震设防标准与规划城市的抗震设防标准。按照 1990 年颁布的中国地震烈度区划图确定城市抗震设防基本烈度，并在此基础上确定抗震减灾规划的烈度。依据国家建设部抗震办公室有关"抗震设防区划主要根据城市总体布局以及工程地质、水文地质、地形地貌、土质、地面建筑物和历史地震震害规律等，确定城市不同地域的抗震设防标准"的原则要求，编制城市抗震设防区划。设定 50 年超越概率分别为 63%、10% 和 3% 的基岩加速度峰值和 50 年超越概率为 10% 的地面加速度峰值以及地震中心、破裂方向和震级作为预测城市震害的依据。

2. 场地震害效应评价

依据城市的宏观震害资料和抗震设计规范对场地抗震评价的基本要求，并辅以定量分析，评价城市场地震害。根据建筑结构抗震设计规范中规定的辨别沙土液化的方法，判别城市液化的可靠性。判断活动断裂构造性地裂缝对规划地域地面大规模运动的影响和危害性。并按照地震环境和场地抗震性能的要求给出规划地域内场地抗震性能的综合分区（抗震性能较好区、一般区和较差区）。

3. 抗震设防区划

确定适用于城市规划地域范围内所有新建、改建和扩建工程项目抗震设防和场地选择的抗震设防区划。抗震设防按三个水准、两个设计阶段进行。三个水准是：① 要求建筑物在低于设防烈度的常遇地震作用下，建筑物不损坏，并满足正常的使用要求。② 如果建筑物遭受到相当于设防地震烈度的地震时，允许建筑物有一定程度的破坏，但要求不危及人和生产设备的安全、无需修理或稍加修理即可恢复使用。③ 当地震烈度高于设防烈度时，不因建筑物倒塌造成人员伤亡、设备损坏和重大的次生灾害。为确保达到三个水准，必须进行两个设计阶段，即按抗震设计规范要求，进行截面强度和结构抗倒塌验算。

4. 地震灾害的分析与预测

（1）建筑抗震能力评价与薄弱环节分析。利用基于震害统计和理论计算等房屋震害预测方法，计算房屋层间的极限剪力系数，预测设防地震烈度作用下不同结构房屋、不同层次房屋的薄弱楼层及其最弱墙段和可能发生的破坏状态。对于抗震防灾指挥机构、供电与通信系统、市级的大型医院和公安部门的建筑应逐栋预测。大型厂矿企业的重要建筑亦可进行抗震能力预测与薄弱环节分析。

（2）灾害综合预测。根据建（构）筑物抗震能力和工程场地的分析结果，预测不同地震烈度条件下规划区内的震害。地震烈度 5 度时，地震有感，建筑物结构损失，人员无伤亡。地震烈度 6 度时，地震强烈有感，高层建筑内家具上的器皿、书架上的书等可能坠落，绝大多数建筑结构与生命线系统不会破坏，不致直接造成人员伤亡。地震烈度 7 度时，地震强烈有感，建筑物内的人员感到摇晃厉害，悬挂物可能破坏坠落，建筑会受轻微破坏，可能造成部分居民居住困难，交通、通信系统无重大破坏，其他生命线系统基本正常运转。地震烈度 8 度时，建（构）筑物发生中等程度破坏，部分严重破坏，预测各类建筑的破坏程度（面积、百分比）、人员伤亡、生命线破坏程度和经济损失。地震烈度 9 度时，大量建（构）筑物发生中等和严重破坏，部分毁坏。预测建（构）筑物破坏程度（基本完好、轻微破坏、中等破坏、严重破坏和毁坏的面积、百分比）、生命线系统的破坏程度（中等以下破坏、严重破坏和毁坏的面积、百分比）和经济损失。

5. 地震灾害防灾减灾规划

（1）建立健全防震减灾组织体系和指挥系统。按有关规定设置防震减灾体系和指挥系统，在城市综合防灾指挥机构设抗震救灾指挥部，并下设若干办事机构。

（2）按照《破坏性地震应急条例》制定城市破坏性地震应急预案。明确规定应急机构的组成和职责，应急通信保障，抢险救援人员、资金、物资准备，灾害评估准备和应急行动方案。

（3）震前防灾措施的检查落实。主要检查备震措施、社会治安、快速反应能力、避难所、交通安全、要害部门的抗震性能、物资保障、宣传教育与人员培训以及防止次生灾害发生措施等。对于未达到抗震设防的建筑和设备，应改造、加固。发现"豆腐渣工程"应拆除。

（4）避难疏散规划。震后居民的避难疏散由城市各级抗震减灾组织体系和指挥系统完成。估算规划时间内各年的城市人口。根据不同地震烈度下建（构）筑物的破坏情况，估算每年或每隔5年地震烈度6度、7度、8度、9度、10度时人员死亡、重伤和无家可归者的人数，作为制定避难疏散规划的依据。进行避难疏散场所区划，给出疏散场地的名称、面积、可容纳的避难者人数、具体位置和疏散区域的范围。按照就近疏散的原则，将城市划分为若干个避难疏散区，分别将震后无家可归者疏散到附近的公园、广场、体育场馆、绿地或空地，提供必要的生活用品、临时住所或帐篷，配置适量的医务人员、医疗设备与药品，集中开展应急救灾活动。通过宣传或设置指示牌，使每位居民知道震后应去的避难位置。尽量利用条件比较好的疏散场地，在满足疏散面积要求的前提下，为便于统一管理以及救援人员的分配和救灾物资的发放，疏散区宜尽量集中。可以设一个中心疏散场地，由市级抗震救灾机构集中掌握使用，用于设置全市抗震救灾临时指挥中心、急救中心、国际友人休息场所或用于其他应急工作。

（5）救灾物资保障规划。震后，依据灾情迅速制定救灾物资保障计划，统一调配与居民生活密切相关的救灾物资：干粮（方便面、面包、糕点等）、熟食（大米、馒头等）、饮用水（给水车供饮用水、瓶装或桶装饮用水）、粮食（大米、面粉等）、食油、食糖、肉类、蔬菜、临时性材料（帐篷等）、衣服、备用电源（发电机、蓄电池、干电池等）、被褥、塑料布、毛巾、肥（香）皂、洗衣粉、卫生纸、流动厕所、灭火器材以及医用应急用品（血浆、消毒用品、手术器械、担架等）。救灾物资除利用储备的以外，应积极争取和接受国内非灾区的援助和国际救援，确保救灾物资到位，并将救灾物资及时、按量发放到居民手中。根据抗震救灾的实际需求和城市的具体情况，确定紧急救助阶段全市各种救灾物资的总需求量。给出地震烈度 8 度、9 度甚至地震烈度更高时的疏散人口、疏散面积、救灾指挥人员、紧急支援抗震救灾的中国人民解放军、抢险救灾人员、医疗与防疫人员和其他主要救灾物资的数量。

（6）救治重伤员。地震造成人员伤害的主要原因是建筑物倒塌，因此地震灾害发生后，通常重伤员比较多，而且骨折和软组织挫伤的多，截瘫伤员多，严重地震灾害时完全性饥饿伤害也比较多。重伤员的救治最初以就地救治为主，主要途径是：灾区医务人员设临时包扎点和医疗点，在地震震害较轻的医疗机构、中心避难所和支援地震灾区医疗队的医疗点医治。上述医疗机构在地震灾区形成布局合理的医疗救护网，为医治伤员、防疫灭病和把重伤员运往外地救治奠定良好的医疗基础。如果重伤员较多，难以在地震灾区就地医治，应通过空运、铁路、公路运输或水路运输，尽快把重伤员运往外地救治。为此，可在市抗震救灾指挥部增设伤员转运组，下设空运小组、铁路运输小组。空运小组下设联络组及其所属的现场指挥组、医疗护送组和生活保障组。铁路运输小组负责相关的医疗队、各火车站伤员转运组和卫生列车的组织工作。卫生列车上设医疗组、担架组、登车指挥组、交通指挥组、生活保障组和宣传组，从而形成空运与卫生列车运送伤员的医疗、安全与生活保障。在卫生列车上，每节车厢安排 3～5 名医务人员，负责伤员登车的准备与指导，运送途中的救治与护理，决定难以运送到目的地的危重伤员是否在沿途火车站下车送当地医院急救，与收治的医疗机构介绍每位伤员的伤情与医治的情况等。运往外地治疗是重伤员脱离地震灾区到医疗与生活条件好的非灾区医疗机构救治的有效途径。空运有助于更及时地抢救危重伤员，多种运送途径的有机结合可以在较短的时间内往外地运送大量伤员，且能够把一部分伤员运送到没有飞机场的医疗机构医治。重伤员恢复健康后，及时组织返回灾区，与亲人团聚，重建家园。

（7）防疫灭病规划。制定防疫工作计划，贯彻"以防为主"的方针，实行军民结合、专业队伍与广大群众结合的原则，采取综合措施，杜绝瘟病蔓延。严重灾害发生后，紧急请求上级领导机构调集防疫队伍，快速奔赴地震灾区。根据灾情在灾区合理分配防疫人员，形成灾区卫生防疫网。在启用储备防疫物资的同时，请求调拨、调运防疫无病的药品与器材，各类消毒剂、杀虫剂、疫（菌）苗、医药和防疫器材。实施防疫灭病的各种措施保护水源，饮用水消毒，提倡饮用开水，注意饮食卫生，防止流行病发生；清尸防疫，震亡人员较多时，可成立清尸防疫办公室，有计划地把遇难者尸体按照有关规定集中地安葬在远离城市、远离水源的地域，不致成为瘟病源，蚊蝇是重要的瘟病传播媒体，杀灭蚊蝇是暑期防疫灭病的重要措施，主要采用飞机喷洒药物和地面喷洒药物相结合的方法；根据地震灾区传染病的历史、特性、危害和流行时间，有针对性地普遍接种疫（菌）苗，通过实施紧急免疫与计划免疫，有效地控制传染病的发生与流行，及时医治传染病患者，控制传染源，堵塞传染途径，保护易感人群，在普遍开展防疫灭病的大环境下，做好传染病患者的隔离与治疗，大力改善环境卫生，开展各种形式的爱国卫生运动，清除垃圾、疏通排水管道，修建简易、半简易厕所，清除蚊蝇滋生地，重视街道卫生。

（8）居民生活应急规划。地震灾害发生后，紧急解决灾区群众的饮食、衣物与住所，对于稳定民心、保障灾区群众最基本的生存条件、防止次生灾害发生等都有重要意义。震后紧急利用给水车、洒水车等，紧急为灾区居民供应饮用水，组织各厂矿企业和农村的自备井、机井等为居民供水，给居民发放瓶装矿泉水，并注意饮用水的消毒。紧急解决熟食与成品粮供应，严重地震灾害发生后，绝大多数居民无粮、无水、无燃料，丧失生产熟食的基本条件，熟食供应是震后最初几天必须解决的重要问题之一，快速组织有关食品加工厂和非灾区突击赶制熟食供应灾区，震后的最初几天，可用飞机空投或由各级组织和中国人民解放军把熟食发放给居民，同时积极组织成品粮运往灾区，并紧急组织人力扒挖埋压在废墟中的粮食，逐步增供食用植物油、猪肉、食盐、咸菜、食用碱、燃料、火柴等。紧急解决灾区群众的衣物，如果储备物资不足，请求外地援助，并从倒塌的仓库、商店中扒挖，将衣物及时发放给居民。为居民提供临时住所，震后紧急将居民疏散到各个指定的避难所，利用储备物资或地震废墟中可以利用的废料搭建窝棚，发放帐篷或活动房屋，避风雨、防日晒，形成简陋的生活与生存的居住环境。

（9）简易城市建设规划。所谓简易城市，是严重地震灾害后，在灾区的生活和生产条件困难的情况下，为了给居民创造最基本的生活环境，初步形成城市机能而建设的一种临时性的、过渡性的城市。严重地震不仅造成人员伤亡，各类建（构）筑物也严重破坏或毁坏。从震后开始恢复到重建结束需要相当长的一段时间，是一个相当复杂、颇有难度的过程。像唐山大地震那样的严重地震灾害，在重建之前，必须建简易城市，逐步向正式城市过渡。

简易房是震后紧急救助阶段所建窝棚、帐篷的替代物，是向正式住宅过渡的临时性居民住房。简易房建设应当坚持"发动群众，依靠群众，自力更生，就地取材，因陋就简，逐步完善"的原则。简易房应当具有防震、防雨、防风、防火、防寒等功能，满足居民最基本的居住条件。简易房建设规划的主要内容包括：建立建房指挥机构、简易房在城市的布局、数量、形式、建筑材料用量（自备的数量、需要外地支援的数量）、运输车辆数量、所需的人员数量（含部队支援的人数）以及建设简易房的组织形式等。规划简易房在城市的布局时，应当充分利用公园、广场等非建筑用地，以减少重建过程搬迁倒面的户数。

建设简易工厂。编制震后建设简易工厂的预案、震后职工上班的措施，根据灾情排除工厂险情，清理废墟，抢修设备，加固厂房或搭建简易厂房，逐步恢复生产。

设置简易商店（场）和其他服务机构。建立简易门市部，利用储备物资、库存物资等恢复营业，供应居民生活必需品和生产物资。简易商店（场）可以采取定量供应的方式，也可以兼有商品销售服务。还可以建立商品代销点或流动售货点。建立简易的饭店、旅馆、邮局、银行营业所和储蓄所、理发店等服务机构。

建立简易医院，开设简易门诊部和病房。在城市合理布局简易医院，其诊治能力应当适应支援灾区的医疗队撤离灾区后，开展正常的医疗活动。规划简易医院的数量与专业性、在城市的分布、医务人员数量、重要医疗设施等。

建立简易学校，恢复教学活动与招生。建立简易教室、图书馆（室）、办公室和体育运动场所，根据灾情组织招生、开展教学活动。

清理废墟，形成简易的城市街道交通网，为建设简易城市和重建提供畅通的市内交通条件。

（10）重建规划。震后城市恢复与重建按照城市总体规划的主题思想进行。

震后城市恢复与重建的总体规划应当符合我国"增强中心城市辐射带动功

能,加快发展中小城市,有重点地发展小城镇,促进大中小城市和小城镇协调发展"的方针和"有利环境保护,有利发展生产,有利方便生活,有利抗震"的规划原则。

制定震后城市总体规划前,首先确定重建城市的选址,是就地重建,还是易地重建。制定震后重建城市总体规划,应当充分考虑城市的历史、震害程度、城市现状以及城市未来的各种发展规划等,科学规划城市面积、人口、区划(行政区、工业区、居民生活区、仓库区、商业区、高校区、党政机关所在地域等)、住宅与公共设施的布局;重建投资总额、来源、分配与使用方式;重建的人力、物力及其来源、管理与分配重建的时间安排。

制定震后城市总体规划,必须由主管部门组织城市规划专家群体全面地进行论证,力求规划的科学性、可操作性、高效性和经济性。

在城市重建总体规划的基础上,制定专业规划,主要包括居民居住区规划(一个居住区的规划人口数,多少居住小区构成一个居住区,公共服务设施规划,住宅建筑的类型以及每户的居住面积,住室的结构、布局与功能,煤气与暖气供应等)、城市生命线各系统的专业规划、绿化规划、环境保护规划以及抗震减灾规划。

重建过程中必须加强领导,做好施工准备、施工组织、废墟清理、搬迁倒面、合理使用重建资金、重建各类建筑(住宅建筑、工业建筑、办公用房、商业建筑、文教卫生建筑、体育场馆与文娱场所建筑、地震纪念建筑等)。

在城市总体规划实施过程中,注意总结经验,按照有关的规定适时修改、补充规划。

二、防洪防(风暴)潮规划

1. 规划依据

《中华人民共和国水法》《中华人民共和国防洪法》《中华人民共和国国家标准——防洪标准》(GB 50201—2014)、《城市防洪工程设计规范》(GB/T 50805—2012)、《中华人民共和国河道管理条例》《中华人民共和国城乡规划法》《江河流域综合规划纲要》以及可致城市发生洪涝灾害河流的综合规划纲要、防洪规划报告和最新版的城市总体规划等。

2. 洪涝灾害成因分析

依据城市的地理位置、气候气象与水文地质条件、河流流域概况以及洪涝灾害史等，分析洪涝灾害发生的原因及其危害。

3. 设防标准

（1）防洪防潮工程现状分析。河流流域防洪防潮工程体系的建设情况，包括大型水库建设与防洪库容、江河堤坝与水闸、蓄滞洪区及其蓄泄水量、蓄滞洪区内居民的安全建设、骨干行洪排水河道泄洪能力和城市排水系统排水能力等。分析城市防洪能力与经济、社会发展的不适应性及其改进措施。

（2）邻近地区的防洪防潮标准。邻近城市的最新防洪规划、防洪设防标准以及市政排水标准，供编制防洪规划参考。

（3）防洪防潮设防标准。我国各主要河流的防洪标准为：长江荆江段为10年一遇，长江中下游10～20年一遇，黄河下游60年一遇，淮河40年一遇，沂、泗、沭河20年一遇，海河北系50年一遇，松花江10～20年一遇，珠江20～50年一遇。我国城市大多位于江、湖、河、海之滨，20世纪90年代初，全国570座城市中有472座有防洪任务，其中防洪标准50年一遇的93座，20年一遇的155座，10年一遇的115座，5年以及更短时间一遇的109座。在472座城市中有31座是直辖市和省、自治区的省会。北京、上海、广州等5座城市100年一遇，济南、郑州等5座城市50～60年一遇，南京、天津和成都等城市5～10年一遇。根据城市的具体情况确定适宜的防洪标准。

4. 防洪防潮规划

（1）防洪工程规划。主要包括河道治理规划：河流与河道现状分析，淤积与清淤情况，堤防设计标准，清淤措施；河口规划：河口设计行洪流量、淤积状况及其对泄洪能力的影响，制定清淤整治方案；排涝规划：分析城市雨水排放系统与雨水排放能力，规划扩建雨水排放系统的地域、排放量与完成时间。

（2）防潮工程规划。风暴潮灾害是海洋灾害、气象灾害及暴雨洪水灾害的综合灾害。风暴潮突发性强，风力大，波浪高，增水剧烈，高潮位持续时间长，往往伴有大洪水，诸灾齐发，灾情严重。沿海城市应当制定防风暴潮规划。分析城市潮位观测站的潮位，选取代表站，确定50年一遇和100年一遇的海挡工程设计潮位。根据《城市防洪工程设计规范》确定安全超高。确定波浪爬高值以及

50年一遇和100年一遇的潮水设计堤顶高程。规划海堤与海防路（可以全部结合）。规划海岸防护林带，选择耐盐碱的灌木、草类和树木。

（3）工程防洪防潮规划。建立防洪防潮指挥系统，主要包括通信和计算机网络、雨水泵站运行检测与管理系统、预警预报系统、决策支持系统。

（4）防洪防潮预案。预先制定城市的各种防御洪水和风暴潮的方案、对策与措施。预案应考虑洪涝水患和风暴潮的各种组合，分不同级别（如：50年一遇和100年一遇）进行预案研究与分析。

（5）防洪减灾。利用地理信息系统和洪水数值模拟模型绘制城市洪水风险区，根据不同频率洪水可能淹没的范围、水深和历时，制定不同风险区的建设规范和要求。筹备防洪基金，开展洪水保险。根据《中华人民共和国防洪法》和《中华人民共和国河道管理条例》，向规划区范围内的企事业单位和个体工商户征收防洪保安费，用于防洪工程建设和维护管理。洪水保险是洪水灾害风险管理的重要手段，既可以减轻政府的财政负担，又可以使投保户得到补偿，增强投保户对洪水灾害的承受能力。

（6）工程管理。城市综合防灾指挥机构下设防汛指挥部，具体负责城市的防洪防潮工作，承担防汛检查、制定特大灾害应急方案、指挥防洪抢险救灾等任务。防洪防潮的工程设施应处于完好状态，必须经常检查与维修，确保能够随时启动、使用。必须切实保证防汛用电，所有防汛通信设施确保畅通无阻，备足、储好防汛抢险物资器材，保养维修好防汛车辆。

（7）宣传执法。加大城市防洪防潮的宣传力度，增强水患意识。宣传贯彻《中华人民共和国水法》《中华人民共和国防洪法》《中华人民共和国河道管理条例》等法规。

5. 防洪防潮规划方案的实施安排

按照近期、中期和远期三个阶段实施安排防洪防潮规划方案。通过分阶段地实施河流堤防、临海挡潮堤的加高、加固，城市雨水排放系统的改建、扩建，河口防潮闸的改建、加固以及防汛防潮指挥系统的不断完善等，逐步提高城市的防洪防潮能力。

6. 超标准洪水的对策

超标准洪水是指超过工程设计标准的洪水。分析历史上出现超标准洪水的情况。规划原则是：充分利用河道的泄洪能力，迅速分流入海；确保重点城市，尽可能避开重要工矿企业；尽量减少淹没面积，保证人民生命财产安全；不得已是破堤分洪、为了减少超标准洪水造成的损失，应采用工程措施与非工程措施相结合的方法，分区防守，顾全大局，牺牲局部。

对可能发生超标准洪水的河流进行详细分析，提出相应的措施、对策。

7. 防洪防潮规划实施要点

防洪防潮规划的实施可以分为汛前准备、预警预报、抢险救灾和灾后恢复四个阶段。

（1）汛前准备阶段。防汛指挥部负责规划的实施、预案的制定和救灾行动的指挥。防汛指挥部与上级主管部门保持畅通的通信联系，接受抢险救灾指令，反馈灾情与救灾进展情况。根据《中华人民共和国防洪法》的要求，防汛指挥部组织企业本单位员工建立固定的防汛抢险救灾队伍，划分各有关单位的责任防洪堤段，明确责任人。备足石料、钢丝、麻包等常用防汛器材，并准备一定数量的无线通信设施、发电机、橡皮艇、冲锋舟、照明设备、车辆以及生活物资。制定周密的防汛调度预案，重点是超标准洪水灾害的调度预案，规划人员撤退路线和临时避难区域。

（2）预警预报阶段。当预报可能发生洪灾和风暴潮后，防汛指挥部及时通知城市综合防灾指挥机构、政府有关部门和企事业单位，做好防灾准备，防汛抢险队在规定的时间内到达指定的责任区，并尽快做好各种防汛抢险物资的准备工作。通过广播、电视、互联网和报纸等向企事业单位和居民发布汛情预报，通知有关单位做好重要设备、资料的转移工作，让每位居民知晓撤退路线和临时避难地域，并准备一定数量的生活必需品。防汛指挥部应当密切关注水情、雨情或潮情的发展状况，在确定灾害将要发生时，按照防洪防潮预案组织调度，并安排人员有序撤退。

（3）抢险救灾阶段。水灾发生后，防汛指挥部及时组织抢险决口堤防，抢救未及时撤退的受灾人员和重要财产。紧急启动救灾程序，向受灾居民发放必需的日用品，加强消毒和医疗卫生保障，并在人员集中的区域设置移动式临时公用厕所。

（4）灾后恢复阶段。有重点地抢修被破坏的雨水泵站和雨水排放系统，尽快排除积水。组织清淤、消毒，全面恢复企事业单位的生产和居民的生活。修复或重建毁坏的工程。调查统计和评估水灾损失，组织向有关保险公司索赔。

三、火灾防灾规划

1. 规划原则

贯彻执行《中华人民共和国消防法》，执行"预防为主、防消结合"的原则。提高城市综合消防能力，最大限度地保障人民生命安全，减少火灾损失。以生活、生产引起的火灾为主，兼顾其他灾害引起的次生火灾。规划消防道路、消防避难空地时，尽可能利用已有的道路和绿地。与城市其他防灾专业规划相协调，成为城市综合防灾规划的一部分。

2. 规划依据

《中华人民共和国消防法》《中华人民共和国城乡规划法》《建筑设计防火规范》（GB 50016—2014）、《城市消防规划建设管理规定》《城市消防站建设标准》（建标〔1998〕207号）、《人民防空工程设计防火规范》（GB 50098—2009）、《汽车加油加气站设计与施工规范》（GB 50156—2012）、《汽车库、修车库、停车场设计防火规范》（GB 50067—2014）以及城市总体规划、人口发展规划、交通规划、基础设施建设长远规划等。

3. 消防设防标准

根据城市的经济发展特点、火灾潜源及其分布，依照《城市消防规划建设管理规定》规划城市的消防站和消防力量。

4. 消防规划

（1）城市消防安全布局规划。规划建设的易燃易爆物品生产工厂与仓库应建在城市边缘的独立安全区，并与人员密集的公共建筑或场所保持规定的防火防爆安全距离或设安全隔离带，独立安全区尽可能设在城市全年最小频率风向的上风侧。市区内已有的易燃易爆物品生产工厂、仓库与相邻建筑、道路的防火间距必须满足《建筑设计防火规范》和《汽车加油加气站设计与施工规范》的要求，编制各易燃易爆物品生产工厂、仓库与相邻建筑和道路的防火间距表，检查存在的隐患。新建易燃易爆物品生产工厂、仓库必须严格执行规范。城市现有的高层建筑、民用建筑、工业厂（库）房、液化石油气站、加油站等的防火间距应满足《建筑设计防火规范》。编制各高层建筑与相邻建筑间距表。新建高层建筑物必须满足规范规定的防火间距要求。新建高层建筑的选址不得分布在火灾危险性为甲、乙类厂（库）房以及甲、乙、丙类液体和可燃气体储罐、可燃材料厂附近。城市现有的以及规划建设的汽车加油站均应满足《建筑设计防火规范》《汽车加油加气站设计与施工规范》的要求。地下建筑应严格按照《建筑设计防火规范》的要求，合理设置防火分割、疏散通道、安全出口以及报警、灭火、排烟等设施，且地下建筑内不得设置哺乳室、托儿所、幼儿园、游乐厅等儿童活动场所和残疾人活动场所。

（2）城市交通运输站（场）消防规划。火车站各个建筑的耐火等级应在二级以上，且其周围不得建设易燃易爆物品生产工厂与仓库、可燃物堆放场、煤气与天然气等可燃气体罐区，绘制不宜布置易燃易爆设施的区域分布图。城市汽车库（场）与相邻建筑的防火距离应严格执行《汽车库、修车库、停车场设计防火规范》的规定。规划新建的汽车库（场）规模不易过大，新建库的防火等级不应低于二级。按照城市总体规划的要求合理分布停车场，并符合防火要求，停车场不应布置在易燃易爆、可燃液（气）体的生产装置区、储存区内，也不应与甲、乙类厂（库）房以及托儿所、幼儿园、养老院以及人员聚集场所组合建设。

（3）消防站布局规划。确定消防站消防责任区的地域面积与范围。消防站的布局以接到消防报警5分钟内消防队可以到达责任区为原则。各消防责任区的消防通道应满足消防要求。高层建筑、地下工程、易燃易爆物品生产工厂与仓库较多时可以设立特种消防站，物资集中、运输量大的港口，可建设水上消防站。编制现有消防站与规划建设的消防站规划表与规划图（名称、地点、消防人数、车辆配备等）。消防站建筑按地震烈度8度设防。

（4）消防站技术装备配备规划。按照《城市消防站建设标准》（建标152—2017）确定每个标准型普通消防站应配备的消防车数量。每个消防站应设置适量的火灾报警录音受警电话和无线电通信设备，并与重点消防单位建立报警专线；设置车库、值勤宿舍、训练塔、油库等。每个消防站应按规定配备灭火器材、抢险救援器材和人员防护器材，列出各种器材配套标准。

（5）消防给水规划。城市给水管网确保消防用水供应，有条件的城市，管道内的水压应保证最不利点消火栓的水压不低于10水柱。给水管网应采用环状布局，并符合消防要求，给水管网扩建时，应继续采用环状布局，且设冗余管路。输水管路的材质、直径、阀门、输水能力以及输水管路上的消火栓数量及其在城市的分布和消火栓用水量应符合《建筑设计防火规范》的要求。如果城市生产、生活用水高峰时，管网给水与天然水源储水不能满足消防用水量，应按照《建筑设计防火规范》设置消防水池。高层建筑必须设置室内、室外消火栓给水系统，消防用水量、室内外消火给水管道、消火栓和消防水池的设置应严格执行《建筑设计防火规范》。

（6）消防通信规划。切实保障"119"报警系统的畅通。消防指挥中心与消防站之间建立通信调度指挥专线。建立由电子计算机控制的火灾接警与通信调度指挥中心。消防指挥中心与供水、供电、急救、交通、气象等部门之间设通信专线。消防中心与城市所有企事业单位之间设报警专线。采用现代化技术，建立火灾现场声音、图像向消防指挥中心实时传输的信息管理系统。

（7）消防道路规划。评价城市消防道路的现状与改进措施，消防道路及其上空的管架、管路和栈桥等障碍物的高度务必达到规划要求。禁止任何单位和个人任意占用消防通道。燃气厂液化气储罐的周围应设有符合消防要求的环形消防车道，新建易燃可燃材料露天堆放场区、液化石油气罐区以及甲、乙、丙类液体储罐区应设消防通道和可供消防车通行的平坦空地或绿地。高层建筑周围应设环形消防通道，若有困难，可沿高层建筑的两个长边设置消防车道。

（8）地下建筑消防规划。地下建筑内不能建设有发生爆炸危险的车间和仓库，严禁使用液化石油气、天然气和闪点小于600℃的液体。地下建筑的耐火等级应为一级。严格执行《人民防空规划》中有关各类人员隐蔽工程、划分防火分区、医疗救护工程、战时急救医院等规定。建筑面积大于300m^{2}的人防工程须设室内消火栓。

（9）地震次生火灾消防规划。城市整体布局应符合地震次生火灾消防规划要求，住宅、商业、工业、文化等各种功能分区清楚明确，避免工厂、住宅和活动场所混杂建设。城市生命线系统工程基础设施的抗震性能确保达到抗震设防要求。在城市高层建筑顶层和消防站合理布局消防瞭望站，地震发生后派专人负责监测震后次生火灾。供电、供（煤）气等生命线系统工程部门设专人负责震后应急反应工作，发现隐患及时处理，最大限度地减少次生火灾的发生。

5. 火灾应急救灾预案要点

（1）确定重点消防单位（易燃易爆生产工厂、市政府重要机关、医院、发电厂、水厂、热力厂、重要工矿企业、公众聚集场所、高层建筑、电台电视台、寄宿制学校和幼儿园等），并以重点消防单位为基本单位制定火灾应急救灾预案。

（2）火灾应急救灾预案的内容应包括文字、图纸和电子版预案。重点消防单位的火灾应急救灾预案应包括以下内容：单位概况、建筑平面图与主立面图、火灾现场供水图和灭火部署图，发生火灾时，灭火力量的需求分析、灭火步骤与人员疏散方案以及应急管理措施。

（3）实施办法。消防规划经审核机关批准后，即具有法律效力，任何原则性改变须经原审核机关批准，其他单位和个人无权任意更改。实施消防规划涉及的相关部门（规划、供水、供电、供暖、电信和市政工程等）完成的任务，应由相关部门联合贯彻实施，公安消防监督机构负责监督。经常性地开展消防宣传教育工作，提高各级领导、主管部门与居民的消防意识。定期进行消防安全检查，发现问题及时解决。各机关、团体、企事业单位应认真贯彻国家和地方制定的法律、法规，实行防火安全责任制，定期组织消防设施、器材的检验与维修，确保完好、有效。城市公安消防机构应认真履行国家赋予的消防监督职责，依法监督检查各单位遵守消防法律、法规的情况，对消防安全重点单位定期监督检查。

（4）近期实施的消防规划。根据城市消防安全存在的主要问题与隐患，制定近几年城市应当实施的消防安全建设。例如：标准型普通消防站的增加与调整，消防站的车辆、建筑面积、灭火器材、抢险救援器材、消防人员防护器材等各项配置标准的调整与落实，消火栓的增加与更换，消防指挥中心与各个生命线系统之间通信专线的建设，高层建筑顶部消防瞭望站的设置等。

四、地质灾害防灾规划

地质灾害是指由于自然产生和人为诱发的对人民生命财产造成危害的地质现象，主要包括崩塌、滑坡、泥石流、地面塌陷、地裂缝和地面沉降等。

1. 规划原则

（1）保护、改善和合理利用地质环境，防止地质灾害，保障人民生命财产安全。

（2）以地质灾害防灾减灾实施预防为主、避让与治理相结合的原则。

（3）从事生产、建设活动的单位和个人，应当采取必要措施防止诱发或加重地质灾害。

（4）鼓励在地质灾害防治中采用先进适用的技术，开展地质灾害防灾减灾的宣传，提高防止地质灾害的能力。

2. 规划依据

《中华人民共和国矿产资源法》《中华人民共和国环境保护法》以及各省、直辖市、自治区制定的地质灾害防治管理办法等。

3. 防灾规划

（1）规划的主要内容。城市的地质灾害现状、防治目标、防治原则、易发区（容易产生地质灾害的区域）和危险区（明显可能发生地质灾害且可能造成较多人员伤亡和严重经济损失的区域）的划定、总体部署和主要任务、基本措施和预期效果。

（2）防灾预案的主要内容。地质灾害监测、预防的重点，主要地质灾害危险点的威胁对象、范围、监测与预防负责人，主要地质灾害危险点的预警信号、人员与财产转移路线。

（3）建立地质灾害监测网，按照监测规范，对地质灾害实行动态监测。

（4）在地质灾害危险区边界上设立明显标志，在地质灾害危险区内，禁止从事容易诱发地质灾害的各种活动。

（5）城市建设、有可能导致地质灾害发生的工程项目建设和在地质灾害易发区内进行工程建设，在申请建设用地之前必须进行地质灾害危险性评估，主要内容包括工程建设可能诱发、加剧地质灾害的可能性，工程建设本身可能遭受地质灾害危害的危险性以及拟采取的防治措施。

（6）地质灾害管理实行预报制度。预报内容主要包括地质灾害发生的时间、地点、成灾范围与影响强度。预报分为长期（5年以上）、中期（几个月到5年内）和短期（几天到几个月）和临灾（几天之内）预报。按照长期、中期、短期和临时预报的规定权限预报。

（7）确定治理责任。自然作用形成的地质灾害由城市主管部门制定治理方案，人为活动诱发的地质灾害由诱发者承担治理责任。治理责任包括提供地质灾害治理所需的经费、按照国务院地质矿产行政管理部门规定的地质灾害治理工程设计规范制定或委托制定地质灾害治理方案、按照规定的程序报送有关部门审批、承担或委托承担地质灾害治理工程。治理方案如有重大改变，必须报原审批机关重新审批。

（8）地质灾害治理工程的施工，应当依据经审批的治理方案，并实施监理制度。施工过程中，建设单位和施工单位必须对已有的地质灾害进行监测，制定出现突发性异变情况时的应急措施。工程竣工后，必须经治理方案审批机关组织验收。禁止侵占、损毁或者破坏地质灾害治理工程设施，确有必要变动、关闭或者拆除的必须征得原验收机关的同意。

（9）承担地质灾害防治工程勘察、设计、施工及监理的单位，应当按照有关规定取得相应的资格，领取资质证书。

（10）建设地质灾害防灾预警体系。以群测群防为基础，通过详细调查，查清地质灾害危险点的分布状况，根据城市的经济实力，按轻重缓急制定短、中、长期防治规划，分期、分批进行治理。近期应完成地质灾害调查，进行地质灾害防灾区划；在一些地质灾害多发地段建立监测预报系统试点；建立以资料积累、分析为主要目的的仪器监测试验区；建成群专结合的地质灾害监测预报网络和数据库系统。中长期规划中，在进一步完善群测群防网络的同时，重点加强站网式监测体系建设，对重点灾害危害点，采用高新技术，提高自动化水平，基本实现监测数据的适时采集、自动分析、自动报警和预报，建成基本完善的地质灾害防灾指挥系统。

（11）制定奖惩制度。

五、城市生命线系统防灾规划

依据城市生命线系统的现状、存在的主要问题以及可能发生的重要灾害，通过数学模拟计算、历史灾害的总结、防灾减灾的经验教训以及科学研究成果，评价城市生命线的综合抗灾能力，特别是对生命线破坏力比较大的地震灾害、空袭、洪涝灾害、台风和火灾等的抗灾能力。

针对存在的主要薄弱环节和防灾减灾工作的需要，制定相应的综合防灾对策。从各生命线的共性出发，可以采取如下综合防灾减灾措施：

（1）对现有生命线进行抗灾诊断，未达到抗灾设防标准的设施和构筑物实施技术改造、加固或更新。

（2）制定快捷、有效的灾害应急对策、灾后恢复与重建的合理方案，防止次生灾害发生。

（3）建立生命线系统灾害监控系统、物流监视系统、断路系统或物流控制系统、警报系统，对生命线系统实施自动化、网络化管理。

（4）开展防灾减灾宣传教育，提高防灾减灾意识，积累防灾减灾的实践经验。

（5）有目的地进行各种灾害及其防灾减灾方法的研究，提高灾害管理与防治的科学化、现代化水平。积极采用抗灾型的设施、设备与部件，地下管路与接头宜用强度高、变形吸收能力好的材料与结构，重视生命线系统场地条件的选取和改良。

（6）建立基于 GIS 或 3S 的城市生命线综合防灾系统，灾后快捷、准确地收集、传递灾情与抗灾信息，确保综合防灾指挥机构与各级防灾领导机关、生命线系统相关机构的通信畅通，及时、有效地实施决策与指挥。

（7）成立生命线抢险抢修队伍，配备必需的交通工具、设备、仪表和防护设施，备足易损设备的部件。

（8）适当提高城市生命线系统的功能冗余度，通过完善、控制系统网络的形态，安全、实时地进行紧急对应与恢复作业，例如管路与线路的多重化、多线路化、系统之间连接等，利用城市供电源点以及给水排水、供电、供气、供热、交通与通信的迂回线路，确保系统网络的连接性；建立设备的备用系统，灾后形成相互支援体制，或使生命线系统供给源复数化、多样化，各供给源形成相互替代功能。

（9）服务机能的补充与备用，采用生命线系统的或非生命线系统的服务手段，对受灾地区进行临时的替代服务，例如用给水车等灾后为居民临时供水，用移动电源车临时供电等；建立具有外部机能的辅助系统，例如备用发电机、干电池和无线电设备等；在生命线网络上安装断路装置，实现网络微区划，缩小机能障碍区域。

（10）优化恢复过程，依据灾种和受灾程度制定生命线系统的恢复顺序，优先恢复生命线之间相互影响度大的系统、重要机构和设施、受灾轻的地域或地段、对恢复起关键性作用的设施；利用最大梯度法、动态规划法、遗传算法等数学手段优化灾后恢复过程。

制定城市生命线系统综合防灾规划必须注意不同生命线系统的不同特点、功能和设施的差异，分别制定各自的防震减灾规划。

下面给出燃气系统防灾规划、热力系统防灾规划。

1. 燃气系统防灾规划

（1）规划原则：贯彻国家有关发展能源与加强环境保护的方针、政策，贯彻社会效益与经济效益并重，长期与近期结合，以近期为主的原则。燃气系易燃易爆、有毒气体，在制定综合防灾规划时必须高度重视防火、防爆、防毒。燃气系统的主要灾害源是地震、火灾、爆炸与空袭，同时兼顾其他灾害造成的次生灾害。燃气系统的防灾以增强抗灾抗毁能力和应急准备为主，减灾以保证应急需求与尽快恢复为主。

（2）规划依据：《中华人民共和国人民防空法》《中华人民共和国城乡规划法》《中华人民共和国防震减灾法》《中华人民共和国消防法》《城镇燃气设计规范》（GB 50028—2006）、《石油天然气工程设计防火规范》（GB 50183—2015）、《输气管道工程设计规范》（GB 50251—2015）、《球形储罐施工规范》（GB 50094—2010）、《家用燃气燃烧器具安装及验收规程》（CJJ12—2013）、《城市燃气输配工程施工及验收规范》（CJJ 33—2005）、《城镇燃气设施运行、维护和抢修安全技术规程》（CJJ51—2016）以及相关的其他管理办法、条例、设计规范和研究报告等。

（3）设防标准：确定燃气系统各项设施的抗震设防烈度。燃气设施按空袭直接破坏设防，管网按空袭间接破坏设防。燃气火灾、燃气泄漏引起爆炸的设防应满足规范规定的防火防爆要求。地震与空袭叠加时，燃气设施按空袭直接破坏设防，管网按抗震设防烈度设防。

（4）防灾规划：① 设施防灾规划。确定燃气设施的防灾重点和燃气设施建筑物的抗震设防烈度，如果现有建筑达不到设防标准，应采取抗震加固措施。设备和管路的连接部位遇破坏力容易损坏，应储备足够量的连接用零部件。燃气系统主要设备（库房）与明火、散落火花地点以及与建（构）筑物的防火距离应当满足有关规定，燃气储罐四周的围墙上应设置灭火设施。坚持经常性的设备检修，消除灾害隐患。② 配气管网防灾规划。严重地震灾害发生后，加强配气管网监控，及时抢修，防止燃气泄漏造成火灾与爆炸。备足管线连接用的零部件，以便紧急抢修使用。地下燃气管道与建（构）筑物或相邻管道之间的水平与垂直距离应满足规范的要求。采用高新技术产品防灾减灾，例如防灾型设施、仪表、传感器与信息系统等。③ 系统抢修措施。确定燃气系统受到不同程度破坏时，恢复供气的时间、恢复率以及整个系统完成修复的时间。组建燃气系统抢修队，并为其准备地下人员掩蔽所，备足必要的器材、车辆与仪表等。根据灾情把燃气系统划分为若干相对独立的分系统，优先抢修灾情较轻的分系统、急用燃气用户较多的分系统，提高恢复率。如果液化气的球罐发生火灾，必须防止沸腾液体的蒸汽爆炸。④ 应急供气措施。灾害发生后，为停止燃气供应又急需燃气的公共设施与家庭提供替代能源。按照预定的恢复时间与恢复效率恢复燃气系统并及时为恢复生产能力的工矿企业提供燃气。⑤ 燃气恢复规划。发生灾害后，燃气系统抢修队依据灾情编成若干分队，分别负责一定地域或分系统的修复任务。由于燃气易燃易爆、有毒，恢复务必注意安全。检修前逐户访问并关闭所有用户的燃气阀门，按各地域或按分系统全部检查管网的所有管路，排除进入管内的水或砂土，修补泄漏处，更换损坏部件，逐一检修燃气用户的燃气设备与燃气管，上述检查全部完成，确认完全合格，没有灾害隐患后方能给用户恢复供气。抢修人力不足时，请求其他城市燃气系统的职工支援。

（5）燃气系统防灾规划实施预案要点：① 阶段的划分。燃气系统防灾规划的实施可以分为平时准备阶段、灾前预报阶段、灾后救援阶段和灾后恢复阶段。② 平时准备阶段。燃气系统管理部门设防灾办公室，负责本系统防灾规划的实施、预案的制定和救援行动的具体组织指挥，保持与上级领导机构的通信畅通，接受抢险救灾的指令，反馈本系统的灾情与救灾进展。建立本系统的抢险救灾专业队，备有必要的设备、器材、车辆，平时承担系统的维修任务，灾时参加抢修救灾。③ 灾前预报阶段。收到危害燃气系统的近期与中期灾害预报后，采取有效措施，做好防灾准备工作。如果灾害即将发生，立即利用各种通信手段，向职工与居民发布预报，关闭各个用户的燃气设备阀门，准备或发放代替能源，并做好抢险救灾的准备工作。若遇突发性灾害，迅速作出应灾反应，紧急投入抢险救灾行动。④ 灾后救援阶段。灾后燃气系统管理部门应当快速收集、传递、处理灾情信息，根据设施与管网的实际受灾状况，制定抢险救灾应急计划，尽快组织本系统的抢险救灾专业队和全体职工抢险救灾。接受邻近城市燃气系统支援的抢险救灾人员与设备，并根据人力、物力的需求，统一部署抢险救灾工作。抢险救灾按照燃气恢复规划的原则实施。

2. 热力系统防灾规划

城市集中供热系统除输送的物流温度较高，应采取相应的减灾防灾措施外，规划的原则、依据以及综合防灾的主要特点与给水排水系统大体相同。

（1）热力设施的防灾减灾。热力设施包括热源厂和换热站。确定热力设施建筑物的抗震设防标准，对达不到设防标准的建筑应采取抗震加固措施；确定抗空袭的破坏能力，如空袭系普通炸弹，对建筑物不致造成大的破坏，室内的设备亦不致受损。为使灾后热力交换站继续运转，除热力不中断外，给水系统应确保供水水源。

（2）热力管网的防灾减灾。热力管网的管道和连接部件必须严格按照有关规范设计施工。

确定高压蒸汽管道和连接部位的抗灾能力，连接部件的易损性大，应储备足够的备件。露天架空的蒸汽管道灾时容易遭受破坏，但和埋地管道相比，易于修复。

确定热水管道的抗灾能力，完善连接部件的抗灾性能，备足备件。蒸汽管道和热水管道中的膨胀节在地震灾害中容易损坏，应采取相应的对策。为提高管网的抗灾能力和灾时的修复速度，蒸汽管道和热水管道宜置于通行的或半通行的管沟中。

（3）抢修措施。设置热力系统抢险救灾队伍，配备、储存抢修的车辆、器材。确定恢复率与完成恢复的时间。优化灾后抢修过程，提高恢复率。高压蒸汽先输送给医院、熟食加工厂等抗灾急需热力的部门。

（4）应急供热措施。确定灾后抢修期。灾后急需热力的单位，启动平时准备的小型锅炉等设备。若灾害发生在取暖季节，中断热力供应后，居民可以在恢复供电后使用平时储备的电暖设备取暖，也可以用液化气取暖炉取暖。还可以利用储备的火炉和燃料给老、弱、病、残人员集中的单位应急供暖。

六、防止次生灾害规划

（1）按照有关规程、规定和规范的要求，合理布局危险品库区，合理设计危险品库区的各单位工程。

（2）制定各类危险品的储运规定，严禁野蛮装卸与违章储运。

（3）确立救灾组织体系，制定各项管理制度，定岗定编，按级按区把责任落实到人，实施危险品库区安全管理奖罚制度。

（4）认真维护保养储运容器、管道、设备、仪表等设备设施，保持各类设备设施与环境的整洁，确保危险品存储、运输与使用的安全。

（5）危险品库区内合理配置各类消防器材与设施，设专职或兼职消防人员，消防器材与设施必须保持良好状态。

（6）普及危险品防灾知识，组织防灾训练，开展危险品灾害及其防灾的研究。

（7）确定灾害发生后灾情信息收集、联络与通信手段和向受灾者传递信息的措施。

（8）制定灾后紧急救援、救急、医疗与灭火预案以及防止灾害扩大的措施和危险品大量溢流的应急对策。

（9）制定防止灾害扩大的交通限制和紧急运输的交通保障。

（10）分析预测可能发生的火灾、爆炸、溢毒、环境或放射性污染、疫病蔓延等的破坏程度，制定相应的综合减灾规划。

七、灾后救灾与重建规划

（1）破坏性灾害发生后，灾区各级人民政府必须充分利用灾害管理系统和现场勘察等方法掌握灾情信息，正确、及时、有效地组织各方面力量，抢救受灾群众，组织群众开展家庭、基层单位自救、互救以及地域间的互救。在灾情发展并将严重危害灾区群众的生命财产时，应当组织群众撤离灾害危害区，确保灾区群众安全。

（2）组织灾区的医务人员，调集医药与医疗器材，快速抢救伤病员，在危重伤员较多、灾区无力救治时，组织各种交通工具把危重伤病员运往非灾区救治，并在治愈后妥善组织重返家园。依据灾区伤病员的分布与救治情况，科学分布支援灾区的医疗队，合理使用支援灾区的医疗药品与医疗器材。

（3）大灾之后，一般会有疫病发生与蔓延的趋势，甚至瘟病流行。针对不同的灾害、灾情和灾区的流行病史，制定防疫灭病的有效措施，建立防疫灭病的组织机构，组织当地防疫部门和灾区群众积极参加防疫灭病，请求有关部门向灾区派遣防疫队并调拨防疫药品与器材，及时医治传染病患者，保护水源且饮用水消毒，严格按照要求掩埋遇难者以及动物尸体与腐烂变质的食品，杀灭蚊蝇、老鼠等瘟病传播媒体，易感人群普遍接种疫（菌）苗，大力改善卫生环境，确保有灾无疫、大灾无疫。

（4）妥善解决灾区群众的饮食、衣物与临时住所，为灾区群众提供基本的生存、生活条件。紧急供应灾区群众的饮用水，在抢修供水系统的同时，组织、抽调消防车、洒水车等从备用水源紧急供水，或定量提供罐装矿泉水和其他饮料，沿海、沿江城市还可以利用船只供应淡水，灾后提倡引用沸水。灾害发生后，及时组织熟食供应，用空投或发放的方式提供给受灾群众，并积极筹集成品粮、副食以及燃料的供应。紧急将灾害备用物资仓库、商店储存的衣服、被褥、鞋袜发放给灾区群众。组织群众在公园等安全、空旷的场所搭建窝棚、简易棚，或向灾区群众和单位提供帐篷，解决灾区群众的临时住所。随着灾后灾区社会功能的逐步恢复，建立各级救灾物资储运、供应系统，负责救灾物资的筹集、调运、分发、转运及灾区物资供应点的直接管理。

（5）严重灾害发生后，如果城市破坏极为严重（例如1976年唐山大地震），应当考虑先建设简易城市，在简易城市的基础上规划城市的重建。

（6）重建规划是对原有规划的继承、完善与发展。灾后，城市建设行政主管部门应组织有关部门详细调查、核实灾害对城市建设、工程建设造成的损失，依据我国有关的法规、受灾程度与灾害设防标准、城市可持续性发展目标，统筹安排，提出重建规划。在提供的重建总体规划成果中，必须重视综合减灾对城市可持续发展的重要作用，把综合减灾工作纳入当地国民经济和社会发展规划，逐步增加综合减灾事业的资金投入。对可能发生的各种灾害，在科学论证的基础上提出合理的设防标准和防灾减灾的有效措施。

第五节　基于数字城市的综合防灾知识决策系统

数字城市是城市的空间化、智能化和可视化的技术系统，即综合运用地理信息系统（GIS）、遥感（RS）、全球定位系统（GPS）以及信息网络、虚拟仿真等高新技术对城市相关信息进行自动采集、动态检测管理和辅助决策服务的技术系统，具有城市地理、资源、生态环境、人口、经济及社会等复杂系统的数字化、网络化、虚拟仿真、优化决策支持和可视化表现等功能。数字城市可用于城市规划、建设、管理与服务数字化工程。利用数字城市技术可以获取城市规划所需的各种信息；提供多种数学模型和分析手段，对城市发展过程、现象、趋势进行量化分析和预测，对规划方案进行比较，发挥数字城市的空间环境感知分析功能，模拟、分析和修改规划方案；提高规划空间布局的精确性，使规划与管理的结合更默契；结合数字城市的仿真技术与可视化技术，能够多形式、动态地输出规划成果，展示设计方案的设计意图和效果。基于数字城市的综合防灾知识决策系统是制定城市综合防灾规划的重要内容。

一、城市综合防灾数据库（信息）系统

目前，依据自然灾害数据分析的主要功能，自然灾害数据库主要有 5 类，即统计型数据库、空间关系型数据库、时间关系型数据库、要素关系型数据库和过程关系型数据库。城市综合防灾数据库兼有这 5 种数据库的功能。

1. 规划原则

（1）规范化原则。在数据库系统的设计、建立与验收过程中，执行国际、国家与行业标准等，主要有数据分类与代码规范化、数据库设计规范化、数据录入与质量检验规范化、数据交换与共享规范化。

（2）先进性原则。有效地采用现代高新技术，立足于高起点、高水准。计算机软硬件和网络系统的选择应最大限度地满足系统目标，系统功能设计与开发尽可能完善。

（3）实用性原则。主系统和各子系统的建立，应从实际需要出发，使系统尽快发挥作用。所有人机操作设计应充分考虑不同用户的实际需要，优化设计用户

接口与界面。

（4）可扩充性原则。确保分类与代码、数据库结构与内容、系统功能与子系统模块等的可扩充性。

（5）开放性原则。提供与其他多种应用软件的数据接口，具备对运行环境升级换代的适应能力，并可实现与其他微机联网运行。

（6）安全性原则。设置多级安全管理体制和数据备份／恢复机能。

（7）充分利用已经或正在建立的单灾种数据库，规划建立综合防灾数据库。

2. 系统功能设计

城市综合防灾数据库系统应当包容与综合防灾有关的多个子系统：基础信息数据库管理子系统、灾害管理子系统、规划管理子系统、土地管理子系统、城市道路与交通子系统、公安消防子系统、邮电管理子系统、城市生命线管理子系统、医疗管理子系统、环境保护子系统、环卫管理子系统、人口户籍子系统、经济信息子系统、企业管理信息子系统、科技管理子系统、教育管理子系统、房屋管理子系统、园林绿化管理子系统等。

3. 系统环境设计

以计算机为核心的软硬件和网络设备是建立综合防灾数据库的物质基础。根据系统的目标与功能划分，确定系统的软硬件配置和所需人员的配置。系统配制应当尽可能选用最新技术产品，具有较高的性能价格比，能最大限度地满足用户需求，具有较强的技术支持与服务能力以及较高的互联性、适应性、可扩充性、兼容性。

如果综合防灾数据库的软件系统采用模块组合结构，则由若干功能独立的模块组成。这些模块可以通过综合防灾决策知识系统的应用程序直接调用，成为它的一个组成部分。综合防灾数据库可以包括以下模块：输入模块、数据管理模块、查询模块、输出模块、统计分析计算模块、应用程序接口模块等。

二、城市综合防灾管理系统

研究各类灾害和工程防灾现状，分析评价各种单发灾害、次生灾害以及综合成灾的危险性和危害程度。分析防灾能力和薄弱环节，建立城市建设工程信息库和综合防灾信息管理系统。增加城市规划中的综合防灾措施，促进城市发展和现代化管理。提高城市建设和工程建设水平，减轻灾害损失，提高综合防灾能力。

分析研究城市地震、洪水、风暴潮、地质灾害、火灾、工业爆炸等灾害源和成灾模型，预测各种灾害的危险性以及发生次生灾害的可能性；分析城市抵御各种灾害的能力与薄弱环节，建立城市综合防灾的长期和应急对策；研究城市综合防灾的合理标准和减灾资源的合理配置原则，并实用于城市防灾减灾；建立城市建设和重点工程的数据库，为分析城市防灾能力、薄弱环节和实现城市建设与工程建设的现代化管理服务；建立城市各类灾害潜源、灾害预测和综合防灾对策的计算机管理系统。

系统应当具有如下主要功能：① 信息存储功能：城市的地震、地质灾害、洪水、火灾、交通事故、工业安全事故、环境污染等各种灾害源的分布，工程设施防灾能力及其薄弱环节的分析结果等。② 防灾减灾对策和决策选择功能：通过对城市各种灾害源的分布、危险性成灾模型的分析研究，制定城市综合抗灾能力的长期对策和应急对策，并能区分不同灾种、不同程度灾情等具体情况，选择应用。③ 动态管理功能：随着城市建设的发展，城市建设工程的管理信息和灾害分布等将发生变化，因此抗灾薄弱环节的治理等应当不断修改，以便适应城市的发展变化。

城市综合防灾信息系统应当包含如下子系统：① 综合通信网络系统（移动无线通信系统、固定无线通信系统、无线广播系统、单向呼叫系统）；② 灾害信息接收系统（灾害现场信息传输子系统、各单灾种灾害信息传输子系统、室内各基层单位灾害信息传输子系统）；③ 灾害信息处理系统（受灾状况子系统、抢险救灾实施动态子系统、仿真子系统）；④ 决策会议支援子系统（图像显示子系统，抢险救灾队伍、装备、应急物资管理子系统，抢险救灾优化调度子系统）；⑤ 防灾教育系统（灾害模拟子系统、防灾教育图像显示子系统）。依据城市灾害源、建（构）筑物等具体情况，还可以建立重要灾种、建（构）筑物的子系统，例如场地与地震反应子系统、岩溶塌陷子系统、建筑物子系统、城市生命线子系统等。

三、城市综合防灾知识决策系统

城市现代化的发展以及灾害的严重危害，对城市的综合防灾提出了越来越高的要求。城市综合防灾，既涉及城市各灾种的成灾模型、设防区划，又与灾种间的相互影响、伴随发生的机理和综合设防区划密切相关；既涉及到工程建设、生命线工程防御单种灾害的能力与薄弱环节的分析，又要考虑多种灾害的影响和综合防灾能力、易损性的模型以及损失评价等。而且，城市抗灾能力评价、防灾薄弱环节和防灾资源的合理配置随城市的发展呈现动态变化，要求不断完善、补充、更新信息，随时提供符合现状的更合理的决策。为此，需要建立城市综合防灾知识决策系统。

城市综合防灾知识决策系统应包括灾害源信息、成灾模型、单种灾害设防区划和综合防灾设防区划知识系统，工程地质、工程建设和城市生命线知识系统，房屋、生命线系统易损性模型、抗灾能力评价和损失估计知识系统，灾害间相互影响、次生灾害危险评价知识系统以及综合防灾对策和防灾资源合理配置决策知识系统等。

（1）灾害源信息系统是分析成灾模型和工程结构抗灾能力的基础。提供城市主要灾种（如地震、洪涝、火灾、交通与工业安全事故、风暴潮、滑坡、泥石流、岩溶塌陷、传染病等）的信息资料。

（2）各种灾害成灾模型、单一灾害设防区划和综合防灾区划知识系统：研究城市各种灾害的成灾模型、并发伴生和相互影响，可以为确定单种灾害危险性和设防区划、预测城市灾害危险程度和综合防灾资源合理配置奠定基础。研究各单灾种或其潜源的分布、成灾模型与相互影响、抗灾设防规划与抗灾措施，确定综合设防区划。

（3）城市工程建设信息系统主要包括工程地质与水文地质信息系统、房产信息系统、供水信息系统、煤气信息系统、供电信息系统、道路桥梁信息系统、医疗信息系统、粮食供应信息系统、供热信息系统、大坝和河道与排水信息系统、储油（气）罐信息系统、消防信息系统等。

（4）城市工程结构抗灾易损性模型、抗灾能力评价、薄弱环节和损失估计等知识系统：主要有房屋抗灾易损性知识系统与房屋抗地质灾害知识系统，供水系统抗灾能力评价知识系统和供水系统抗地质灾害知识系统，煤气管网抗震能力评价知识系统、煤气管网抗地质灾害知识系统和煤气储罐抗灾知识系统，道路、桥梁抗灾能力知识系统，城市防洪能力知识系统，水库抗震能力知识系统，消防能力知识系统，灾害经济损失与人员伤亡知识系统。

（5）城市伴生与次生灾害评价知识系统：主要内容包括城市主要灾害成灾的相互影响、城市抗御地震引起其他灾害的能力、地震引发火灾、地震引发有毒气体泄露。

（6）综合防灾资源合理配置知识决策系统：在研究城市各单种灾害，城市自然灾害发生的危险性、成灾模型、房屋与城市生命线易损性模型以及灾害损失分析的基础上，采用考虑灾害之间相互影响的综合评判确定城市防灾资源的合理配置。

（7）城市综合防灾对策知识系统在对城市各种灾害影响、成灾模型、工程结构抗灾能力、防灾薄弱环节分析和综合防灾资源合理配置决策分析的基础上，从城市发展与防灾相结合的原则，制定城市单灾种综合防灾规划，依据不同的灾情确定综合灾害发生后的应急对策（实施综合防灾指挥系统及其分支机构、城市生命线及公用系统的应急措施、建筑工程抢险应急措施、避难疏散紧急对策等）。

为适应城市建设的发展，城市综合防灾知识决策信息系统应当具有动态特征，可以随时添加、修改信息，而且应当充分考虑防灾减灾过程中可能出现的各种情况，建立多种分析模型和评价方法。

四、数字减灾系统

数字减灾系统是实现一种虚拟现实的自然灾害数字化或信息化的计算机系统。利用 RS、GPS、GIS 和计算机网络技术、多维虚拟现实技术等现代高新技术，以数学和物理模型进行数字仿真，模拟灾害发生与传播的全过程，为社会减灾行动进行最佳决策，直接用于研究灾害形成与防御的系统。通过该系统可以实现自然灾害的数字化、网络化与可视化，为自然灾害的预报、预测，研究人居环境的破坏机理以及城市的规划发展和防灾减灾行为提供科学依据。

数字减灾系统以空间信息基础设施、空间数据基础设施、计算机网络、3S技术（RS、GPS、GIS）、虚拟现实技术为技术支持。我国的空间信息基础设施主要包括信息基础设施、信息技术及产业、信息人力资源和信息软环境等，其中信息网络有中国互联网、中国公用分组交换数据网、中国公用数字数据网、中国教育和科研网等。空间数据基础设施主要包括空间数据协调管理体系和结构、空间数据交换站、空间数据交换标准和空间数据框架等四部分。在空间信息基础设施和空间数据基础设施的基础上，建立具有局域网特点的计算机网络，服务于数字减灾系统，实现对灾害数据的远程查找和各种空间分析操作。我国已经建设了A、B级别的GPS网点，通过GPS的高精度空间定位，为灾害发生后的应急反应奠定良好的技术基础。RS技术以其高分辨率和多时相特征，快速实时跟踪灾害、反馈信息。GIS是采集、存储、管理和分析地球表面与空间地理分布有关的空间数据库，为数字系统提供强有力的技术支持。通过3S技术的集成，在空间信息基础设施上实现实时的空间数据基础设施的数据传输和通信，结合地球科学和工程技术中有关易损性和灾害学中灾害形成、传播理论，转换出计算机可以表达的分析模型，以实现灾害信息的传递与管理。灾害模型的建立是数字减灾系统能否具有实用性的前提。虚拟现实技术（VR）是数字减灾系统的最终表达方式，其通过计算机系统把大量相关数据转换为人的视觉可以直接感受的感官世界的过程。数字减灾系统的实现最终要在VR—GIS的平台上实现。VR—GIS的实现主要应用虚拟现实建模语言，具有三维立体、动态和声响的特点，能够满足数字减灾系统的建设要求。

目前，数字减灾系统虽然还只是一种设想，但是今后防灾减灾研究的必由之路和一个重要发展方向。

第五章　城市防灾减灾能力评价指标体系

城市防灾减灾能力评价体系的建立与实施，是加强城市防灾减灾能力建设的基础性工作。实践证明，要使各级政府将灾害应急能力建设纳入日常工作之中，变成具有内在动力的自觉行动，克服在突发事件应急管理中经常存在的虚、浮、空等应急行为，需要建立一种内在的评估推动机制，真正把防灾减灾能力建设纳入社会各个方面的监督之中，才能真正构筑起我国灾害应急管理的坚固体系。

评价城市的防灾减灾能力可以无所不包，即包含城市所有的要素，物质的、精神的、政治的、社会的、经济的、环境的……但对城市的基础功能能否正常发挥、城市可否正常运转是灾时评价城市防灾减灾能力的基础。因此，本书提出的围绕城市基础功能对城市防灾减灾能力进行评价，是综合评价城市防灾减灾能力的基础工作，另一方面，也是城市可以操作的提高防灾减灾能力的主要途径。

第一节　城市防灾减灾能力评价的基本原则

一、城市防灾减灾能力评价的指导思想

系统观点是防灾减灾能力评价指标体系建立的指导思想。城市防灾减灾能力评价系统并不是一个孤立的系统，它与城市灾害系统和社会经济发展系统有着密切的联系。灾害在一定意义上，可以看做是一种无序性的破坏。要提高防灾减灾能力，就需要从外部的社会经济系统输入物质、能量和信息，改进防灾减灾系统的结构，提高系统的稳定度和自组织能力。因此，必须根据城市自身的社会、自然环境特点，通过有效的措施，控制灾害系统，增加城市社会经济系统的防御灾害能力，从而减少可能的灾害损失，满足城市发展的需要。建立城市防灾减灾能

力评价指标体系，要综合考虑城市灾害环境因素、社会经济发展因素及城市防灾减灾管理的主要环节，只有这样，才能保证城市防灾减灾能力评价指标体系的全面性和客观性。

从系统论的观点来看，致灾因子、孕灾环境、承灾体、灾情之间相互影响，相互联系，形成了一个具有一定结构、功能、特征的复杂体系。城市防灾减灾评价要以系统工程的思想、方法为主导，注重研究对象的整体化、层次化、评价方法和技术的综合化和信息利用多元化，以灾害学、环境科学和社会科学等相关科学的理论与方法为基础，丰富、完善和发展城市防灾减灾评估的内容，建立城市防灾减灾评估体系，以适应城市防灾减灾评估的客观需要。

二、城市防灾减灾能力评价的基本要求

对城市防灾减灾能力评价是对一个复杂系统的评价，其涉及的因素较多，考虑的指标因素也较广泛。建立的评价指标体系是否科学、合理既关系到评价工作的质量，也直接影响到城市防灾减灾管理的发展方向。指标体系必须科学、合理、全面地反映影响防灾减灾能力的所有因素，对防灾减灾能力的评价也必须适应灾害类型的多种多样特点。

构建城市防灾减灾能力评价体系必须做到以下三点：

1. 全面性和科学性

作为一个承灾体，城市面临多种灾害的威胁。因此，指标体系的确立应当尽可能考虑各种不同类型的灾害对城市生活带来的影响，考虑到应急救援的全方位、全过程应对，并在经济可行性前提下尽可能地提高实际应急水平。评价指标体系的建立既要充分反映城市实际，对提高城市防灾减灾能力实践具有指导作用，又要反映城市未来发展趋势，在提高城市现有应急能力和水平基础上，对今后城市防灾减灾能力的完善和发展起引导和指导作用。总之，城市防灾减灾能力评价体系必须注重全面性和科学性。

2. 代表性和可靠性

城市灾害的多样性造成城市防灾减灾工作的复杂性，城市运转的系统性和网络性内生了涉及部门的广泛性，因此，理论上城市防灾减灾评价指标体系无所不包，一方面涉及所有灾种，另一方面涉及法律、管理、医疗、通信、后勤物资、

装备等方方面面。如果选择所有的因素作为评价指标，既不现实，也没必要。但每个城市都有自身特点，肯定有一种或几种灾害是高风险灾害，针对这些灾害进行的城市防灾减灾能力建设，就可以反映城市的防灾减灾能力。因此，我们可以依据木桶理论，结合数学和统计学原理，在可靠性基础上选择尽量少的具有代表性的指标，反映城市防灾减灾能力的全面情况。

3. 实用性和可得性

评价城市防灾减灾能力的目的在于分析当前城市防灾减灾能力的现状，发现问题，有针对性地实施科学管理，提高城市的应急反应能力。因此，拟订的评价指标体系应当思路清楚、层次分明、容易理解，且能较好反映城市应急能力的实际水平。评价指标还应当简单明确、使用方便、便于统计和量化计算，最好每个城市可以依此自测。因此，评价指标的选取必须兼顾数据的可得性，既保证评价指标值可以准确、快速的获取，又可以确保评价工作非经专门调查就可以正常进行。

第二节　构建城市防灾减灾能力评价指标体系的原则与方法

一、评价指标选择的原则

评价指标的选择应符合一定的原则，这样才能使所选择的指标具有合理性、科学性和客观性，才能全面系统地反映城市应急准备能力的水平。

1. 代表性

城市的灾害救援问题涉及法律、管理、医疗、通信、后勤物资、装备等方方面面。选择所有的因素作为评价指标，既不现实，也没必要，因此选择少数代表性指标来说明问题，以便能全面地反映应急准备能力的客观情况，并便于操作，减少工作量，降低误差，提高效率。

2. 全面性

本指标体系的确立，应当尽可能考虑进各种不同类型的主要自然灾害对城市生活带来的威胁与损失；考虑到应急准备能力的各方面具体指标，尽可能地反映城市灾害的实际救援水平。

3. 可操作性

评价指标中的每一项都应有据可查，并易于量化分析，能反映出我国城市的特点和实际情况。同时，评价指标应与我国现行统计部门的指标相互衔接，并尽可能保持一致，这样做便于工作、测量和计算。可操作性还表现在决策者可以利用这些简便易行的结果，进一步提高城市灾害的应急准备能力。由于这项研究还处于起步阶段，城市应急准备能力方面的统计资料还比较零散、不完整，这就要求我们最大限度地利用现有的各种资料，并从中提取相关信息。

4. 独立性

评价指标集中的每一项指标不仅其概念要科学，简单明确，而且，各项指标所反映的特征也不能重复，不能发生冲突。

5. 灵活性

由于不同城市的社会、经济等发展状况不尽一致，可以参与评价的指标也不可能完全相同，因此，在评价指标的选取和评价指标体系构建的时候要充分考虑各城市的发展现状，再根据具体情况进行，做到因地制宜的原则。

二、评价指标的类型

城市地震应急准备能力的多样性和复杂性决定了评价指标的类型是多种多样的。本研究所设计的指标包括以下几种类型（李翔，周诚等.1993）：

（1）从统计形式上划分，可分为定性指标和定量指标，定性指标是用来反映城市应急准备能力的质的属性，它往往是根据经验判断或直观判断得到的描述性的数据，一般可用"有"或"无"、"是"或"否"来表示，为便于转化为定量指标，易于计算处理或评估，经常采用分等级的形式，将其分为"好、中、差"或"1、2、3、4、5级"等。定量指标，是用来反映城市应急准备能力的量的属性，一般可以用数值大小来描述。

（2）定量指标按照作用的不同，可以划分为绝对指标和相对指标，绝对指标用来反映在一定时间地点条件下，地震应急准备的相关现象所达到的总规模与总水平。相对指标，用来反映城市地震应急准备相关指标的质量、效率等。

（3）从功能上来划分，分为描述性指标和分析性指标，描述性指标一般由原始统计变量构成，是对地震应急准备的相关现象实际调查、测量的直接结果，它们是构成分析指标的基础。分析性指标，一般是为了一定的研究目的，对描述性指标进行分析加工，由描述性指标派生出来的指标。

（4）从内容上来划分，可以分为组织保障、应急预案、资源、社会动员等多个方面。

三、评价指标的选择方法

城市灾害应急能力的评价涉及多个因素的综合，供选取的指标较多，而且众多指标中有很多是重复的内容，若选取带有重复内容的因子参与评价，各指标间没有被过滤掉的信息会使评价结果与实际情况有很大的差距，因此，选取能够综合反映城市灾害应急能力的评价指标较为困难。现有对指标选取分析的方法有很多，如层次分析法、德尔菲法、头脑风暴法及统计学分析法等，不同的人可根据对资料掌握的具体情况选取使用的方法。层次分析法是由美国数学家莎迪（T. L. Saaty）于1980年首次提出的一种比较简单可行的决策方法，其主要优点是可以解决多目标的复杂问题，为定性与定量相结合的决策分析方法。由于与城市基础设施相关的城市防灾减灾能力涉及方面广泛、复杂，本课题采用头脑风暴法，综合整理和分析相关国家法规和研究成果，初步提出一套指标体系。

第三节　城市防灾减灾能力评价体系构建

评价指标体系分为四级，一级为城市防灾减灾能力综合评价指数；二级分为六大类指标，分别对应6大类城市基础设施；三级为六大类基础设施内部的小类，共14个；四级为具体的计分指标，共45个，见表5-1。

城市防灾减灾能力评价体系　　　　　　　　　表5-1

一级	二级	三级	四级
城市防灾减灾能力综合评价指数	道路交通运输系统	公路类别	区域载运工具不良率（3分）
			区域载运工具致事故率（3分）
			城市道路桥梁预警和预防机制（3分）
			区域交通灾害紧急救援体系监测指标（3分）

续表

一级	二级	三级	四级
城市防灾减灾能力综合评价指数	道路交通运输系统	地铁类别	各类灾害应急预案完备性（4分）
			宣传、培训和演习执行情况（4分）
	供水排水污水处理系统	供水系统	城市供水水源保证率（2分）
			水质合格达标率（2分）
			应急水源储备（2分）
			供水设施抗冰冻能力（3分）
			预警与保障能力（2分）
		排水系统	科学完善的雨洪管理体制（2分）
			管道定期清淤制度（2分）
		污水处理系统	工业企业污水处理系统防爆管理（2分）
			城镇污水处理率（3分）
	垃圾收运处置系统	日常类垃圾收运处置系统	垃圾收运系统对环境的影响（2分）
			垃圾处理无害化率（3分）
			垃圾资源化回收率（3分）
		地震类垃圾收运处置系统	预防措施能力（2分）
			清运能力（2分）
			环境无害化处理处置能力（3分）
			资源化利用能力（2分）
			二次污染控制能力（3分）
	电力能源供应系统	电力系统	电力抗灾规划能力（4分）
			电力抗灾技术能力（3分）
			电力抗灾管理能力（4分）
		燃气系统	日常预防和预警能力（3分）
			应急响应程序执行力（3分）
			应急保障能力（3分）
	邮电通信系统	通信系统自我防护能力	信息安全技术防护能力（4分）
			灾难备份中心建设情况（3分）
			信息安全法规标准执行情况（3分）

续表

一级	二级	三级	四级
城市防灾减灾能力综合评价指数	邮电通信系统	通信系统抗灾能力	基础设施支撑能力（4分）
			应急通信手段的协同管理能力（3分）
			终端设备便捷支持能力（3分）
	园林绿化系统	绿地灾前防御能力	生物防火功能（2分）
			防风固沙功能（2分）
			水源涵养功能（2分）
		绿地灾时避难疏散能力	服务半径指标（3分）
			人均有效避难面积（2分）
			避难疏散绿地的规模（3分）
		绿地灾后辅助重建能力	地形与排水功能（2分）
			物资运输与消防通道功能（2分）
			集散场地功能（2分）
			防火隔离带功能（2分）

注：六大类指标每类满分为20分；如果权重相同，总分共计120分。

一、城市道路交通运输系统评价指标

1. 公路类别

评分标准：

以下（1）、（2）经过公式计算后，如果与全国（或全省）水平相比——小于平均水平10个百分点以上得3分，小于平均水平5个百分点以上得2分，小于平均水平得1分，高于平均水平10个百分点以上得0分。

其中，（3）、（4）指标的评分方法为：给被评城市是否开展以下工作的情况进行工作项打分，每项指标共计3分——被评城市未开展相关工作得0分、已开展部分实质性工作得1分、已基本建立相关工作体系得2分、已建立了相对完备的体系并具体工作扎实的得3分。

指标解释：具体指标包括以下部分：

（1）区域载运工具不良率（3分）

公路交通是以载运工具为载体的运输活动，所以载运工具的安全性能的好坏直接导致交通灾害的多少。

载运工具不良率是指本区域内车辆达不到《机动车运行安全技术条件》GB 7258—2017 的数目占整个载运车辆拥有量的比率。它的计算公式为：

$$区域载运工具不良率 = \frac{性能不良载运工具数}{本区域载运工具拥有量}$$

对此指标可进一步细分下去，可以评价造成载运工具不良的进一步原因。比如车辆方面，监测车辆不良率的构成方面可监测发动机不良率、制动系统不良率等指标；还可以根据载运工具的类别，比如客车性能不良率、货车性能不良率等指标。船舶方面，可以根据货轮、客轮、集装箱轮不良率，也可根据吨位来获悉不同载运工具的安全状况；还可以检测载运工具投入使用的不同时期来评判，比如使用前的载运工具不良率、使用中的不良率和维修后不良率等，以进一步知晓载运工具不良的内因。

监测指标数据的获得可以通过统计方法，运用科学的抽查方式进行评价。

（2）区域载运工具致事故率（3分）

载运工具的不良并不一定导致交通事故或灾害，还需知道已经发生事故中有多少事故是由于载运工具的原因所导致的。计算公式如下：

$$载运工具致事故率 = \frac{由于载运工具不良性能导致的事故数}{一定时期内发生的事故数}$$

要想获得指标的进一步原因，可设置其他更细的指标，比如车辆方面可利用发动机、轮胎不良导致事故率等指标来评价区域载运工具造成事故的进一步原因，还可以根据事故的形式比如造成碰撞、撞人、火灾等事故的载运工具比例等。

此监测指标数据的获得可根据一定时期内交通事故的记载分类统计，在公安交警部门和海事局几乎对每一次发生的比较大的事故都有记载，此指标数值比较容易获得。

（3）城市道路桥梁预警和预防机制（3分）

1）日常维护机制。城市道路桥梁养护管理单位负责城市道路桥梁的日常养护维修、检测，确保城市道路桥梁正常使用。

2）预警支持机制。城市道路桥梁养护管理单位应根据有关规定和技术规范，建立城市桥梁信息管理系统和技术档案；应健全应急救援队伍和巡视制度，针对不同等级的道路桥梁定期巡视，对有安全隐患的道路桥梁应专门检测并采取相应的措施。

3）隐患处置机制。城市道路桥梁养护管理单位应建立事故隐患报告和奖励机制，对及时发现道路桥梁险情、避免恶性事故的人员给予奖励。有关部门接报后，要迅速查明情况，及时排除隐患，防患于未然。

（4）区域交通灾害紧急救援体系监测指标（3分）

此项指标根据"交通事故发生后30分钟内到场率"计算：根据交通事故发生后30分钟内死亡人数占85%的比例显示，事故发生后对伤者的及时救治是减少人员死亡的一项有效措施。

实质上，本项指标——紧急救援体系的完备和执行效率的高效是减少因载运工具导致交通灾害损失最少的有效方式，还包括其他多种内容——对区域交通灾害紧急救援体系的监测包括紧急救援机构构建方面、紧急救援的规定方面、紧急救援各方合作方面、救援手段方面、紧急救援效果方面（图5-1）。紧急救援机构完备率方面是看紧急救援组织机构的设置是否完备；紧急救援制度完备率是看紧急救援的相关规定、责任的规定、救援程序的制度规定是否完备；紧急救援各方合作方面是指紧急救援合作各方的效率，是否存在互相推诿的现象；紧急救援手段方面是否具有专业救援设备、救援信息的沟通手段等方面；紧急救援效果

图5-1 区域交通灾害紧急救援体系状况监测指标

是指发生事故后到达现场的时间、救助的效果，以及区域内因紧急救援减少了多少生命死亡、多少财产的损失。这些方面，希望在将来逐渐得到完善，对区域交通灾害紧急救援体系状况的监测指标数值的获得主要通过专家评判法来获得。

2. **地铁类别**

评分标准：根据《国家处置城市地铁事故灾难应急预案》相关内容，地铁灾害应急预案包括以下四类，具备其中预案之一的即得 1 分，否则不得分。

指标解释：

（1）各类灾害应急预案完备性（4 分）

1）火灾应急响应措施。城市地铁企业要制定完善的消防预案，针对不同车站、列车运行的不同状态以及消防重点部位制定具体的火灾应急响应预案；贯彻"救人第一，救人与灭火同步进行"的原则，积极施救；处置火灾事件应坚持快速反应的原则，做到反应快、报告快、处置快，把握起火初期的关键时间，把损失控制在最低程度；火灾发生后，工作人员应立即向"119""110"报告。同时组织做好乘客的疏散、救护工作，积极开展灭火自救工作；地铁企业事故灾难应急机构及市级地铁事故灾难应急机构，接到火灾报告后，应立即组织启动相应应急预案。

2）地震应急响应措施。实行高度集中，统一指挥。各单位、各部门要听从事发地省、直辖市人民政府指挥，各司其职，各负其责；抓住主要矛盾，先救人、后救物，先抢救通信、供电等要害部位，后抢救一般设施。根据震情发展和工程设施情况，发布避震通知，必要时停止运营和施工，组织避震疏散；对有关工程和设备采取紧急抗震加固等保护措施；检查抢险救灾的准备工作；及时准确通报地震信息，保护正常工作秩序。地震发生时，省级人民政府建设主管部门及时将灾情报有关部门，同时做好乘客疏散和地铁设备、设施保护工作。地铁企业事故灾难应急机构及市级地铁事故灾难应急机构，接到地震报告后，应立即组织启动相应应急预案。

3）地铁爆炸应急响应措施。迅速反应，及时报告，密切配合，全力以赴疏散乘客、排除险情，尽快恢复运营；地铁企业应针对地铁列车、地铁车站、地铁主变电站、地铁控制中心，以及地铁车辆段等重点防范部位制定防爆措施；地铁内发现的爆炸物品、可疑物品应由专业人员进行排除，任何非专业人员不得随意触动；地铁爆炸案件一旦发生，市级建设主管部门应立即报告当地公安部门、消防部门、卫生部门，组织开展调查处理和应急工作；地铁企业事故灾难应急机构及市级地铁事故灾难应急机构，接到爆炸报告后，应立即组织启动相应应急预案。

4）地铁大面积停电应急响应措施。包括：地铁企业应贯彻预防为主、防救结合的原则，重点做好日常安全供电保障工作，准备备用电源，防止停电事件的发生；停电事件发生后，地铁企业要做好信息发布工作，做好乘客紧急疏散、安抚工作，协助做好地铁的治安防护工作；供电部门在事故灾难发生后，应根据事故灾难性质、特点，立即实施事故灾难抢修、抢险有关预案，尽快恢复供电；地铁企业事故灾难应急机构及市级地铁事故灾难应急机构，接到停电报告后，应立即组织启动相应应急预案。

（2）宣传、培训和演习执行情况（4分）

1）公众信息交流。公众信息交流工作由城市人民政府和地铁企业负责，主要内容是城市地铁安全运营及应急的基本常识和救助知识等。城市人民政府组织制定宣传内容、方式等，并组织地铁企业实施。

2）培训。对所有参与城市地铁事故灾难应急准备与响应的人员进行培训。

3）演习。省级人民政府地铁事故灾难应急机构应每年组织一次应急演习。城市（含直辖市）人民政府应每半年组织一次应急演习。

4）技术。省级人民政府应比照领导小组专家组的设置，建立相应的机构，对应急提供技术支持和保障。

二、城市供水排水污水处理系统评价指标

1. 供水系统

评分标准：对于"（1）城市供水水源保证率"指标来说，达到97%以上得2分，90%～97%之间得1分，90%以下得0分；对"（2）水质合格达标率"指标来说，达到100%得2分，否则得0分；对于"（3）应急水源储备"来说，有充足的备用水源得2分，有个别应急的备用水源得1分，无备用水源得0分。

指标解释：

（1）城市供水水源保证率（2分）

水是城市发展必需的重要基础资源，足够的水量是保证城市正常生产和生

活的前提。足够是指在一定的自然、经济和社会发展水平条件下，保证城市正常生产、生活和生态需求的最低用水量。一般来说，城市供水水源保证率应介于90%～97%之间，具体情况视其城市规模、城市性质、水资源条件的不同而有所区别。过度的用水就是浪费，不仅会加剧水资源的供需矛盾，破坏城市的生态环境，而且影响城市经济的发展，甚至危及社会的稳定。

（2）水质合格达标率（2分）

对于城市用水而言，仅仅有足够的水量是远远不够的，还需要有合格的水质。我国规定，城市水源水质应满足《地表水环境质量标准》（GB 3838—2002）、《地下水质量标准》（GB/T 14848—2017）、《生活饮用水水源水质标准》（CJ 3020—1993）等的有关要求；供水水质应符合《城市供水水质标准》（CJ/T 206—2005）、《生活饮用水卫生标准》（GB 5749—2006）等有关标准的要求。当然不同的用水需求对水质的要求是不一样的，如饮用和食品加工对水质的要求比较高，而冷却用水和环境用水对水质的要求低。合格的水质是居民用水安全和工业生产正常运行的保证。

（3）应急水源储备（2分）

国外的大城市通常建设大规模的水库作为城市可靠的水源地。例如纽约市的3个水源地都不是依赖江河直接取水而是通过建设水库群进行蓄水和供水。其中，Croton供水系统从1842年开始服务，由10个水库和3个受控湖组成，面积覆盖逾970 km²。又如东京最高日供水量达到500万 m³以上，其水库群有效库容达到70970万 m³，是日供水量的141倍。

近年来，国内大中型城市都在抓紧寻找或建设应急备用水源，随着水资源的日趋短缺和突发性水污染事件频繁发生，为了保证城镇居民饮水安全。北京市除了在怀柔开采地下水作为应急备用水源外，还将官厅水库进行一系列的水源保护和生态修复作为备用水源。哈尔滨市除了将现有的地下水自备水井作为应急备用水源外，已经确定将距离市区80 km的西泉眼水库作为备用水源。杭州现有城市用水80%以上依赖钱塘江，杭州市已决定将水质属于Ⅰ～Ⅱ类的闲林水库作为城市应急备用水源。重庆主城区80%以上的饮用水来自长江和嘉陵江，目前还没有一处备用水源地。重庆市已决定在主城周边建成7座水库，成为主城区应急后备水源。上海市水源80%取自黄浦江，20%取自长江，为提高供水安全可靠性，2017 年 6 月，青草沙水库开工，2010 年 12 月起陆续投入试运行，2011 年 6 月全面投入运行。

（4）供水设施抗冰冻能力（3 分）

由于 2008 年 1～2 月，我国南方大部分地区遭受罕见的低温雨雪冰冻灾害，农村饮水、农田灌溉、河流水文监测等水利基础设施受损严重，给人民群众生活、农业春耕生产以及防洪等带来不利影响。建设部于 2008 年 3 月出台《南方雨雪冰冻灾害地区建制镇供水设施灾后恢复重建技术指导要点》，指导建制镇供水设施的恢复重建。

评分标准：本章将延续其中的工作内容，将相关方面作为考察城镇供水设施抗冰冻能力的评价指标，以完成其中工作要点的多少作为评分标准——共分五个子指标，并按工作完成项数的百分数，再乘以 3 作为数值。

指标解释：

1）取水工程（3 项）

① 饮用水源应按国家现行有关规定采取保护措施，设置水源保护范围。保护区范围内严禁建设任何可能危害水源水质的设施和一切有碍水源水质的行为。以地下水作为饮用水源时，应建立取水泵房，设置围墙、大门、标识牌。

② 因冰雪融化产生的山体滑坡、矿液外渗等问题，严重影响原有水源质量的，应尽快启用或寻找替代水源。

③ 取水设施的恢复应采取相应措施，便于取水输水管路和水泵的放空。

2）处理设施（5 项）

① 水厂的灾后恢复重建应根据原水水质、设计生产能力、处理后的水质要求及运行经验，对原有工艺流程进行评估论证。原处理工艺不合理的，应先改进处理工艺后再实施重建。

② 生活饮用水必须消毒。抢修期间由于消毒设备损坏时，可采用漂白粉消毒，漂白粉的储存要防止受潮失效。采用二氧化氯、液氯等消毒方式的消毒间，重建时应预留临时保温或取暖的设施，如采用散热器等无明火方式取暖。

③ 使用库存较长的设施及器材时，应对外观、尺寸、性能等方面进行评估后，再确定是否使用。需要新购的设施及器材应根据安全供水、抗冻性能、施工维护管理、经济造价等经过技术经济比较后采购。

④ 构筑物间的连接管道应采用埋地、保温包裹等措施，闸阀应采用修建闸阀井等措施，构筑物的恢复重建宜考虑设置放空措施，成套供水处理设施应在设备制造厂的指导下安装。

⑤ 恢复重建后水厂宜根据经济水平，配备有效的水质化验设备，出水水质应达到国家饮用水水质标准。

3）输配设施（6项）

① 根据建制镇的特点，因灾受损供水管网应以尽快恢复供水为首要目标。对已经毁坏的管材、管件、闸阀、仪表等供水器材宜先因地制宜地进行局部检修、更换，供水管网严重损坏的可明敷临时的供水管网，先行恢复供水。

② 供水管网重建工作要科学、务实，根据当地经济水平，兼顾增强抗灾能力，经过综合评估后，因地制宜地提出输配设施全面修整或重建方案。加强对管线设计方案、施工图的审查工作，重点审查建设规模与管线布局的合理性，管道连接方式及主要工程材料的选型是否科学、经济，管道转弯处的处理方式与管道埋设深度等是否合理。

③ 埋地管道优先采用 PE 塑料管、柔性接口的 PVC-U 塑料管或柔性接口的球墨铸铁管。一户一表的进户管道优先采用 PP-R 塑料管。

④ 供水器材选购要符合相关产品的国家、行业标准，宜优先选用规模企业的合格产品。对原来库存期较长的物资、器材要对外观、尺寸、性能等方面先行评估再行确定是否使用。

⑤ 供水管网及器材安装与施工要符合《室外给水设计规范》（GB 50013—2006）、《给水排水管道工程施工及验收规范》（GB 50268—2008）等相关标准、规程、规范的要求。

⑥ 供水管网须设置空气阀，并在管网最低处以及各段的最低处宜设置泄水阀。

4）运行管理（6项）

① 受灾停电停水期间，应尽快将取水管道与取水设施、水厂构筑物与连接管、供水管网与配水管路等整个供水系统内的水放空，防止冰冻损坏。

② 供水设施受灾抢修期间，各级加压设备应采用"负荷由低逐步提高"的原则进行运行，防止恢复供水后水压过高引起供水设施二次损害。

③ 长时间断电的水厂恢复供电后，应按照水厂操作规程对各供水机电设施进行检查和试运行；对主要输水管线进行检查，特别是进气排气阀门应能正常动作；在各主要系统均能正常使用后再投入带负荷运行。

④ 供水设施恢复运行后，要加强检查更新输配设施。

⑤ 供水设施恢复运行后，要排查受损管道，加强检漏工作，并及时修复漏点。

⑥ 供水设施全面恢复重建后，各地加强日常运营管理，建立保障安全供水的长效机制。应根据当地受灾与重建情况，修改和完善运行管理技术规程，进行运行管理人员培训，增强职工防冻抗冻意识，提高应急处理能力。

5）应急预案（4项）

① 建立健全有关应急管理制度，建立灾害应急领导小组，确立应急预案责任人，确保应急处理反应及时，信息畅通，措施得力。

② 取水泵房和水厂的供电宜采用双回路电源，有条件的地区，应按照最大单位设备用电负荷设置柴油发动机等备用动力设施。经天气预报得知将要发生极端低温天气时，应检查备用电源或柴油发动机的运行状况及柴油的储备量。

③ 备用应急水源。考察确定符合水源要求的 1 ～ 2 个应急备用水源，并采取相应保护措施。制定应急水源在灾害时临时启用的供水方案。

④ 储备应急物资。确保储备足够的混凝剂、消毒剂、柴油等应急物资，尽可能增加清水池的蓄水量。

（5）预警与保障能力（2分）

评分标准：包括以下内容，工作包括以下三个方面，执行或实施过其中内容之一的即得 0.5 分，否则不得分。

指标解释：

1）监测分析能力。建立城市供水水源及供水水质监管体系和检测网络，对检测信息进行汇总分析，对城市供水系统运行状况资料进行收集、汇总和分析并做出报告；建立城市储备水源监管体系及信息存储。

2）指挥保障能力。省住建厅城市供水系统重大事故应急指挥地点设在办公室。指定专门场所并建立相应的设施，满足决策、指挥和对外应急联络的需要。基本功能包括：接受、显示和传递城市供水系统事故信息，为专家咨询和应急决策提供依据；接受、传递市（州）、县（市、区）供水系统应急机构响应的有关信息；为城市供水系统重大事故应急指挥、与有关部门的信息传输提供条件。

3）通信保障能力。依托现有的有线、无线通信系统确保应急期间的通信和信息保障。应急响应期间，省住建厅办公室值班人员应保证随时接收省政府、住建设部的指示和事故发生地的事故信息；指挥小组组长、副组长、成员及指挥小组办公室工作人员、有关专家组专家应 24 小时保持通信渠道畅通。

4）物资保障能力。城市供水归口管理部门制定设备、物资储备和调配方案，要报上级住建主管部门审批、备案。供水企业储备的常规抢险机械、设备、物资应满足抢险急需，并报归口管理部门备案。

2. 排水系统

城市排水系统是包括城市排水管网在内的收集和输送城市生活污水、工业废水和降水的一整套工程设施。它包括地下管道、暗渠、地表明渠、管网附属设施等。城市排水系统的布置要根据服务范围、城区人口数量、降雨径流大小、道路的纵横走向等作出规划。

城镇排水管网肩负着城市防汛排水、污水收集输送的重任，是城市重要的基础设施，是城市生命体重要的输送系统，起着静脉输运的作用，对于整个城市的健康发展有着不可替代的重要作用。

评分标准：群众性预防工作包括以下三个方面，制定了详细和具有当地特色的工作方案得 2 分，具备基本工作方案的得 1 分，没有相关方案的得 0 分。

指标解释：

（1）科学完善的雨洪管理体制（2 分）

城市雨洪管理涉及城市管理的各个领域，是相当复杂的系统工程，应当通过行政、法规、技术等各种手段，完善管理体制。对城市降雨引起的洪涝灾害进行风险分析，绘制风险图，作为城市排水规划、城市发展规划和城市雨洪管理的基本依据。建立完善的雨洪信息管理系统，它应包括气象环境、降雨预测、风险预测及监测、城市人口分布、资产分布、重要设施分布、生命线工程、雨水调蓄工程、城市防汛抢险救灾组织体系等。

（2）管道定期清淤制度（2 分）

对现有的管道进行每年定期的清淤处理，防止因管道淤积造成洪水季节雨水排泄不畅的问题。

3. 污水处理系统

（1）工业企业污水处理系统防爆管理（2分）

废水处理过程可以净化水资源，但也存在着较大的火灾爆炸危险，而且也多次发生过火灾爆炸事故。工业企业生产过程产生的废水中常含有一定量的易燃可燃液体或溶有可燃气体，比如生产工艺系统气密性不好，违反操作规程或出现跑、冒、滴、漏现象易造成易燃可燃液体或气体溶于污水中气体吸收、解吸系统，如果吸收有可燃液体或者含有易燃液体吸收剂的污水排放到下水道，在排放汇集的过程中其中的可燃气体易解吸，易燃液体吸收热量后容易汽化逸出。而这部分物质在下水道和净化设施内易形成易燃易爆蒸气—空气爆炸混合物，遇火源后易发生火灾爆炸事故。

比如1981年美国肯塔基州路易维尔城污水地下管道爆炸，损失4000万美元。在我国，1984年1月28日，广东省茂名市文冲口化工厂区排污水渠发生爆炸，水渠全程5段被炸毁，形成一条长约500m的"火舌"，爆炸持续8分钟。1985年6月27日，山城重庆市一下水道发生大爆炸，几十斤重的铁制井盖被炸飞20多m高，有26人丧生，数百人重伤。为了防止废水处理系统发生火灾爆炸事故，有必要加强火灾预防。

评分标准：给被评城市是否开展以下工作的情况进行工作项打分，被评城市未开展相关工作得0分、已开展部分实质性工作得1分、已建立了相对完备的体系并具体工作扎实的得2分。

指标解释：

工业企业污水处理系统防爆管理包括以下三个方面的内容：

1）防止下水道内形成易爆产物。禁止将可产生和分解出爆炸性产物或爆炸性混合性气体的各种污水排入下水道，定期清除下水道管线的沉积物，以防止易燃、易爆物质积累从危险物品工艺设备中排出的污水，比如硝基化合物的生产，需经过初步净化，分析其有害物质的含量，达到允许排放要求后再排放处理。

2）消除各种点火源。消除下水道处理系统存在的各种点火源，以防止其成为引起火灾爆炸事故发生的导火索。

3）重视化工企业排污沟、渠的设计。化工企业在设计排污水沟、水渠、管道时，与易燃易爆工场、仓库及主要建筑设施保持一定的距离。

（2）城镇污水处理率（3分）

评分标准：被评城市城镇生活污水处理率≥80%的得3分，80%＞城镇生活污水处理率≥75%的得2分，75%＞城镇生活污水处理率≥70%的得1分，城镇生活污水处理率＜70%的得0分。

指标解释：

湖库水富营养化的原因在于水体中氮、磷超标，建立城市污水处理厂对改善城市水环境，保障城市社会经济发展起着举足轻重的作用。在欧美、日本等西方发达国家，已经普遍施行城市污水的集中二级处理。近年来，我国中央政府、各级地方政府及有关部门对城市污水治理十分重视，将其作为当前和今后一段时期基本建设和环境保护领域中重点支持的产业之一，城市污水处理领域出现了前所未有的发展速度。

三、城市垃圾收运处置系统评价指标

1. 日常类垃圾收运处置系统

（1）垃圾收运系统对环境的影响（2分）

评分标准：本指标的评价通过现场考察，基本没有环境影响的得2分，有一定环境影响的得1分，环境影响比较严重的得0分。

指标解释：

收运系统的前部环节为垃圾的产生源，如居民家庭、企事业单位、饭店、食堂等，合理的收运系统应有利于垃圾从产生源向系统的转移，而且具有卫生、方便、省力的优点。收运系统的后续环节为垃圾的处理消纳。

垃圾收运系统有对外部环境的影响和内部环境的影响之分。应严格避免系统对外部环境的影响，包括垃圾的二次污染（如垃圾在运输途中的散落、污水泄漏等）、嗅觉污染（如散发臭气）、噪声污染（主要由机械设备产生）和视觉污染（如不整洁的车容车貌）等，对系统内部环境的影响主要指作业环境的不良。

（2）垃圾处理无害化率（3分）

评分标准：本指标评分标准分为三种情况：直辖市和省会城市垃圾处理无害化率95%以上得3分、90%～95%之间得2分、85%～89%之间得1分、85%

以下得 0 分；一般地级城市垃圾处理无害化率 90% 以上得 3 分、85%～90% 之间得 2 分、80%～85% 之间得 1 分、80% 以下得 0 分；县级市以下垃圾处理无害化率 85% 以上得 3 分、80%～85% 之间得 2 分、70%～80% 之间得 1 分、70% 以下得 0 分。

指标解释：

垃圾无害化处理是指对已经产生、排放而又无法或暂时尚不能资源化和减量化综合利用的垃圾作无污染处置处理。目前常见的无害化处理处置方法有卫生填埋技术、堆肥技术、焚烧技术、热解技术、微生物技术和生物治理技术、汽化技术等。发达国家工业垃圾产生量大，污染严重，城市生活垃圾虽然产生量大，但处理技术先进及时，生活垃圾及粪便无害化处置率达到 90% 以上；发展中国家如尼泊尔、菲律宾等国城市生活垃圾无害化处理率还不到 20%。根据 2007 年的统计数据，我国每年城市生活垃圾产生量为 1.52 亿 t，处理率为 62%，其中填埋处理达到 80% 左右。

（3）垃圾资源化回收率（3 分）

评分标准：本指标为相对指标，如果某年城市生活垃圾资源化率比上一年增加 3 个百分点（包括以上）则得 3 分，比上一年增加 2 个百分点（包括以上）则得 2 分，比上一年增加 1 个百分点（包括以上）则得 1 分，与上一年的城市生活垃圾资源化率持平甚至更低则得 0 分。

指标解释：

将城市垃圾进行无害化、减量化、资源化处理利用已经成为各级政府保护环境的重要任务之一，处理利用的技术经过国际、国内几十年的实践和完善已基本成熟。垃圾回收再利用有三种基本方法：1）直接回收，如啤酒瓶、酱油瓶等；2）循环利用，如纸、塑料、金属、玻璃等；3）综合利用，如生活垃圾中的有机物可用于堆肥，经处理后用来发电。把废弃物变成资源不仅防止了垃圾的二次环境污染，而且为社会作出了贡献，使垃圾真正成为"放错了位置的资源"。据有关调查资料显示，我国生活垃圾所产生的热量为 5t 垃圾相当于 1t 标煤。通过先进的工艺将生活垃圾进行焚烧处理，不但能够解决垃圾对环境的污染问题，还能够利用其产生的余热发电和供热，符合国家可再生能源利用和建设资源集约型社会的政策。

城市生活垃圾资源化率：城市生活垃圾资源化量占城市生活垃圾清运量的比重。计算公式为：

$$城市生活垃圾资源化率=\frac{城市生活垃圾资源化量}{城市生活垃圾清运量}\times100\%$$

2. 地震类垃圾收运处置系统

地震等自然灾害在短期内导致数量巨大的废墟及废物产生，对环境和人体健康形成严重威胁。因此灾后废墟清理和废物管理，是灾后重建过程中环境保护工作的重要组成部分。地震灾害发生后垃圾产生有以下特点：

（1）数量庞大。地震灾害具有突发性特点，在城市人口的密集地区，数量巨大的城市垃圾在短时间内剧增。据新华社北京 2008 年 5 月 18 日关于中国地震局地段现场安评小组的报告，汶川县有 80%～90% 房屋倒塌，如以汶川县 10 万人口计，人均产生 20t 建筑垃圾的话，全县便有 200 万 t 垃圾产生，相当于阪神地震的 1/10。阪神地震后，仅转运坍塌在主干道附近的垃圾就用了一个月的时间，加上次干道、支路上的共进行了 3 个月，整个处理工作进行了 18 个月。按照汶川县现有条件保守估计处理工作至少需要 3～6 个月的时间（图 5-2）。

（2）构成复杂。废墟中以地震中遭到破坏的建筑材料、树木、植被、巨石等各类型的建筑垃圾为主，另外还有生产生活设备、震后应用各类生活用品、营救用具等，甚至遇难者的遗体。这些全都混合在一起，垃圾的有效分类收集成为决定整个处理工作成败的关键。

（3）处理过程繁琐。构成复杂直接导致处理过程繁琐，相对于日常生活、生产垃圾，震后城市垃圾，特别是建筑垃圾的处理过程非常繁琐。既要进行建筑评估，针对不同受损情况进行加固或拆迁，还要将不同性质的垃圾进行分类、搬运、临时储存，在指定地点选择不同的处理方式进行处理，同时还要注意防止垃圾对土壤、水源和空气的污染。

为确保灾区建筑垃圾处理工作有力、有序、有效地开展，及时清运、妥善处理地震灾区建筑垃圾，在清理建筑垃圾过程中保护国家、集体和个人财产，避免疾病传播和有毒有害物质扩散，促进建筑垃圾在灾后重建中的资源化利用，住房城乡建设部 2008 年 5 月颁布了《地震灾区建筑垃圾处理技术导则》《灾后废墟清理及废物管理指南（试行）》，本章所涉及评价指标来源就根据此导则或指南

中所规定的相关事项，通过考察被评地区是否具有以下几类工作内容的预案进行
打分：

图 5-2　汶川地震后以建筑垃圾为主体的废墟

评分标准：地震类垃圾收运处置工作包括以下多个方面，每个方面中又包括
诸多措施，制定了详细和具有当地特色的工作措施的得 2 分，具备基本工作方案
的得 1 分，没有相关方案的得 0 分。

指标解释：

（1）预防措施能力（2分）

如对于工业企业，特别是危险化学品生产、使用单位，危险废物利用处置单
位、尾矿坝等，采取转移、检修或加固等防范措施，防止污染事故发生。详细内
容可包括：

1）编制灾区建筑垃圾处理实施计划，应由责任部门组织当地相关单位对需
清运处理的损毁建（构）筑物的分布、数量、种类进行调查、评估。

2）预估灾区建筑垃圾量宜以现场测量为准，如无实测资料，或现场难以测
算，可按经验数据估算。

3）应组织相关单位对含有或疑有传染性的生物性污染物、传染性污染源以
及有毒有害危险化学品的损毁建（构）筑物进行申报、记录或风险评价，为分流
清运和单独处理提供依据。

4）对损毁的有保护价值的古建筑和传统民居等，应在文物行政主管部门的
配合下进行详细的登记和评估，以利于在"传统材料、传统工艺、传统形式、传
统功能"的原则下恢复重建。

5）对拟订的回填、堆放、填埋场所的选址、清运处理方案、二次污染控制措施等应进行评估。

（2）清运能力（2分）

要分轻重缓急，优先处理对人体健康和环境威胁大的废物，特别是要及时处置感染性废物及易腐烂废物；要优先处理危险废物和环境敏感区域（如饮用水源地附近、人口聚居地）的废物。详细内容可包括：

1）对损毁建（构）筑物中的生活垃圾，以及生物性污染物、传染性污染源和有毒有害危险化学品等特种垃圾，应在相关部门配合下进行分离后分流，按有关规定和标准及时单独转运、处理。

2）对含有或疑有传染性的生物性污染物、传染性污染源的建筑垃圾，难以分离的，应确定区域范围，在卫生防疫人员指导下进行消毒处理后，送卫生填埋场分区处置。

3）对损毁的有保护价值的古建筑和传统民居等的残件，应在文物行政主管部门的配合下，按照所承载的价值的真实性、完整性和可再利用性进行分类清理，尽可能保留和保护可再利用的、承载传统材料特征和传统工艺信息的构件。

4）清理建筑垃圾时，宜将渣土、废砖瓦、废混凝土、废木材、废钢筋等分类装运，运到处理场所后分类堆放。对于混合装运的建筑垃圾，卸到处理场所后，可由有关部门根据需要分类分拣。

5）清运作业时，应先清运城镇主要道路和拟建过渡安置区域的建筑垃圾，其次为居住区周围、街道和公共场所的建筑垃圾，再逐步清运其他地区坍塌和拆除的建筑垃圾。

6）对涉及国家、集体、居民重要财产的区域，应先以人工清理为主，再机械清运。

7）对大体积的混凝土块等无法直接搬运清理的，可采用工程破碎机械进行破碎。对于难于破碎作业的场所也可采取局部爆破措施。

8）应尽量采用具有密闭或遮盖的大型渣土运输车辆，按指定的时间、地点和路线清运。

（3）环境无害化处理处置能力（3分）

垃圾处理过程中要密切注重对环境的保护，确保城市垃圾的无害化处理。如垃圾焚烧会产生有害污染物，为了防止垃圾焚烧处理过程中对环境的二次污染必须采取严格的措施。建筑垃圾处理处置分为回填利用、暂存堆放和填埋处置等三种方式，详细内容可包括：

1）建筑垃圾回填利用主要用于场地平整、道路路基、洼地填充等。用于场地平整、道路路基的建筑垃圾应根据使用要求破碎后回填利用，用于洼地填充的建筑垃圾可不经破碎直接回填利用。

2）回填建筑垃圾应以渣土、碎石、砖块等建筑垃圾为主。

3）地下水集中供水水源地及补给区不得回填建筑垃圾。

4）建筑垃圾暂存堆场主要利用城镇近郊低洼地或山谷等处建设，条件成熟后，可将建筑垃圾进行资源化利用或转运至填埋场处置。

5）建筑垃圾暂存堆场宜相对集中设置。

6）建筑垃圾暂存堆场应选址在交通方便、距离建筑垃圾产生源较近，近期不会规划使用、库容量满足暂存堆放要求的地区；禁止设置在地下水集中供水水源地及补给区、活动的坍塌地带、风景游览区和文物古迹区。

7）建筑垃圾暂存堆场应包括库区简易防渗、防洪、道路等设施，有条件的场所可预留资源化利用设施用地。

8）建筑垃圾填埋场可以市、县为单位集中设置。

9）建筑垃圾填埋场选址可参照《生活垃圾卫生填埋处理技术规范》（GB 50869—2013），宜选择在自然低洼地势的山谷（坳）、采石场废坑等交通方便、运距合理、土地利用价值低、地下水贫乏的地区；填埋库容应保证服务区域内损毁的建筑垃圾和灾后重建的建筑垃圾填埋量。

10）建筑垃圾填埋场应配备计量、防渗、防洪、排水、道路等设施和推铺、洒水降尘等设备。根据需要，可设置资源化利用设施。

11）建筑垃圾填埋场填满后的封场要求参照《生活垃圾卫生填埋场封场技术规范》（GB 51220—2017）的相关规定执行。

（4）资源化利用能力（2分）

如各类生活用品、电器、报废汽车、建筑废物都有可能进行循环利用。详细内容可包括：

1）建筑垃圾中的可再生资源主要包括渣土、废砖瓦、废混凝土、废木材、废钢筋、废金属构件等。

2）建筑垃圾资源化利用应做到因地制宜、就地利用、经济合理、性能可靠。为保证短时间内消纳大量建筑垃圾，灾区建筑垃圾利用应优先考虑就近回填利用以及简单、实用的再生利用方式。

3）对可再利用的、损毁的有保护价值的古建筑和传统民居等的结构构件、维护构件，特别是装饰构件，应按原工艺、原功能施用于重建的建（构）筑物原位置上。

4）应根据灾区建筑垃圾的基本材性、价值特征、可利用的种类和数量，合理确定建筑垃圾再生利用技术和途径，便于在当地推广应用。

5）建筑垃圾资源化处理设施宜附设于建筑垃圾填埋场或建筑垃圾暂存堆场；如确需单独选址建设资源化处理设施，应尽可能靠近建筑垃圾填埋场。

（5）二次污染控制能力（3分）

1）灾区建筑垃圾在清运、回填、暂存或填埋过程中应采取必要的措施防止二次污染。

2）应将建筑垃圾与其他垃圾进行分流，去除建筑垃圾中的生活垃圾和特种垃圾，以减少建筑垃圾处理场所的二次污染。

3）建筑垃圾处理作业时，应根据需要进行消毒处理。对混有生活垃圾的建筑垃圾处理场还应进行杀虫、灭鼠处理。

4）建筑垃圾分类分拣作业场地应洒水喷淋，以减少扬尘的产生和污染。

5）废物混合后，将增加处理成本和环境污染的风险。因此，要尽可能实现分类清理和管理，特别是将废墟中的危险废物清理出来后分类处置。

四、电力能源供应系统评价指标

1. 电力系统

城市供电应急管理一方面属于城市总体应急管理中的一部分，也是城市总体应急联动系统中的一个组成部分。另一方面从电力行业管理角度来划分，城市供电应急管理也属于电力系统应急管理中的一个组成部分。因此，在实际管理中可由城市供电企业牵头建立城市供电应急处理系统（图5-3）。该系统与城市应急联动指挥中心系统相连，供电企业负责电网内部的应急处理和应急管理事务；城市应急管理部门负责应急信息发布、稳定社会治安、调配应急所需的人力、物力资源等。

欧美等发达国家在研究建立城市供电应急管理和能力评估方面起步较早。以美国为例，其成立有专门的国家应急管理署（FEMA）。该部门围绕减灾、应急准备、应急反应和灾后恢复重建4个流程，对各个行业的应急管理都作出了规定和要求。在能源电力方面，FEMA专门制定了大面积突发停电事故的应急评价和管理措施。其他国家如英国、日本、俄罗斯均从本国的实际情况出发，成立了事务应急管理部门，制定了关于能源电力方面的应急管理和评估流程；并针对电力系统的运行特点，研究了相应的应急能力评价指标体系和防灾减灾技术。

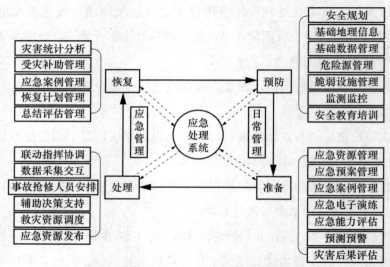

图 5-3 城市供电应急处理系统基本构架

目前，我国针对城市供电应急管理和能力评价的研究还处在起步阶段，需要尽快建立城市供电应急管理机制和完善相应的配套政策、法规。国内许多地区，如北京、上海、广州的供电企业也从自身应急管理的需求出发，初步建立了各自城市供电应急管理系统，对城市供电应急处理和应急管理进行了有益的探索。但目前这些系统还缺乏统一管理规范和标准，需尽早构建起横向互通及纵向互联的应急信息管理平台，尤其是建立城市电网供电应急能力的评价体系。作为原国务院应急管理办公室的课题研究成果，周孝信院士曾提出"城市供电应急能力评价体系"，主要由外部危机因素风险评价、高危用户和重要用户供电安全需求评价、城市电网网络的供电应急能力评价和供电企业应急管理水平评价等四个方面构成，但没有提出具体计算或赋值方法。

评分标准：本章根据 2008 年 6 月 25 日国务院批转发展改革委、电监会的《关于加强电力系统抗灾能力建设若干意见》文件，提出如下一系列指标，其评分方法为，给被评城市开展以下工作的情况进行工作项打分，开展了一项工作则计 0.5 分。

指标解释：

（1）电力抗灾规划能力（4 分）

1）电力建设要坚持统一规划的原则，统筹考虑水源、煤炭、运输、土地、环境以及电力需求等各种因素，处理好电源与电网、输电与配电、城市与农村、电力内发与外供、一次系统与二次系统的关系，合理布局电源，科学规划电网。

2）电力规划要充分考虑自然灾害的影响，在低温雨雪冰冻、地震、洪水、台风等自然灾害易发地区建设电力工程，要充分论证、慎重决策。要根据电力资源和需求的分布情况，优化电源电网结构布局，合理确定输电范围，实施电网分层分区运行和无功就近平衡。要科学规划发电装机规模，适度配置备用容量，坚持电网、电源协调发展。

3）电源建设要与区域电力需求相适应，分散布局，就近供电，分级接入电网。鼓励以清洁高效为前提，因地制宜、有序开发建设小型水力、风力、太阳能、生物质能等电站，适当加强分布式电站规划建设，提高就地供电能力。结合西部地区水电开发和负荷增长，积极推进"西电东送"，根据煤炭、水资源分布情况，合理实施煤电外送。进一步优化火电、水电、核电等电源构成比例，加快核电和可再生能源发电建设，缓解煤炭生产和运输压力。

4）受端电网和重要负荷中心要多通道、多方向输入电力，合理控制单一通道送电容量，要建设一定容量的支撑电源，形成内发外供、布局合理的电源格局。重要负荷中心电网要适当规划配置应对大面积停电的应急保安电源，具备特殊情况下"孤网运行"和"黑启动"能力。充分发挥热电联产机组对受端电网的支撑作用，鼓励在热负荷条件好的地区建设背压型机组或大型燃煤抽凝式热电联产机组，严禁建设凝汽式小火电机组。

5）电力设施选址要尽量避开自然灾害易发区和设施维护困难地区。电网输电线路要尽可能避免跨越大江大河、湖泊、海域和重要运输通道，确实无法避开的要采取相应防范措施。同一方向的重要输电通道要尽可能分散走廊，减少同一自然灾害易发区内重要输电通道的数量。

6）加强区域、省内主干网架和重要输电通道建设，提高相互支援能力。位于覆冰灾害重地区的输电线路，要具备在覆冰期大负荷送电的能力。位于洪水灾害易发地区的输电线路，要对杆塔基础采取防护加固措施。必须穿越地震带等地质环境不安全地区的输电线路，要对杆塔及其基础采取抗震防护措施。

7）加强电力规划管理，促进输电网与配电网协调发展。国家电力主管部门负责全国电力规划工作，组织编制330kV以上和重点地区电网发展规划；省级电力主管部门根据国家电力规划，组织编制220kV以下电网规划并报国家电力主管部门备案。

8）地方各级人民政府在制定当地国民经济发展规划、城乡总体规划和土地利用总体规划时，要为电网建设预留合适的输电通道和变电站站址，统一规划城市管线走廊，协调解决电网建设中的问题。

（2）电力抗灾技术能力（3分）

1）科学确定电网设施设防标准。对骨干电源送出线路、骨干网架及变电站、重要用户配电线路等重要电力设施，要在充分论证的基础上，适当提高设防标准。对跨越主干铁路、高等级公路、河流航道、其他输电线路等重要设施的局部线路，以及位于自然灾害易发区、气候条件恶劣地区和设施维护困难地区的局部线路，要适当提高设防标准。结合城市建设和经济发展，鼓励城市配电网主干线路采用入地电缆。

2）气象、地震、环保、国土和水利等部门要将与电网安全相关的数据纳入日常监测范围，及时调整自然灾害判定标准和划分自然灾害易发区，加强监测预报，提高灾害预测和预警能力。电网企业要会同气象等部门在自然灾害易发区的输电走廊设立观测点，统一观测标准，积累并共享相关资料。

3）电网企业、发电企业、电力施工企业和设备制造企业要高度重视工程建设质量管理，认真执行国家质量管理的有关规定，健全安全保障体系。有关部门要加强电力施工质量监管，确保材料、设备、工程质量和施工安全。

4）发展改革、科技、财政、金融等有关部门要研究制定相应政策，鼓励企业和科研机构加大电力抗灾、救灾的科研投入，加快电力抗灾新技术、新产品的开发和推广应用。

5）鼓励加快抵御自然灾害技术的研究，加强新型防冰雪、防污染涂料和新型导地线、绝缘材料等新技术和新产品的研究开发与推广应用。进一步优化杆塔、金具等电网设施设计，合理匹配元器件强度，提高电网设施防强风、防冰冻、抗震减振等抗灾能力。

6）鼓励研究和推广输电设施在线监测、实时预警、故障测距和应急保护等技术，逐步推广应用破冰、融冰等除冰技术和专用工具，推广应用杆塔高效抢修技术和工具，提高电网设施的安全监测和应急抢修能力。

（3）电力抗灾管理能力（4分）

1）按照统一指挥、分工负责、预防为主、保证重点的原则，建立政府领导、部门协作、电力监管机构监管、企业为主、用户积极配合的电力应急预警系统和电力抗灾体系，做好灾害防范、应急救助和灾后恢复重建工作。

2）地方各级人民政府负责制定完善本地区防灾预案，研究确定当地重要用户范围和应对自然灾害的供电序位。要压缩高耗能、高排放和产能过剩行业用电，优先保证医院、矿山、学校、广播电视、通信、铁路、交通枢纽、供水供气供热、金融机构等重要用户和居民生活电力供应。

3）电力企业要根据本地区灾害特点，建立健全电力抗灾预警系统，形成与气象、防汛、地质灾害预防等有关部门的信息沟通和应急联动机制；要充分发挥电力设计、施工队伍在电力应急抢险中的作用，加强抢险救灾物资储备和应急抢险能力建设。

4）电网企业要针对灾害可能造成的电网大面积停电、电网解列、"孤网运行"等情况，制定和完善电网"黑启动"等应急处置预案。在灾害性天气多发季节，电网应急保安电源要做好应急启动和"孤网运行"的准备。

5）发电企业在灾害性天气多发季节和法定长假到来之前，要提前做好燃料储备、设备维护等工作。燃煤电厂存煤要达到设计要求，调峰调频水电厂水库蓄水要满足应急需求。燃料生产、销售、运输部门要积极支持和配合发电企业做好燃料储备工作。

6）电力施工企业要配备应急抢修的必要机具，加强施工人员培训，提高安全防护和应急抢修能力。

7）医院、矿山、广播电视、通信、交通枢纽、供水供气供热、金融机构等重要用户，应自备应急保安电源，妥善管理和保养相关设备，储备必要燃料，保障应急需要。

8）有关方面要认真贯彻落实《国家突发公共事件总体应急预案》和《国家处置电网大面积停电事件应急预案》，定期组织联合应急演练，采取多种形式加强防灾减灾的教育培训，增强抵御自然灾害的意识和能力。

2. 燃气系统

评分标准：根据住房城乡建设部《城市供气系统重大事故应急预案》相关内容，燃气系统防灾减灾能力评价包括以下几个方面，其评分方法为：给被评城市是否开展以下工作的情况进行工作项打分，开展了一项工作则计 1 分。

指标解释：

（1）日常预防和预警能力（3分）

1）信息监测。县级以上人民政府建设行政主管部门负责城市供气系统运行的监测、预警工作。确定信息监测方法与程序，建立信息来源与分析、常规数据监测，风险分析与分级等制度。

2）信息报告。按照早发现、早报告、早处置的原则，明确影响范围、信息渠道、时限要求、审批程序、监督管理、责任制等。

3）预警预防行动。县级以上人民政府建设行政主管部门在城市供气系统运行的监测、预警工作中应明确预警预防方式、方法、渠道以及对燃气设施日常维护、安全检查等制度的监督检查措施、信息交流与通报、新闻和公众信息发布程序。

（2）应急响应程序执行力（3分）

1）迅速采取有效措施，组织抢救，防止事态扩大。

2）服从指挥部统一部署和指挥，了解掌握事故情况，协调组织抢险救灾和调查处理等事宜，并及时报告事态趋势及状况。

3）严格保护事故现场；迅速派人赶赴事故现场，负责维护现场秩序和证据收集工作；因人员抢救、防止事态扩大、恢复生产以及疏通交通等原因，需要移动现场物件的，应当做好标志，采取拍照、摄像、绘图等方法详细记录事故现场原貌，妥善保存现场重要痕迹、物证。

（3）应急保障能力（3分）

1）指挥保障能力。城市供气系统重大事故应急协调指挥地点设在住建厅。住建厅办公室应指定专门场所并建设相应的设施，满足决策、指挥和对外应急联络的需要。基本功能包括：接受、显示和传递城市供气系统事故信息，为专家咨询和应急决策提供依据；接受、传递省级、市级供气系统应急组织应急响应的有关信息；为城市供气系统重大事故应急指挥与有关部门的信息传输提供条件。

2）通信保障能力。逐步建立完善以住建厅城市供气系统重大事故应急响应为核心的通信系统，并建立相应的通信能力保障制度，以保证应急响应期间指挥小组同省政府领导、市州级、县（市）级应急组织、供气单位和应急后援单位通信联络的需要。应急响应通信能力不足时，住建厅报请省政府决定，请工信息厅组织协调基础电信运营企业，采取紧急措施给予支持。

3）物资保障能力。根据本预案规定的职责分工，指挥小组成员单位应准备好各种必要的应急支援力量与物资器材，以保证应急响应时能及时调用，提供支援。

五、城市邮电通信系统评价指标

1. 通信系统自我防护能力

我国政府对信息系统的安全工作一贯重视。2003年，中共中央办公厅、国务院办公厅转发了《国家信息化领导小组关于加强信息安全保障工作的意见》（中办发〔2003〕27号），要求各基础信息网络和重要信息系统建设要充分考虑抗毁性与灾难恢复，制定和不断完善信息安全应急处置预案；加强信息安全应急支援服务队伍建设，鼓励社会力量参与灾难备份系统建设和提供技术服务，提高信息安全应急响应能力。为了贯彻落实27号文件要求，2005年4月，原国务院信息化工作办公室下发了《重要信息系统灾难恢复指南》，为灾难恢复工作提供了一个操作性较强的规范性文件。

评分标准：根据住房城乡建设部相关文件内容，建立以下评价指标，其评分方法为：给被评城市是否开展以下工作的情况进行工作项打分，每项指标共计3分，被评城市未开展相关工作得0分，已开展部分实质性工作得1分，已基本建立相关工作体系得 2 分，已建立了相对完备的体系并具体工作扎实的得 3 分 [注：（1）指标加第四个级别，3 年内未出现信息安全事故的得 4 分]。

指标解释：

（1）信息安全技术防护能力（4 分）

随着技术的飞速发展，数据库的应用十分广泛，深入到各个领域，但随之而来产生了数据的安全问题。各种应用系统的数据库中大量数据的安全问题、敏感数据的防窃取和防篡改问题，越来越引起人们的高度重视。数据库系统作为聚集体，是计算机信息系统的核心部件，其安全性至关重要，关系到企业兴衰、成败。因此，如何有效地保证数据库系统的安全，实现数据的保密性、完整性和有效性，已经成为业界人士探索研究的重要课题之一。

数据库系统的安全除依赖自身内部的安全机制外，还与外部网络环境、应用环境、从业人员素质等因素息息相关，因此，从广义上讲，数据库系统的安全框架可以划分为三个层次：网络系统层次、宿主操作系统层次、数据库管理系统层次。这三个层次构筑成数据库系统的安全体系，与数据安全的关系是逐步紧密的，防范的重要性也逐层加强，从外到内、由表及里保证数据的安全（图 5-4）。

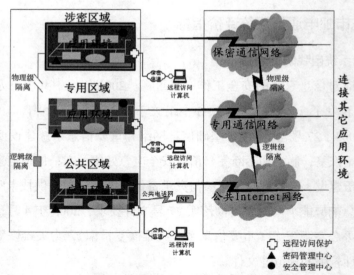

图 5-4　信息安全技术防护框架

（2）灾难备份中心建设情况（3 分）

灾难备份中心是一个拥有备份系统与场地，配备了专职人员，建立并制定了一系列运行管理制度、数据备份策略和灾难恢复程序，可以承担灾难恢复任务的机构。它可以保证在发生计算机系统灾难后，远离灾难现场的地方重新组织系统运行和恢复运行的过程。一是保护数据的完整性，使业务数据损失最少甚至没有业务数据损失。二是快速恢复运行，使业务停顿时间最短甚至不中断业务。

（3）信息安全法规标准执行情况（3分）

从20世纪90年代初起，为配合信息安全管理的需要，国家、相关部门、行业和地方政府相继制定了《中华人民共和国计算机信息网络国际联网管理暂行规定》《互联网信息服务管理办法》《计算机信息网络国际联网安全保护管理办法》《计算机病毒防治管理办法》《互联网电子公告服务管理规定》《软件产品管理办法》《电信网间互联管理暂行规定》等有关信息安全管理的法律法规文件。

为了更好地推进我国信息安全管理工作，公安部主持制定、国家质量技术监督局发布了《计算机信息系统　安全保护等级划分准则》（GB 17859—1999），并引进了国际上著名的《ISO 17799：2000信息安全管理实施准则》《BS 7799-2：2002：信息安全管理体系实施规范》、《信息技术　安全技术　信息技术安全评估准则》（GB/T 18336—2015）、《SSE-CMM：系统安全工程能力成熟度模型》等信息安全管理标准。信息安全标准化委员会设置了10个工作组，其中信息安全管理工作组负责对信息安全的行政、技术、人员等管理提出规范要求及指导指南，它包括信息安全管理指南、信息安全管理实施规范、人员培训教育及录用要求、信息安全社会化服务管理规范、信息安全保险业务规范框架和安全策略要求与指南。

2. 通信系统抗灾能力

在我国发生的重特大灾害已经表明，将应急任务的重担压在基础电信网络上是不可靠的。大型自然灾害会很轻易地破坏基础电信网络的运营条件，这种破坏的方向、程度、恢复难度等都是随机的，无法及时应对的。所以必须建设全国性的减灾应急通信网，基于此网来实现各种灾害条件下对通信的最终保证。

这个减灾救援的应急通信网，将是一个分层次立体式多业务的应急通信网，具备多种业务功能和多种灵活机动的通信手段，以保证各个层次的应急通信要求。具体评价内容包括以下评价指标。

评分标准：给被评城市是否开展以下工作的情况进行工作项打分，每项指标共计 3 分——被评城市未开展相关工作得 0 分，已开展部分实质性工作得 1 分，已基本建立相关工作体系得 2 分，已建立了相对完备的体系并具体工作扎实的得 3 分［注：（1）指标中"四网一车"都已具备实体并正常运作的得 4 分］。

指标解释：

（1）基础设施支撑能力（4 分）

主要是"四网一车"的应急通信基础设施建设：

1）一个覆盖全国的固定应急通信专网。它比基础电信网络具有更强的抗毁性，可以保证在一般灾害中正常运转，在特大灾害前能快速收集灾害信息，在平常传递应急数据。

2）一个覆盖全国的卫星通信应急专用网。向建设天地一体的、全球覆盖的通信方式过渡，可以采用固定站、移动站、便携站等形式。发挥卫星通信不受地域、时间、气候限制和使用方便、业务灵活丰富等优势，迅速沟通灾区与外围的通信联络。全国各级应急管理机构都加入到该网中，平时可以划分业务子网，关键时候可以重新划分紧急业务网，以协同进行应急处置。

3）一个覆盖全国的专用数据采集网。灾害监测监控是每一个灾种都需要的，可以建设一个覆盖全国的、可用于各种灾种的数据采集网，各业务种类的数据采集均可方便地利用该网进行与本专业有关的数据采集，为监测监控和预测预警提供及时可靠的数据源。

4）一个覆盖全国的无线应急通信网。利用短波超短波不受地面线路限制的优点，建立短波和超短波应急通信网，利用先进的无线电组网技术和设备，实现基于无线网的多种业务应用，保证在真正应急情况下的通信联络。

5）建立各级各型应急通信车，以移动灵活方式实现对现场通信手段的补充和提升。如移动基站车、集群基站车、微波通信车、应急指挥车等，综合的应急通信车上可以配置 VSAT、IDR、INMARSAT、GPRS/CDMA、定位与文传系统、全球星等多种通信手段，为现场指挥部提供实用的通信联络手段（图 5-5）。

（2）应急通信手段的协同管理能力（3 分）

做好各种通信手段和通信要素之间的互联互通，使平时不同部门、不同序列的救援队在关键任务期间能够根据应急指挥部的要求进行互联互通，集中指挥，协同作战。

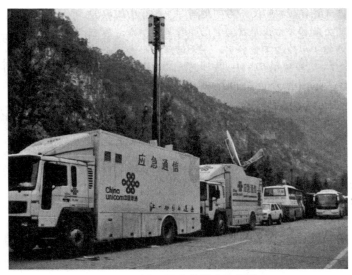

图 5-5 通过卫星中继的应急通信车

（3）终端设备便捷支持能力（3分）

终端设备的小型化、实用化、傻瓜化也是应急现场通信的一个重要因素。在汶川大地震中之所以海事卫星发挥了重要的作用，一方面是因为海事卫星的性质就是应急救援和远程支持，另一方面就是其易用性，小型化的终端，只需电池就可支撑工作。

六、城市园林绿化系统评价指标

分析评价防灾避难绿地是一个十分复杂的问题，涉及多层次、多目标，不同区域、气候、灾害种类诸多因素。

评分标准：每项指标共计3分——被评城市未开展相关工作得0分，已开展部分实质性工作得1分，已基本建立相关工作体得2分（注：个别指标中，已建立了相对完备的体系并具体工作扎实的得3分）。

指标解释：

1. 绿地灾前防御能力

灾前防御绿地具有很强的灾害针对性：

（1）生物防火功能（2分）

生物防火绿地的设置，主要是为了形成有效的城市延烧遮断带，从而有效地对城市火灾进行防御与减灾，使得城市大火局部化，从而保证生命、财产安全和城市机能的正常发挥。公园绿地、道路和河川都是通过生物防火绿地的设置形成良好延烧遮断带的重要元素。由此可见，城市大型绿地边界、道路附属绿地和河川两岸是设置生物防火绿地的良好选址。

（2）防风固沙功能（2分）

防风固沙绿地宜设置在北方沙漠化地区，以阻止沙漠对城市的不断吞噬，并有效减低沙尘暴对城市的不利影响。具体的选址应该根据沙漠危害城市的方向与地理位置来确定。

（3）水源涵养功能（2分）

水源涵养绿地可以设置在城市水库、流经城市的主要河流两岸、城市主要取水口、城市地下水储备区等，以保证这些城市的水之源头能正常运转。除此之外，水源涵养绿地还可以运用在丘陵和山岳型城市内，通过在城市中的自然山体的陡坡上设置水源涵养绿地，能有效地防止泥石流、山坡滑体、落石伤人等城市灾害和伤害事故的出现。

2. 绿地灾时避难疏散能力

（1）服务半径指标（3分）

避难疏散和恢复重建绿地服务范围的确定考虑避难人员的承受能力和人员的流动需求，宜以周围的或邻近的居民委员会和单位划界，这样便于防灾公园的管理与有组织的疏散。但应考虑河流、铁路等的分割以及避震疏散道路的安全状况。

参照国内外相关经验，一般来说：

1）作为紧急避难生活绿地的防灾绿地，服务半径500m左右，步行大约10min之内可以到达。

2）作为固定避难生活绿地的防灾绿地，服务半径宜在1～2km，步行大约1h之内可以到达。

3）作为中心避难生活绿地的防灾绿地，服务半径可适当扩大至2～3km，步行大约2h之内可以到达。

（2）人均有效避难面积（2分）

作为紧急避难生活绿地的防灾绿地，考虑以人站立时所需的面积，人均有效避难面积应至少 1m^2。有条件的可以在 lm^2 以上。

作为固定避难生活绿地的防灾绿地，考虑人睡眠时所需的面积，并且要满足避灾人员一定的生活活动空间需求，应该至少 2m^2。

作为中心避难生活绿地的防灾绿地，考虑避难人员一定的生活空间需求和长期性，人均有效避难面积应至少 2m^2。

（3）避难疏散绿地的规模（3分）

应急避难绿地的规模除满足避难安全有效面积以外，还要满足抵御火灾的要求，一般把绿地附近发生的火灾分为三种情况：1）四周被火包围；2）两边被火包围；3）一边被火包围。

根据日本关东、阪神大地震的经验，避难地的规模与大火的形状见表 5-2。

避难疏散绿地的规模与火灾　　　　　　　　　　　　　　　　　　　表 5-2

避难地的大火形状	50hm^2 以上	25hm^2 以上	10hm^2 以上
四面火	基本没问题	必须采取措施	可能有问题
两面火	没问题	基本没问题	必须采取措施
一面火	没问题	没问题	基本没问题

因此，根据我国实情，借鉴日本的经验。在我国：

1）临时避难生活绿地的规模一般不小于 1 hm^2，考虑至少容纳 500 人，包括城市居民附近的小公园、小花园、专业绿地。

2）固定避难生活绿地的规模应在 10 hm^2 以上，短边在 300m 以上，包括面积较大，能容纳较多人的城市公园。

3）中心避难生活绿地的规模应在 50 hm^2 左右，短边在 300m 以上，主要包括大型的城市公园或郊野公园。

如果公园的面积不够 10 hm^2，和周边的公共设施及其他设施的面积算在一起也可以，但公园的有效总面积必须满足应急避难的需求。

3. 绿地灾后辅助重建能力

灾后恢复重建绿地的主要功能与设置的目的是为了形成灾后暂时性的仓储性的城市绿地空间，所以物资堆放对于灾后恢复重建绿地来说，是一个最重要的功能。而物资的存储，对于场地来说，自然有着自身特殊的要求。

（1）地形与排水功能（2分）

恢复重建绿地的地形设计除了应该满足普通城市绿地的设计标准外，重点要考虑物资堆放空间的地表排水问题，确保这些区域的排水通畅，保证物资有着一个干燥、安全的堆放空间。

同时，为物资的堆放与运输安全，场地内不应出现较大的陡坡，根据目前国内外的经验，这个绿地的坡度应该控制在30°以内，对于堆放物资的局部空间，更是应该控制在5°～10°以内，以防堆放物资出现倾斜、坍塌，导致伤人事故。

（2）物资运输与消防通道功能（2分）

为了防止救灾、建设和临时生活物资在储存中发生火灾，形成二次灾害，除了在绿地中要设置必要的消防设施和水源之外，消防通道的设置也是必不可少的，必须参照城市消防、防灾等规范设计绿地内的主要车行道，使其兼有灾时消防、物资运输等功能。

绿地内的主要园路应具有引导的作用，易于识别方向。与物资堆放点相连的园路应该要做到通畅、便于集散的设计要求，道路宽度不应小于7.5m。必要时应该要设置环形道路和回车场地。

（3）集散场地功能（2分）

恢复重建绿地还需要有一定面积的集散场地，包括了停车场、物资运输、物资集散等场地。各集散场地的有效使用面积不应该小于500m²。

各集散场地内的植物配置应以草坪和低矮灌木为主，不得有高大乔木。场地的铺装应根据集散、活动、演出、赏景、休憩等城市绿地日常使用的功能和要求来设计，但考虑到物资堆放的要求，在对定位为灾后恢复重建绿地的城市防灾绿地进行规划和改造时，应该有较集中和一定规模的硬质场地存在。

（4）防火隔离带功能（2分）

防火隔离带的设置，能有效防止火灾热辐射对恢复重建绿地内的物资存放产生危害。通过防止、延缓火灾蔓延，能减轻堆放物品倒塌或落物造成的灾害。

防火隔离带要根据绿地周边潜在火灾源的情况设置，隔离带的宽度宜在30m以上，并且采用合理的栽种方式，才能保证树林带的遮蔽效果。绿地四周都存在火灾威胁时，其四周应全部栽植防火树林带。

第四节　指标权重确定方法与数值打分方法

确定好城市防灾减灾能力评价指标体系之后，首先采用层次分析法 AHP（Analytic Hierarchy Process）确定各个指标的权重；然后用专家判断法对具体案例城市中的各种指标进行评分，最后得出最终统一的分值。

一、层次分析法

层次分析法具有有效结合定性判断和定量计算的优点。运用层次分析法分析问题时，可分为四步进行：首先要分析系统中各因素之间的关系，建立系统的递阶层次结构；对同一层次的各元素关于上一层次中某一准则的重要性进行两两比较，构造两两比较判断矩阵；由判断矩阵计算被比较元素对于该准则的相对权重；计算各层元素对系统目标的合成权重并进行排序。

1. 建立层次结构模型

用 AHP 分析问题，首先要把问题条理化、层次化，构造层次分析的结构模型。层次分析结构模型通常由 3 层构成。最高层中只有 1 个元素，一般是分析问题的预定目标或理想结果，因此又称目标层；中间层包括了为实现目标所涉及的中间环节，它可由若干个层次组成，包括所需要考虑的准则和子准则，因此又称为准则层；最底层表示为实现目标可供选择的各种措施、决策、方案等，因此又称为措施层或方案层。

2. 构造判断矩阵

判断矩阵表示对于上一层次某个元素、本层次有关元素的相对重要性。对评价指标体系中的每一层次各因素的相对重要性用数值形式给出判断并写成矩阵的形式，见表 5-3。

判断矩阵

表 5-3

B	C_1	C_2	……	C_n
C_1	C_{11}	C_{12}	……	C_{1n}
C_2	C_{21}	C_{22}	……	C_{2n}

......	......	......	......	......
C_n	C_{n1}	C_{n2}	......	C_{nn}

矩阵 C_{ij} 表示相对于 B_k 而言，C_i 和 C_j 的相对重要性，通常取 1，2，……，9 及它们的倒数作为标度，其标度的含义，见表 5-4。

标度的含义 表 5-4

标度	含义
1	两指标相比，具有同等重要程度
3	两指标相比，1 个指标比另 1 个指标稍微重要
5	两指标相比，1 个指标比另 1 个指标明显重要
7	两指标相比，1 个指标比另 1 个指标强烈重要
9	两指标相比，1 个指标比另 1 个指标极端重要
2，4，6，8	取上述两相邻的中值

任何判断矩阵都应满足 $C_{ii} = 1$。

$$C_{ij} = 1/C_{ji} \qquad (i, j = 1, 2, ……, n)$$

在此判断矩阵中的各元素的重要性比较根据笔者对该项目的了解进行评分。

3. 单一准则下元素相对权重计算

根据 n 个元素对于准则 B 的判断矩阵 C，求出它们对于 B 的相对权重，并判断矩阵 C 的一致性后，相对权重的计算才用方根法，将判断矩阵 C 的各个向量采用几何平均，然后归一化，得到列向量就是权重向量，计算公式为公式（5-1）。

$$\omega = \frac{\left(\prod_{j=1}^{n} c_{ij}\right)^{1/n}}{\sum_{k=1}^{n}\left(\prod_{j=1}^{n} c_{kj}\right)^{1/n}} \qquad (5-1)$$

还必须进行一致性检验。

对判断矩阵的一致性检验的步骤如下：

（1）计算一致性指标 CI，如公式（5-2）。

$$CI = \frac{\lambda_{\max} - n}{n - 1} \qquad (5-2)$$

为了检验一致性必须计算矩阵的最大特征根 $\lambda_{\max}$，见公式（5-3）。

$$\lambda_{\max}=\frac{1}{n}\sum_{i=1}^{n}\frac{(C\omega)_i}{\omega_i}=\frac{1}{n}\sum_{i=1}^{n}\frac{\sum_{j=1}^{n}c'_{ij}\omega_j}{\omega_i} \qquad (5\text{-}3)$$

式中（$C\omega$）$_i$ 表示向量 $C\omega$ 的第 i 个分量。

（2）查找相应的平均随机一致性指标 RI。对 $n=1\cdots\cdots9$，Saaty 给出了 RI 的值，见表5-5。

RI 值　　　　　　　表5-5

n	1	2	3	4	5	6	7	8	9
RI	0	0	0.58	0.90	1.12	1.24	1.32	1.41	1.45

（3）计算一致性比例 CR，如公式（5-4）。

$$CR=\frac{CI}{RI} \qquad (5\text{-}4)$$

当 $CR<0.10$ 时，认为判断矩阵的一致性是可以接受的，否则应对判断矩阵作适当修正。

4. 层次总排序及一致性检验

上面得到的仅仅是一组元素对其上一层中某元素的权重向量，而最终是要得到各元素对于总目标的相对权重，特别是最底层中各因素对于目标的排序权重，即"合成权重"，从而进行方案选择，合成排序权重的计算要自上而下，将单准则的权重进行合成，并逐层进行总的判断一致性检验。

假定一家算出第 $k-1$ 层上 n_{k-1} 个元素相对于总目标的权重向量 $\omega^{(k-1)}$，第 k 层上 n_k 个元素对第 $k-1$ 层上第 j 个元素为准则的权重向量 $p_j^{(k)}$，其中不受 j 支配的元素的权重为 0。令 $P^{(k)}$ 为 $n_k\times n_{k-1}$ 矩阵，表示 k 层上元素对 $k-1$ 层上各元素的排序，那么第 k 层上元素对总目标的合成权重向量 $\omega^{(k)}$ 由下式（5-5）给出：

$$\omega^{(k)}=[\omega_1^{(k)},\omega_2^{(k)},\ldots\ldots,\omega_{nk}^{(k)}]^T=P^{(k)}\omega^{(k-1)} \qquad (5\text{-}5)$$

一致性检验同理可求，由公式（5-6）求出：

$$CI^{(k)}=[CI_1^{(k)}\cdots\cdots CI_{nk-1}^{(k)}]\omega^{(k-1)}$$
$$RI^{(k)}=[RI_1^{(k)}\cdots\cdots RI_{nk-1}^{(k)}]\omega^{(k-1)}$$

$$CR^{(k)} = RI^{(k)} / RI^{(k)} \qquad\qquad (5\text{-}6)$$

当 $CR^{(k)} < 0.1$ 时，认为层次总排序结果具有较满意的一致性并接受该分析结果。

二、专家判断法

1. 专家判断法介绍

（1）特点

1）利用专家的知识和经验作价值判断。

2）既可以作出定性评价，也可以对难以用数学模型定量化的因素作出定量、半定量的评价。

3）可以包括不同领域内的专家，充分发挥专家集体的智慧。

（2）基本原则

1）匿名性。

2）循环和有控制的反馈征询意见。

3）对征询意见结果做统计处理，集中专家集体意见。

（3）专家的选择

1）依据评价目的、评价对象和评价要求选择专家。

2）专家人数视评价内容和评价规模而定。

3）专家应在评价领域工作多年。

4）专家知识和能力结构要合理。

（4）工作程序

1）问题的设计。

2）选择评价组成员。

3）征询分多轮进行。

4）统计反馈。

5）意见集中一致中止反馈。

2. 专家判断法的计算过程

（1）方案排序

（2）专家意见集中程度

用方案的算术平均值来衡量，由式（5-7）得出。

$$\overline{C_j}=\frac{1}{m_j}\sum_{i=1}^{m_j}C_{ij}$$ （5-7）

式中　$\overline{C_j}$——j 方案算术平均值；

　　　m_j——参与 j 方案评价的专家数；

　　　C_{ij}——i 专家对 j 方案的评分值。

（3）专家意见协调程度

1）求第 j 方案评价结果的变异系数，由式（5-8）得出。

$$V_j=\frac{S_j}{C_j}$$ （5-8）

式中　V_j——第 j 方案评价的变异系数；

　　　S_j——第 j 方案评价的标准差，按下式（5-9）计算。

$$S_j=\sqrt{\frac{1}{m_j-1}\sum_{i=1}^{m_j}(C_{ij}-\overline{C_j})^2}$$ （5-9）

2）计算专家意见协调系数

计算第 j 方案的评价等级和，如式（5-10）。

$$R_j=\sum_{i=1}^{m_j}r_{ij}$$ （5-10）

式中　R_j——j 方案评价等级和；

　　　r_{ij}——i 专家对 j 方案的评价等级。

计算全部方案评价等级和的算术平均值，由式（5-11）得出。

$$\overline{R}=\frac{1}{n}\sum_{i=1}^{n}R_j$$ （5-11）

计算第 j 方案评价等级和与全部方案评价等级和算术平均值的离差，由式（5-12）得出。

$$d_j=R_j-\overline{R}$$ （5-12）

式中　d_j——离差。

计算离差平方和，由式（5-13）得出。

$$\sum_{j=1}^{n}d_j^2=\sum_{j=1}^{n}(R_j-\overline{R})^2 \qquad (5\text{-}13)$$

计算协调系数 W，由式（5-14）得出。

$$W=\frac{\sum_{j=1}^{n}d_j^2}{(\sum_{j=1}^{n}d_j^2)_{max}} \qquad (5\text{-}14)$$

式中 $(\sum_{j=1}^{n}d_j^2)_{max}$——最大离差平方和。

当专家就各方案没有给出相同评价值时，最大离差平方和可由式（5-15）计算得出。

$$(\sum_{j=1}^{n}d_j^2)_{max}=\frac{1}{12}m^2(n^3-n) \qquad (5\text{-}15)$$

式中 n——方案数；

m——专家人数。

此时，专家意见协调系数可由式（5-16）计算。

$$W=\frac{12}{m^2(n^3-n)}\sum_{j=1}^{n}d_j^2 \qquad (5\text{-}16)$$

第五节　城市防灾减灾能力评价的发展方向和建议

目前我国城市灾害应急能力普遍较为薄弱，且很多城市都还没有注重对城市灾害应急能力评价体系的建设，想从根本上解决城市灾害应急能力的薄弱问题，目前急需的就是要建立起科学、规范、系统及完整的城市灾害应急能力评价指标体系。本文的研究可以为城市灾害管理起到指导作用，同时还可以逐步完善城市灾害管理内容和提高政府部门的灾害管理水平。下一步的发展方向和建议有：

一、探讨量化计算、实证校核等问题

选择实例进行运算，利用各指标的原始数据，对所选城市的防灾减灾能力进

行评价，进行城市防灾减灾能力评价模型的实地应用。

二、建议长期完善成为国家级标准得以广泛应用

经过一定阶段的深入研究之后，完善城市防灾减灾能力评价方法，编制"城市防灾减灾能力评价软件"。

建立起国家级标准的城市防灾减灾能力评价体系，并在全国大面积推广。

通过法律或行政手段，把城市防灾减灾能力评价纳入到地方政府绩效考评中，作为衡量地方政府能力的准则之一，以强化各级政府的防灾减灾意识，切实提高城市防灾减灾能力。

三、指标选取和计算方法上的逐步改进

城市灾害应急能力的评价指标体系是城市灾害管理中的一个重要内容，其评价方法有多种，本文在研究方法上只是一种尝试，此外，在指标选取方面也还存在许多不足的地方，还有待进一步完善和改进。

第六章　城市综合防灾标准与技术支撑

第一节　城市综合防灾分类标准

一、安全事故与自然灾害的分类

1. 市政公用设施运营安全

（1）在城市轨道交通经营活动中，由各种因素引起的，造成人员伤亡，或者导致经济损失，严重影响社会运行秩序的安全事故。包括交通安全、火灾等安全事故。

（2）在燃气的生产、输送、使用过程中，由于燃气管道等燃气设施发生泄漏，引起中毒或爆炸，造成人员伤亡，或者导致经济损失，严重影响社会运行秩序的安全事故。在燃气的开采、生产、加工、处理、输送过程中，由于供气气质指标严重超标造成人员伤亡，或者导致经济损失，严重影响社会运行秩序的安全事故。

（3）在城市供水系统运行阶段，由各种因素引起的，造成人员伤亡，或者导致经济损失，严重影响社会运行秩序的安全事故。包括城市供水系统因各种原因造成的水质重大污染或严重不符合《生活饮用水卫生标准》等。

（4）在城市排水和污水处理系统运行阶段，由各种因素引起的，造成人员伤亡，或者导致经济损失，严重影响社会运行秩序的安全事故。包括城市排水设施中沼气等易燃易爆和有毒有害气体爆炸或大规模扩散等。

（5）城市生活垃圾因沼气引发爆炸、火灾，因暴雨等引起滑坡，或因突发流行、传染病疫情引起大规模污染，造成人员伤亡，或者导致经济损失，严重影响社会运行秩序的安全事故。

2. 建设工程施工安全

在房屋建筑（包括农房）和市政基础设施新建、扩建、改建、拆除活动中，因施工组织设计、技术方案、防护或操作不符合强制性标准和有关规定，造成人员伤亡或者深基础支护、土方开挖边坡失稳，致使周边建筑物、构筑物倒塌、毁坏、倾斜，隧道、桥梁塌陷，道路损坏，管线断裂，导致经济损失，严重影响社会秩序的安全事故。

3. 工程全生命周期质量安全

（1）在建或已竣工房屋建筑（包括农房）、市政基础设施和地下空间工程，因工程勘察、设计、施工质量不符合工程建设标准，引起建筑物、构筑物坍塌、倾斜，造成人员伤亡，或者对周边工程造成严重威胁，导致经济损失，严重影响社会秩序的安全事故。

（2）在房屋建筑使用阶段，由于所有权人、管理人、使用人对房屋建筑的非正常使用，或者对其损坏没有进行必要的修缮而造成人员伤亡，或者对周边工程造成严重威胁，导致经济损失，严重影响社会秩序的安全事故。包括内外建筑设备安装和建筑装饰装修施工破坏主体结构、任意加层、加装设备超过设计荷载、屋面积雪清理不及时、改变房屋使用用途等原因造成建筑物坍塌、损毁等。

（3）在城市市政桥梁隧道运行阶段，由于自然力或人为破坏以及管理不善等造成桥梁隧道损毁、塌陷、坍塌而造成人员伤亡，或者导致经济损失，严重影响社会运行秩序的安全事故。包括：因撞击、运输车辆有害物质泄漏、爆炸、挖沙取土等造成城市市政桥梁隧道损毁、塌陷、坍塌等情况。

（4）斜坡（包括高切坡）防护工程因工程勘察、设计、施工质量不符合工程建设标准，表面、支挡结构、排水系统的缺陷，汛期雨水较集中等因素造成滑塌从而造成人员伤亡，或者导致经济损失，严重影响社会秩序的安全事故。

4. 自然灾害

地震、台风、暴雨等自然灾害引起房屋建筑和市政桥梁的倒塌、破坏以及市政基础设施停止运营服务等。

二、安全事故等级划分标准

（1）特大安全事故一次死亡30人以上，或者一次造成直接经济损失人民币1亿元以上，或者造成特别严重社会影响的安全事故。

（2）重大安全事故一次死亡 10 人以上、30 人以下，或者一次造成直接经济损失人民币 5000 万元以上、1 亿元以下，或者造成严重社会影响的安全事故。

（3）一般安全事故：造成一次死亡 3 人以上、10 人以下，或者一次造成直接经济损失人民币 500 万元以上、5000 万元以下，或者造成较严重社会影响的安全事故。

三、地震灾害分级标准

按照《国家地震应急预案》分为特别重大地震灾害、重大地震灾害、较大地震灾害、一般地震灾害 4 个等级。

（1）特别重大地震灾害是指造成人员死亡 300 人以上，或直接经济损失占该省、自治区、直辖市上年国内生产总值 1% 以上的地震；发生在人口较密集地区 7.0 级以上地震，可初判为特别重大地震灾害。

（2）重大地震灾害，是指造成人员死亡 50 ～ 300 人，并造成一定的经济损失的地震；发生在人口较密集地区 6.5 ～ 7.0 级地震，可初判为重大地震灾害。

（3）较大地震灾害是指造成人员死亡 20 ～ 50 人，并造成一定的经济损失的地震发生在人口较密集地区 6.0 ～ 6.5 级地震，可初判为较大地震灾害。

（4）一般地震灾害是指造成人员死亡 1 ～ 20 人，并造成一定的经济损失的地震发生在人口较密集地区 5.5 ～ 6.0 级地震，可初判为一般地震灾害。

第二节　城市综合防灾相关标准

目前，城市综合防灾的技术标准体系尚未建立，但是无论在规划、设计、施工、管理环节，还是使用运营过程中，都有一些对防灾的具体安排与要求，或体现为综合防灾要求，或体现为某一方面的强制性内容。在抗震减灾方面，颁布了《建筑工程抗震设防分类标准》《构筑物抗震设计规范》《城市抗震防灾规划标准》《建筑抗震鉴定标准》及《建筑抗震加固技术规程》等；在火灾安全方面，制定了《建筑设计防火规范》《人民防空工程设计防火规范》《建筑内部装修设计防火规范》等；在防洪减灾方面，制定了《防洪标准》《堤防工程设计规范》《灌溉与排水工程设计规范》《城市防洪工程设计规范》等；在防治地质灾害方面，制定了《岩土工程勘察规范》等国家标准，标准的制定中都总结借鉴了国内外抗御各类灾害的实践经验。

一、规划设计中关于防灾的标准规范

1.《城市居住区规划设计标准》（GB 50180—2018）中防灾要求

该标准自 2018 年 12 月 1 日起实施，其中第 3.0.2、4.0.2、4.0.3、4.0.4、4.0.7、4.0.9 条为强制性条文，必须严格执行。涉及居住区地段选择等。

1.0.3 城市居住区规划设计应遵循创新、协调、绿色、开放、共享的发展理念，营造安全、卫生、方便、舒适、美丽、和谐以及多样化的居住生活环境。

3 基本规定

3.0.2 居住区应选择在安全、适宜居住的地段进行建设，并应符合下列规定：

1 不得在有滑坡、泥石流、山洪等自然灾害威胁的地段进行建设；

2 与危险化学品及易燃易爆品等危险源的距离，必须满足有关安全规定；

3 存在噪声污染、光污染的地段，应采取相应的降低噪声和光污染的防护措施；

4 土壤存在污染的地段，必须采取有效措施进行无害化处理，并应达到居住用地土壤环境质量的要求。

3.0.3 居住区规划设计应统筹考虑居民的应急避难场所和疏散通道，并应符合国家有关应急防灾的安全管控要求。

3.0.7 居住区应有效组织雨水的收集与排放，并应满足地表径流控制、内涝灾害防治、面源污染治理及雨水资源化利用的要求。

2.《镇规划标准》（GB 50188—2007）中减灾内容

11 防灾减灾规划

11.1.1 防灾减灾规划主要应包括消防、防洪、抗震防灾和防风减灾的规划。

11.1.2 镇的防灾减灾规划应依据县域或地区防灾减灾规划的统一部署进行规划。

11.2.2 消防安全布局应符合下列规定：

1 生产和储存易燃、易爆物品的工厂、仓库、堆场和储罐等应设置在镇区边缘或相对独立的安全地带；

2 生产和储存易燃、易爆物品的工厂、仓库、堆场、储罐以及燃油、燃气供应站等与居住、医疗、教育、集会、娱乐、市场等建筑之间的防火间距不应小于50m；

3 现状中影响消防安全的工厂、仓库、堆场和储罐等应迁移或改造，耐火等级低的建筑密集区应开辟防火隔离带和消防车通道，增设消防水源。

11.2.6 镇区应设置火警电话。特大、大型镇区火警线路不应少于两对，中、小型镇区不应少于一对。

镇区消防站应与县级消防站、邻近地区消防站，以及镇区供水、供电、供气等部门建立消防通信联网。

11.3.6 易受内涝灾害的镇，其排涝工程应与排水工程统一规划。

11.3.7 防洪规划应设置救援系统，包括应急疏散点、医疗救护、物资储备和报警装置等。

11.4.4 生命线工程和重要设施，包括交通、通信、供水、供电、能源、消防、医疗和食品供应等应进行统筹规划，并应符合下列规定：

1 道路、供水、供电等工程应采取环网布置方式；

2 镇区人员密集的地段应设置不同方向的四个出入口；

3 抗震防灾指挥机构应设置备用电源。

11.4.5 生产和贮存具有发生地震的次生灾害源，包括产生火灾、爆炸和溢出剧毒、细菌、放射物等单位，应采取以下措施：

1 次生灾害严重的，应迁出镇区和村庄；

2 次生灾害不严重的，应采取防止灾害蔓延的措施；

3 人员密集活动区不得建有次生灾害源的工程。

11.5.4 易形成台风灾害地区的镇区规划应符合下列规定：

1 滨海地区、岛屿应修建抵御风暴潮冲击的堤坝；

2 确保风后暴雨及时排除，应按国家和省、自治区、直辖市气象部门提供的年登陆台风最大降水量和日最大降水量，统一规划建设排水体系；

3 应建立台风预报信息网，配备医疗和救援设施。

3.《乡镇集贸市场规划设计标准》（CJJ/T 87—2000）中减灾内容

6.2.5 集贸市场的场地应做好竖向设计，保证雨水顺利排出。场地内的道路、给排水、电力、电讯、防灾等的规划设计应符合国家现行有关标准的规定。

7.2 市场设施规划设计

7.2.1 摊棚设施分为临时摊床和固定摊棚。摊棚设施的规划设计应符合下列规定：

（1）摊棚设施规划设计指标宜符合表 7.2.1 的规定；

（2）应符合国家现行的有关卫生、防火、防震、安全疏散等标准的有关规定；

（3）应设置供电、供水和排水设施。

7.2.2 商场建筑分为柜台式和店铺式两种布置形式。商场建筑的规划设计应符合下列规定：

（1）应符合国家现行标准《商店建筑设计规范》（JGJ 48）等的有关规定；

（2）每一店铺均应设置独立的启闭设施；

（3）每一店铺均应分别配置消防设施，柜台式商场应统一设置消防设施；

（4）宜设计为多层建筑，以利节约用地。

7.2.3 坐商街区以及附有居住用房或生产用房的营业性建筑的规划设计，应符合下列规定：

（1）应符合镇区规划，充分考虑周围条件，满足经营交易、日照通风、安全防灾、环境卫生、设施管理等要求；

（2）应合理组织人流、车流、对外联系顺畅，利于消防、救护、货运、环卫等车辆的通行；

（3）地段内应采用暗沟（管）排除地面水；

（4）应结合市场设施，购物休憩和景观环境的要求，充分利用街区内现有的绿化，规划公共绿地和道路绿地。公共绿地面积不小于市场用地的 4%。

4.《城市综合交通体系规划标准》（GB/T 51328—2018）中减灾内容

此标准自 2019 年 3 月 1 日起实施。其中规定：

3 基本规定

3.0.10 城市综合交通体系规划必须符合城市防灾减灾的要求。

12 城市道路

12.1.2 城市道路系统规划应结合城市的自然地形、地貌与交通特征，因地制宜进行规划，并应符合以下原则：

1 与城市交通发展目标相一致，符合城市的空间组织和交通特征；

2 道路网络布局和道路空间分配应体现以人为本、绿色交通优先，以及窄马路、密路网、完整街道的理念；

3 城市道路的功能、布局应与两侧城市的用地特征、城市用地开发状况相协调；

4 体现历史文化传统，保护历史城区的道路格局，反映城市风貌；

5 为工程管线和相关市政公用设施布设提供空间；

6 满足城市救灾、避难和通风的要求。

12.9.1 承担城市防灾救援通道的道路应符合下列规定：

1 次干路及以上等级道路两侧的高层建筑应根据救援要求确定道路的建筑退线；

2 立体交叉口宜采用下穿式；

3 道路宜结合绿地与广场、空地布局；

4 7度地震设防的城市每个疏散方向应有不少于2条对外放射的城市道路；

5 承担城市防灾救援的通道应适当增加通道方向的道路数量。

二、关于建筑抗震救灾的标准规范

2008年7月30日，我国实施《建筑工程抗震设防分类标准》（GB 50223—2008）。其中第1.0.3、3.0.2、3.0.3条为强制性条文，必须严格执行。此标准由中国建筑科学研究院会同有关的设计、研究和教学单位对《建筑工程抗震设防分类标准》（GB 50223—2004）进行修订而成。本次修订继续保持1995年版和2004年版的分类原则：鉴于所有建筑均要求达到"大震不倒"的设防目标，对需要比普通建筑提高抗震设防要求的建筑控制在较小的范围内，并主要采取提高抗倒塌变形能力的措施。修订后本标准共有8章。主要修订内容如下：（1）调整了分类的定义和内涵。（2）特别加强对未成年人在地震等突发事件中的保护。

（3）扩大了划入人员密集建筑的范围，提高了医院、体育场馆、博物馆、文化馆、图书馆、影剧院、商场、交通枢纽等人员密集的公共服务设施的抗震能力。
（4）增加了地震避难场所建筑、电子信息中心建筑的要求。（5）进一步明确本标准所列的建筑名称是示例，未列入本标准的建筑可按使用功能和规模相近的示例确定其抗震设防类别。

其主要内容有基本规定、防灾救灾建筑、基础设施建筑、公共建筑和居住建筑、工业建筑、仓库类建筑。

1.0.3 抗震设防区的所有建筑工程应确定其抗震设防类别。

新建、改建、扩建的建筑工程，其抗震设防类别不应低于本标准的规定。

3 基本规定

3.0.1 建筑抗震设防类别划分，应根据下列因素的综合分析确定：

1 建筑破坏造成的人员伤亡、直接和间接经济损失及社会影响的大小。

2 城镇的大小、行业的特点、工矿企业的规模。

3 建筑使用功能失效后，对全局的影响范围大小、抗震救灾影响及恢复的难易程度。

4 建筑各区段的重要性有显著不同时，可按区段划分抗震设防类别。下部区段的类别不应低于上部区段。

5 不同行业的相同建筑，当所处地位及地震破坏所产生的后果和影响不同时，其抗震设防类别可不相同。

注：区段指由防震缝分开的结构单元、平面内使用功能不同的部分或上下使用功能不同的部分。

3.0.2 建筑工程应分为以下四个抗震设防类别：

1 特殊设防类：指使用上有特殊设施，涉及国家公共安全的重大建筑工程和地震时可能发生严重次生灾害等特别重大灾害后果，需要进行特殊设防的建筑。简称甲类。

2 重点设防类：指地震时使用功能不能中断或需尽快恢复的生命线相关建筑，以及地震时可能导致大量人员伤亡等重大灾害后果，需要提高设防标准的建筑。简称乙类。

3 标准设防类：指大量的除1、2、4款以外按标准要求进行设防的建筑。

简称丙类。

4 适度设防类：指使用上人员稀少且震损不致产生次生灾害，允许在一定条件下适度降低要求的建筑。简称丁类。

3.0.3 各抗震设防类别建筑的抗震设防标准，应符合下列要求：

1 标准设防类，应按本地区抗震设防烈度确定其抗震措施和地震作用，达到在遭遇高于当地抗震设防烈度的预估罕遇地震影响时不致倒塌或发生危及生命安全的严重破坏的抗震设防目标。

2 重点设防类，应按高于本地区抗震设防烈度一度的要求加强其抗震措施；但抗震设防烈度为9度时应按比9度更高的要求采取抗震措施；地基基础的抗震措施，应符合有关规定。同时，应按本地区抗震设防烈度确定其地震作用。

3 特殊设防类，应按高于本地区抗震设防烈度提高一度的要求加强其抗震措施；但抗震设防烈度为9度时应按比9度更高的要求采取抗震措施。同时，应按批准的地震安全性评价的结果且高于本地区抗震设防烈度的要求确定其地震作用。

4 适度设防类，允许比本地区抗震设防烈度的要求适当降低其抗震措施，但抗震设防烈度为6度时不应降低。一般情况下，仍应按本地区抗震设防烈度确定其地震作用。

注：对于划为重点设防类而规模很小的工业建筑，当改用抗震性能较好的材料且符合抗震设计规范对结构体系的要求时，允许按标准设防类设防。

4 防灾救灾建筑

4.0.1 本章适用于城市和工矿企业与防灾和救灾有关的建筑。

4.0.2 防灾救灾建筑应根据其社会影响及在抗震救灾中的作用划分抗震设防类别。

4.0.3 医疗建筑的抗震设防类别，应符合下列规定：

1 三级医院中承担特别重要医疗任务的门诊、医技、住院用房，抗震设防类别应划为特殊设防类。

2 二、三级医院的门诊、医技、住院用房，具有外科手术室或急诊科的乡镇卫生院的医疗用房，县级及以上急救中心的指挥、通信、运输系统的重要建筑，县级及以上的独立采供血机构的建筑，抗震设防类别应划为重点设防类。

3　工矿企业的医疗建筑，可比照城市的医疗建筑示例确定其抗震设防类别。

4.0.4　消防车库及其值班用房，抗震设防类别应划为重点设防类。

4.0.5　20 万人口以上的城镇和县及县级市防灾应急指挥中心的主要建筑，抗震设防类别不应低于重点设防类。

工矿企业的防灾应急指挥系统建筑，可比照城市防灾应急指挥系统建筑示例确定其抗震设防类别。

4.0.6　疾病预防与控制中心建筑的抗震设防类别，应符合下列规定：

1　承担研究、中试和存放剧毒的高危险传染病病毒任务的疾病预防与控制中心的建筑或其区段，抗震设防类别应划为特殊设防类。

2　不属于 1 款的县、县级市及以上的疾病预防与控制中心的主要建筑，抗震设防类别应划为重点设防类。

4.0.7　作为应急避难场所的建筑，其抗震设防类别不应低于重点设防类。

5　基础设施建筑

5.1　城镇给水排水、燃气、热力建筑

5.1.2　城镇和工矿企业的给水、排水、燃气、热力建筑，应根据其使用功能、规模、修复难易程度和社会影响等划分抗震设防类别。其配套的供电建筑，应与主要建筑的抗震设防类别相同。

5.1.3　给水建筑工程中，20 万人口以上城镇、抗震设防烈度为 7 度及以上的县及县级市的主要取水设施和输水管线、水质净化处理厂的主要水处理建（构）筑物、配水井、送水泵房、中控室、化验室等，抗震设防类别应划为重点设防类。

5.1.4　排水建筑工程中，20 万人口以上城镇、抗震设防烈度为 7 度及以上的县及县级市的污水干管（含合流），主要污水处理厂的主要水处理建（构）筑物、进水泵房、中控室、化验室，以及城市排涝泵站、城镇主干道立交处的雨水泵房，抗震设防类别应划为重点设防类。

5.1.5　燃气建筑中，20 万人口以上城镇、县及县级市的主要燃气厂的主厂房、贮气罐、加压泵房和压缩间、调度楼及相应的超高压和高压调压间、高压和

次高压输配气管道等主要设施，抗震设防类别应划为重点设防类。

5.1.6 热力建筑中，50万人口以上城镇的主要热力厂主厂房、调度楼、中继泵站及相应的主要设施用房，抗震设防类别应划为重点设防类。

5.2 电力建筑

5.2.3 电力调度建筑的抗震设防类别，应符合下列规定：

1 国家和区域的电力调度中心，抗震设防类别应划为特殊设防类。

2 省、自治区、直辖市的电力调度中心，抗震设防类别宜划为重点设防类。

5.2.4 火力发电厂（含核电厂的常规岛）、变电所的生产建筑中，下列建筑的抗震设防类别应划为重点设防类：

1 单机容量为300MW及以上或规划容量为800MW及以上的火力发电厂和地震时必须维持正常供电的重要电力设施的主厂房、电气综合楼、网控楼、调度通信楼、配电装置楼、烟囱、烟道、碎煤机室、输煤转运站和输煤栈桥、燃油和燃气机组电厂的燃料供应设施。

2 330kV及以上的变电所和220kV及以下枢纽变电所的主控通信楼、配电装置楼、就地继电器室；330kV及以上的换流站工程中的主控通信楼、阀厅和就地继电器室。

3 供应20万人口以上规模的城镇集中供热的热电站的主要发配电控制室及其供电、供热设施。

4 不应中断通信设施的通信调度建筑。

5.3 交通运输建筑；

5.3.7 城镇交通设施的抗震设防类别，应符合下列规定：

1 在交通网络中占关键地位、承担交通量大的大跨度桥应划为特殊设防类；处于交通枢纽的其余桥梁应划为重点设防类。

2 城市轨道交通的地下隧道、枢纽建筑及其供电、通风设施，抗震设防类别应划为重点设防类。

5.4 邮电通信、广播电视建筑

5.4.3 邮电通信建筑的抗震设防类别，应符合下列规定：

1 国际出入口局、国际无线电台，国家卫星通信地球站，国际海缆登陆站，抗震设防类别应划为特殊设防类。

2 省中心及省中心以上通信枢纽楼、长途传输一级干线枢纽站、国内卫星通信地球站、本地网通枢纽楼及通信生产楼、应急通信用房，抗震设防类别应划为重点设防类。

3 大区中心和省中心的邮政枢纽，抗震设防类别应划为重点设防类。

5.4.4 广播电视建筑的抗震设防类别，应符合下列规定：

1 国家级、省级的电视调频广播发射塔建筑，当混凝土结构塔的高度大于250m或钢结构塔的高度大于300m时，抗震设防类别应划为特殊设防类；国家级、省级的其余发射塔建筑，抗震设防类别应划为重点设防类。国家级卫星地球站上行站，抗震设防类别应划为特殊设防类。

2 国家级、省级广播中心、电视中心和电视调频广播发射台的主体建筑，发射总功率不小于200kW的中波和短波广播发射台、广播电视卫星地球站、国家级和省级广播电视监测台与节目传送台的机房建筑和天线支承物，抗震设防类别应划为重点设防类。

6 公共建筑和居住建筑

6.0.1 本章适用于体育建筑、影剧院、博物馆、档案馆、商场、展览馆、会展中心、教育建筑、旅馆、办公建筑、科学实验建筑等公共建筑和住宅、宿舍、公寓等居住建筑。

6.0.2 公共建筑，应根据其人员密集程度、使用功能、规模、地震破坏所造成的社会影响和直接经济损失的大小划分抗震设防类别。

6.0.3 体育建筑中，规模分级为特大型的体育场，大型、观众席容量很多的中型体育场和体育馆（含游泳馆），抗震设防类别应划为重点设防类。

6.0.4 文化娱乐建筑中，大型的电影院、剧场、礼堂、图书馆的视听室和报告厅、文化馆的观演厅和展览厅、娱乐中心建筑，抗震设防类别应划为重点设防类。

6.0.5 商业建筑中，人流密集的大型的多层商场抗震设防类别应划为重点设防类。当商业建筑与其他建筑合建时应分别判断，并按区段确定其抗震设防类别。

6.0.6 博物馆和档案馆中，大型博物馆，存放国家一级文物的博物馆，特级、甲级档案馆，抗震设防类别应划为重点设防类。

6.0.7 会展建筑中，大型展览馆、会展中心，抗震设防类别应划为重点设防类。

6.0.8 教育建筑中，幼儿园、小学、中学的教学用房以及学生宿舍和食堂，抗震设防类别应不低于重点设防类。

6.0.9 科学实验建筑中，研究、中试生产和存放具有高放射性物品以及剧毒的生物制品、化学制品、天然和人工细菌、病毒（如鼠疫、霍乱、伤寒和新发高危险传染病等）的建筑，抗震设防类别应划为特殊设防类。

6.0.10 电子信息中心的建筑中，省部级编制和贮存重要信息的建筑，抗震设防类别应划为重点设防类。

国家级信息中心建筑的抗震设防标准应高于重点设防类。

6.0.11 高层建筑中，当结构单元内经常使用人数超过8000人时，抗震设防类别宜划为重点设防类。

6.0.12 居住建筑的抗震设防类别不应低于标准设防类。

7 工业建筑

7.1 采煤、采油和矿山生产建筑

7.1.3 采煤生产建筑中，矿井的提升、通风、供电、供水、通信和瓦斯排放系统，抗震设防类别应划为重点设防类。

7.1.4 采油和天然气生产建筑中，下列建筑的抗震设防类别应划为重点设防类：

1 大型油、气田的联合站、压缩机房、加压气站泵房、阀组间、加热炉建筑。

2 大型计算机房和信息贮存库。

3 油品储运系统液化气站，轻油泵房及氮气站、长输管道首末站、中间加压泵站。

4 油、气田主要供电、供水建筑。

7.1.5 采矿生产建筑中，下列建筑的抗震设防类别应划为重点设防类：

1 大型冶金矿山的风机室、排水泵房、变电、配电室等。

2 大型非金属矿山的提升、供水、排水、供电、通风等系统的建筑。

7.2 原材料生产建筑

7.2.3 冶金工业、建材工业企业的生产建筑中，下列建筑的抗震设防类别应划为重点设防类：

1 大中型冶金企业的动力系统建筑，油库及油泵房，全厂性生产管制中心、通信中心的主要建筑。

2 大型和不容许中断生产的中型建材工业企业的动力系统建筑。

7.2.4 化工和石油化工生产建筑中，下列建筑的抗震设防类别应划为重点设防类：

1 特大型、大型和中型企业的主要生产建筑以及对正常运行起关键作用的建筑。

2 特大型、大型和中型企业的供热、供电、供气和供水建筑。

3 特大型、大型和中型企业的通讯、生产指挥中心建筑。

7.2.5 轻工原材料生产建筑中，大型浆板厂和洗涤剂原料厂等大型原材料生产企业中的主要装置及其控制系统和动力系统建筑，抗震设防类别应划为重点设防类。

7.2.6 冶金、化工、石油化工、建材、轻工业原料生产建筑中，使用或生产过程中具有剧毒、易燃、易爆物质的厂房，当具有泄毒、爆炸或火灾危险性时，其抗震设防类别应划为重点设防类。

7.3 加工制造业生产建筑

7.3.1 本节适用于机械、船舶、航空、航天、电子（信息）、纺织、轻工、医药等工业生产建筑。

7.3.2 加工制造工业生产建筑，应根据建筑规模和地震破坏所造成的直接和间接经济损失的大小划分抗震设防类别。

7.3.3 航空工业生产建筑中，下列建筑的抗震设防类别应划为重点设防类：

1 部级及部级以上的计量基准所在的建筑，记录和贮存航空主要产品（如飞机、发动机等）或关键产品的信息贮存所在的建筑。

2 对航空工业发展有重要影响的整机或系统性能试验设施、关键设备所在建筑（如大型风洞及其测试间，发动机高空试车台及其动力装置及测试间，全机电磁兼容试验建筑）。

3 存放国内少有或仅有的重要精密设备的建筑。

4 大中型企业主要的动力系统建筑。

7.3.4 航天工业生产建筑中，下列建筑的抗震设防类别应划为重点设防类：

1 重要的航天工业科研楼、生产厂房和试验设施、动力系统的建筑。

2 重要的演示、通信、计量、培训中心的建筑。

7.3.5 电子信息工业生产建筑中，下列建筑的抗震设防类别应划为重点设防类：

1 大型彩管、玻壳生产厂房及其动力系统。

2 大型的集成电路、平板显示器和其它电子类生产厂房。

3 重要的科研中心、测试中心、试验中心的主要建筑。

7.3.6 纺织工业的化纤生产建筑中，具有化工性质的生产建筑，其抗震设防类别宜按本标准7.2.4条划分。

7.3.7 大型医药生产建筑中，具有生物制品性质的厂房及其控制系统，其抗震设防类别宜按本标准6.0.9条划分。

7.3.8 加工制造工业建筑中，生产或使用具有剧毒、易燃、易爆物质且具有火灾危险性的厂房及其控制系统的建筑，抗震设防类别应划为重点设防类。

7.3.9 大型的机械、船舶、纺织、轻工、医药等工业企业的动力系统建筑应划为重点设防类。

7.3.10 机械、船舶工业的生产厂房，电子、纺织、轻工、医药等工业的其他生产厂房，宜划为标准设防类。

8 仓库类建筑

8.0.3 仓库类建筑的抗震设防类别，应符合下列规定：

1 储存高、中放射性物质或剧毒物品的仓库不应低于重点设防类，储存易燃、易爆物质等具有火灾危险性的危险品仓库应划为重点设防类。

2 一般的储存物品的价值低、人员活动少、无次生灾害的单层仓库等可划为适度设防类。

三、关于火灾自动报警装置的标准规范

1. 《建筑设计防火规范》（GB 50016—2014）部分内容

8.4.1 下列建筑或场所应设置火灾自动报警系统：

1 任一层建筑面积大于1500m^{2}或总建筑面积大于3000m^{2}的制鞋、制衣、玩具、电子等类似用途的厂房；

2 每座占地面积大于1000m^{2}的棉、毛、丝、麻、化纤及其制品的仓库，占地面积大于500m^{2}或总建筑面积大于1000m^{2}的卷烟仓库；

3 任一层建筑面积大于1500m^{2}或总建筑面积大于3000m^{2}的商店、展览、财贸金融、客运和货运等类似用途的建筑，总建筑面积大于500m^{2}的地下或半地下商店；

4 图书或文物的珍藏库，每座藏书超过50万册的图书馆，重要的档案馆；

5 地市级及以上广播电视建筑、邮政建筑、电信建筑，城市或区域性电力、交通和防灾等指挥调度建筑；

6 特等、甲等剧场，座位数超过1500个的其他等级的剧场或电影院，座位数超过2000个的会堂或礼堂，座位数超过3000个的体育馆；

7 大、中型幼儿园的儿童用房等场所，老年人照料设施，任一层建筑面积大于1500m^{2}或总建筑面积大于3000m^{2}的疗养院的病房楼、旅馆建筑和其他儿童活动场所，不少于200床位的医院门诊楼、病房楼和手术部等；

8 歌舞娱乐放映游艺场所；

9 净高大于2.6m且可燃物较多的技术夹层，净高大于0.8m且有可燃物的闷顶或吊顶内；

10 电子信息系统的主机房及其控制室、记录介质库，特殊贵重或火灾危险性大的机器、仪表、仪器设备室、贵重物品库房；

11 二类高层公共建筑内建筑面积大于50m^{2}的可燃物品库房和建筑面积大于500m^{2}的营业厅；

12 其他一类高层公共建筑；

13 设置机械排烟、防烟系统，雨淋或预作用自动喷水灭火系统，固定消防水炮灭火系统、气体灭火系统等需与火灾自动报警系统联锁动作的场所或部位。

注：老年人照料设施中的老年人用房及其公共走道，均应设置火灾探测器和声警报装置或消防广播。

8.4.2 建筑高度大于100m的住宅建筑，应设置火灾自动报警系统。

建筑高度大于 54m 但不大于 100m 的住宅建筑，其公共部位应设置火灾自动报警系统，套内宜设置火灾探测器。

建筑高度不大于 54m 的高层住宅建筑，其公共部位宜设置火灾自动报警系统。当设置需联动控制的消防设施时，公共部位应设置火灾自动报警系统。

高层住宅建筑的公共部位应设置具有语音功能的火灾声警报装置或应急广播。

8.4.3 建筑内可能散发可燃气体、可燃蒸气的场所应设置可燃气体报警装置。

2.《汽车库、修车库、停车场设计防火规范》（GB 50067—2014）部分内容

9.0.7 除敞开式汽车库、屋面停车场外，下列汽车库、修车库应设置火灾自动报警系统

1 Ⅰ类汽车库、修车库；

2 Ⅱ类地下、半地下汽车库、修车库；

3 Ⅱ类高层汽车库、修车库；

4 机械式汽车库；

5 采用汽车专用升降机作汽车疏散出口的汽车库。

3.《博物馆建筑设计规范》（JGJ 66—2015）防灾内容

10.5.4 博物馆建筑的公共安全系统应符合下列规定：

1 应设置火灾自动报警系统和入侵报警系统，并应符合现行国家标准《火灾自动报警系统设计规范》GB 50116 和《入侵报警系统工程设计规范》GB 50394 的相关规定。

4.《铁路旅客车站建筑设计规范》（GB 50226—2017）防灾要求

7.2.3 特大型、大型、国境（口岸）站的贵宾候车室和综合机房、票据库、配电室，国境（口岸）站的联检和易发生火灾危险的房屋，应设置火灾自动报警系统。设有火灾自动报警系统的车站应设置消防控制室。

5.《档案馆建筑设计规范》（JGJ 25—2010）防灾要求

6.0.5 特级、甲级档案馆和属于一类高层的乙级档案馆建筑均应设置火灾自动报警系统。其他乙级档案馆的档案库、服务器机房、缩微用房、音像技术用房、空调机房等房间应设置火灾自动报警系统。

6.《剧场建筑设计规范》(JGJ 57—2016)防灾要求

8.5.1 特等、甲等剧场，座位数超过 1500 座的一等剧场的下列部位应设有火灾自动报警系统：

1 观众厅、观众厅闷顶内、舞台。

2 服装室、布景库、灯光控制室、调光柜室、音响控制室、功放室。

3 发电机房、空调机房。

4 前厅、休息厅、化妆室。

5 栅顶、台仓、疏散通道及剧场中设置雨淋自动喷水灭火系统和机械排烟的部位。

四、建筑电气设计中关于防灾的标准规范

《民用建筑电气设计规范》(JGJ 16—2008)于 2008 年 8 月 1 日实施，其中的防灾内容：

当消防设备的计算负荷大于火灾时切除的非消防设备的计算负荷时，应按消防设备的计算负荷加上火灾时未切除的非消防设备的计算负荷进行计算。

3 供配电系统

3.5.3 当消防设备的计算负荷小于火灾时切除的非消防设备的计算负荷时，可不计入消防负荷。

6 自备应急电源

6.1.1.7 设置在高层建筑内的柴油发电机房，应设置火灾自动报警系统和除卤代烷 1211、1301 以外的自动灭火系统。除高层建筑外，火灾自动报警系统保护对象分级为一级和二级的建筑物内的柴油发电机房，应设置火灾自动报警系统和移动式或固定式灭火装置。

6.1.8.2 为了避免防灾用电设备的电动机同时启动而造成柴油发电机组熄火停机，用电设备应具有不同延时，错开启动时间。重要性相同时，宜先启动容量大的负荷。

6.1.8.3 自启动机组的操作电源、机组预热系统、燃料油、润滑油、冷却水以及室内环境温度等均应保证机组随时启动。水源及能源必须具有独立性，不得受市电停电的影响。

6.1.13.3.7 机房各工作房间的耐火等级与火灾危险性类别应符合表 6.1.13-2 的规定。

机房各工作房间耐火等级与火灾危险性类别　　　表 6.1.13-2

名称	火灾危险性类别	耐火等级
发电机间	丙	一级
控制与配电室	戊	二级
储油间	丙	一级

11　民用建筑物防雷

11.1.1　本章适用于民用建筑物、构筑物的防雷设计，不适用于具有爆炸和火灾危险环境的民用建筑物的防雷设计。

11.1.4　新建建筑物防雷应根据建筑及结构形式与相关专业配合，宜利用建筑物金属结构及钢筋混凝土结构中的钢筋等导体作为防雷装置。

11.1.7　在防雷装置与其他设施和建筑物内人员无法隔离的情况下，装有防雷装置的建筑物，应采取等电位联结。

11.1.8　民用建筑物防雷设计除应符合本规范的规定外，尚应符合现行国家标准《建筑物防雷设计规范》（GB 50057）和《建筑物电子信息系统防雷技术规范》（GB 50343）的规定。

11.2.2　根据现行国家标准《建筑物防雷设计规范》（GB 50057）的规定，民用建筑物应划分为第二类和第三类防雷建筑物。

在雷电活动频繁或强雷区，可适当提高建筑物的防雷保护措施。

11.2.3　符合下列情况之一的建筑物，应划为第二类防雷建筑物：

1　高度超过 100m 的建筑物；

2　国家级重点文物保护建筑物；

3　国家级的会堂、办公建筑物、档案馆、大型博展建筑物；特大型、大型铁路旅客站；国际性的航空港、通信枢纽；国宾馆、大型旅游建筑物；国际港口客运站；

4　国家级计算中心、国家级通信枢纽等对国民经济有重要意义且装有大量电子设备的建筑物；

5　年预计雷击次数大于 0.06 的部、省级办公建筑物及其他重要或人员密集的公共建筑物；

6　年预计雷击次数大于 0.3 的住宅、办公楼等一般民用建筑物。

11.2.4　符合下列情况之一的建筑物，应划为第三类防雷建筑物：

1　省级重点文物保护建筑物及省级档案馆；

2　省级大型计算中心和装有重要电子设备的建筑物；

3　19 层及以上的住宅建筑和高度超过 50m 的其他民用建筑物；

4　年预计雷击次数大于或等于 0.012 且小于或等于 0.06 的部、省级办公建筑物及其他重要或人员密集的公共建筑物；

5　年预计雷击次数大于或等于 0.06 且小于或等于 0.3 的住宅、办公楼等一般民用建筑物；

6　建筑群中最高的建筑物或位于建筑群边缘高度超过 20m 的建筑物；

7　通过调查确认当地遭受过雷击灾害的类似建筑物；历史上雷害事故严重地区或雷害事故较多地区的较重要建筑物；

8　在平均雷暴日大于 15d/a 的地区，高度大于或等于 15m 的烟囱、水塔等孤立的高耸构筑物；在平均雷暴日小于或等于 15d/a 的地区，高度大于或等于 20m 的烟囱、水塔等孤立的高耸构筑物。

13　火灾自动报警系统

13.1.3　下列民用建筑应设置火灾自动报警系统：

1　高层建筑：

1）有消防联动控制要求的一、二类高层住宅的公共场所；

2）建筑高度超过 24m 的其他高层民用建筑，以及与其相连的建筑高度不超过 24m 的裙房。

2　多层及单层建筑：

1）9 层及 9 层以下的设有空气调节系统，建筑装修标准高的住宅；

2）建筑高度不超过 24m 的单层及多层公共建筑；

3）单层主体建筑高度超过 24m 的体育馆、会堂、影剧院等公共建筑；

4）设有机械排烟的公共建筑；

5）除敞开式汽车库以外的Ⅰ类汽车库，高层汽车库、机械式立体汽车库、复式汽车库，采用升降梯作汽车疏散口的汽车库。

3 地下民用建筑：

1）铁道、车站、汽车库（Ⅰ、Ⅱ类）；

2）影剧院、礼堂；

3）商场、医院、旅馆、展览厅、歌舞娱乐、放映游艺场所；

4）重要的实验室、图书库、资料库、档案库。

13.1.4 建筑高度超过250m的民用建筑的火灾自动报警系统设计，应提交国家消防主管部门组织专题研究、论证。

13.1.5 火灾自动报警系统设计，除应符合本规范外，尚应符合现行国家标准《火灾自动报警系统设计规范》（GB 50116）、《高层民用建筑设计防火规范》（GB 50045）、《建筑设计防火规范》（GB 50016）的有关规定。

13.2.1 民用建筑火灾自动报警系统保护对象分级，应根据其使用性质、火灾危险性、疏散和扑救难度等综合确定，分为特级、一级、二级。

13.2.2 系统保护对象分级及报警、探测区域的划分应符合现行国家标准《火灾自动报警系统设计规范》（GB 50116）的规定。

23 电子信息设备机房

23.5.1 机房的耐火等级不应低于建筑主体的耐火等级，消防控制室应为一级。

23.5.2 电信间墙体应为耐火极限不低于1.0h的不燃烧体，门应采用丙级防火门。

23.5.3 机房的消防设施应符合本规范第13章的有关规定。

23.5.4 机房出口应设置向疏散方向开启且能自动关闭的门，并应保证在任何情况下都能从机房内打开。

23.5.5 设在首层的机房的外门、外窗应采取安全措施。

23.5.6 根据机房的重要性，可设警卫室或保安设施。

五、城市快速轨道交通工程中关于防灾的标准规范

《城市轨道交通技术规范》（GB 50490—2009）是以功能和性能要求为基础的全文强制标准，条款以城市轨道交通安全为主线，统筹考虑了卫生、环境保护、资源节约和维护社会公众利益等方面的技术要求。共分8章，包括总则、术

语、基本规定、运营、车辆、限界、土建工程和机电设备。自2009年10月1日起实施，全部条文为强制性条文，必须严格执行。

3 基本规定

3.0.4 城市轨道交通在设计使用年限内，应确保正常使用时的安全性、可靠性、可用性、可维护性的要求。

3.0.6 城市轨道交通应具有消防安全性能，应配备必要的消防设施，应具备乘客和相关人员安全疏散及方便救援的条件。

3.0.7 城市轨道交通应采取有效的防淹、防雪、防滑、防风雨、防雷等防止自然灾害侵害的措施。

3.0.9 供乘客自行操作的设备，应易于识别，并应设在便于操作的位置；当乘客使用或操作不当时，不应导致危及乘客安全和设备正常工作的事件发生。

3.0.15 城市轨道交通的地下工程应兼顾人防要求

3.0.23 在发生故障、事故或灾难的情况下，运营单位应迅速采取有效的措施或依据应急预案进行处置。

3.0.24 既有城市轨道交通达到设计使用年限或遭遇重大灾害后，当需要继续使用时，应进行技术鉴定，并应根据技术鉴定结论进行处理。

4 运营

4.4.1 车辆基地的设置应满足行车、维修和应急抢修需要。

4.4.2 车辆基地应有完善的运输和消防道路，并应有不少于2个与外界道路相连通的出入口；总平面布置、房屋建筑和材料、设备的选用等应满足消防要求。

4.4.3 车辆基地应具备良好的排水系统，并应满足防洪、防淹要求。

4.4.4 车辆基地中的危险品应有单独隔离的存放区域，与其他建筑物的安全距离应满足安全要求。

5 车辆

5.1.1 在车辆寿命周期内，车辆应满足正常运行时的行车安全和人身安全要求，同时应具备故障、事故和灾难情况下方便救援的条件。

5.3.4 当列车发生分离事故时，应能自动实施紧急制动。

5.3.8 列车应设置独立的紧急制动按钮，在牵引制动主手柄上应设置警惕按钮。

5.3.9 当列车一个辅助逆变器丧失供电能力时，剩余列车辅助逆变器的容量应满足涉及行车安全的列车基本负载的供电要求。

5.4.8 车辆上应具备下列应急设施或功能：

1 司机室应至少设置1具灭火器；每个客室应至少设置2具灭火器。

2 地下运行的编组列车，各车辆之间应贯通；当不设置纵向疏散平台时，列车两端应有应急疏散条件和相应设施。

3 与道路交通混行的列车（车辆）应配备警示三角牌。

4 单轨列车的客室车门应配备缓降装置；列车应能实施纵向救援和横向救援。

5 无人驾驶的列车应配备人工操控列车的相关设备。

7 土建工程

7.2.10 轨道路基应具有足够的强度、稳定性和耐久性，并应满足防洪、防涝的要求。

7.3.14 地下工程、出入口通道、风井的耐火等级应为一级；出入口地面建筑、地面车站、高架车站及高架区间结构的耐火等级不应低于二级。

7.3.15 控制中心建筑的耐火等级应为一级；当控制中心与其他建筑合建时，应设置独立的进出通道。

7.3.16 地下车站站台和站厅公共区应划为一个防火分区，其他部位每个防火分区的最大允许使用面积不应大于1500m²；地上车站不应大于2500m²；两个相邻防火分区之间应采用耐火极限不低于3h的防火墙分隔，防火墙上的门应采用甲级防火门。与车站相接的商业设施等公共场所，应单独划分防火分区。

7.3.17 消防专用通道应设置在含有车站控制室等主要管理用房的防火分区内，并应能到达地下车站各层；当地下车站超过3层（含3层）时，消防专用通道应设置为防烟楼梯间。

7.3.18 在地下换乘车站公共区的下列部位，应采取防火分隔措施：

1 上下层平行站台换乘车站：下层站台穿越上层站台时的穿越部分；上、下层站台联络梯处。

2　多线同层站台平行换乘车站：站台与站台之间。

3　多线点式换乘车站：换乘通道或换乘梯。

4　多线换乘车站共用一个站厅公共区，且面积超过单线标准车站站厅公共区面积 2.5 倍时，应通过消防性能化设计分析，采取必要的消防措施。

7.3.19　车站出入口的设置应满足进出站客流和应急疏散的需要，并应符合下列规定：

1　车站应设置不少于 2 个直通地面的出入口。

2　地下一层侧式站台车站，每侧站台不应少于 2 个出入口。

3　地下车站有人值守的设备和管理用房区域，安全出口的数量不应少于 2 个，其中 1 个安全出口应为直通地面的消防专用通道。

4　对地下车站无人值守的设备和管理用房区域，应至少设置一个与相邻防火分区相通的防火门作为安全出口。

5　当出入口同方向设置时，两个出入口间的净距不应小于 10m。

6　竖井爬梯、垂直电梯以及设在两侧式站台之间的过轨联络地道不得作为安全出口。

7　出入口的台阶或坡道末端至道路各类车行道的距离不应小于 3m。

8　地下车站出入口的地坪标高应高出室外地坪，并应满足站址区域防淹要求。

7.3.20　当地下出入口通道长度超过 100m 时，应采取措施满足消防疏散要求。

7.3.21　换乘通道、换乘楼梯（含自动扶梯）应满足预测高峰时段换乘客流的需要；当发生火灾时，设置在该部位的防火卷帘应能自动落下。

7.3.22　两条单线区间隧道之间应设置联络通道，相邻两个联络通道之间的距离不应大于 600m；联络通道内应设置甲级防火门。

7.3.23　当区间隧道设中间风井时，井内或就近应设置直通地面的防烟楼梯。

7.3.24　高架区间疏散通道应符合下列规定：

1　当高架区间利用道床做应急疏散通道时，列车应具备应急疏散条件和相应设施。

2　对跨座式单轨及磁浮系统的高架区间，应设置纵向应急疏散平台。

7.3.25 跨座式单轨系统车站应设置站台屏蔽门；高架车站行车轨道区底部应封闭。

7.3.26 车站的站厅和站台公共区、自动扶梯、自动人行步道和楼梯口、疏散通道及安全出口、区间隧道、配电室、车站控制室、消防泵房、防排烟机房以及在发生火灾时仍需坚持工作的其他房间，应设置应急照明。

7.3.27 车站的站台、站厅公共区、自动扶梯、疏散通道、安全出口、楼梯转角等处应设置灯光或蓄光型疏散指示标志；区间隧道应设置可控制指示方向的疏散指示标志。

7.4.4 当高架结构与公路、铁路立交或跨越河流时，桥下净空应满足相应的行车、排洪、通航的要求。

7.4.7 工程抗震设防烈度应根据相关部门批准的地震安全性评价结果确定。

7.4.8 结构工程应按相关部门批准的地质灾害评价结论，采取相应的措施，确保结构和运营安全。

六、城市地铁设计中关于防灾的标准规范

2014年3月1日实施的《地铁设计规范》（GB 50157—2013）具有以下防灾内容。

1 总则

1.0.19 地铁工程设计应采取防火灾、水淹、地震、风暴、冰雪、雷击等灾害的措施。

1.0.20 地铁工程应设置安防设施。安防设施的设计除应符合本规范的有关规定外，尚应合理设置安全检查设备的接口、监控系统、危险品处理设施，以及相关用房等。

1.0.22 对下穿河流和湖泊等水域的地铁隧道工程，当水下隧道出现损坏水体可能危及两端其他区段安全时，应在隧道下穿水域的两端设置防淹门或采取其他防水淹措施。

3 运营组织

3.3.2 地铁列车必须在安全防护系统的监控下运行。

3.4.5 列车从支线或车辆基地出入线进入正线前应具备一度停车条件，经过

核算不能满足信号安全距离要求时，应设置安全线。

3.5.5 运营管理模式应根据运营状态确定。运营状态应包括正常运营状态、非正常运营状态和紧急运营状态。运营机构应对不同的运营状态制定相应的管理规程和规章制度，并应包括工作流程和岗位责任。

4　车辆

4.1.2 车辆应确保在寿命周期内正常运行时的行车安全和人身安全；同时应具备故障、事故和灾难情况下对人员和车辆救助的条件。

4.1.3 车辆及其内部设施应使用不燃材料或无卤、低烟的阻燃材料。

4.1.19 列车应具有下列故障运行能力：

1 列车在超员载荷和在丧失 1/4 动力的情况下，应能维持运行到终点；

2 列车在超员载荷和在丧失 1/2 动力的情况下，应具有在正线最大坡道上起动和运行到最近车站的能力；

3 一列空载列车应具有在正线线路的最大坡道上牵引另一列超员载荷的无动力列车运行到下一车站的能力。

4.2.10 连接的两节车辆之间应设置贯通道，贯通道应密封、防火、防水、隔热、隔声，贯通道渡板应耐磨、平顺、防滑、防夹，用于贯通道的密封材料应有足够的抗拉强度，并应安全可靠、不易老化。

4.4.2 转向架性能、主要尺寸应与车体、线路相互匹配，并应保证其相关部件在允许磨耗限度内，能确保列车以最高允许速度安全平稳运行。即使在悬挂或减振系统损坏时，也应能确保车辆在线路上安全地运行到终点。

4.6.5 紧急制动应为纯空气制动。列车出现意外分离等严重故障影响列车安全时，应能立刻自动实施紧急制动。

4.7　安全与应急设施

4.7.1 当利用轨道中心道床面作为应急疏散通道时，列车端部车辆应设置专用端门和配置下车设施，且组成列车的各车辆之间应贯通。端门和贯通道的宽度不应小于 600mm，高度不应低于 1800mm。

4.7.2 列车应设置报警系统，客室内应设置乘客紧急报警装置，乘客紧急报警装置应具有乘务员与乘客间双向通信功能。当采用无人驾驶运行模式时，报警系统设置应符合现行国家标准《城市轨道交通技术规范》（GB 50490）的有关规定。

4.7.3 列车应装设 ATP 信号车载设备。

4.7.4 客室车门系统应设置安全联锁，应确保车速大于 5km/h 时不能开启、车门未全关闭时不能启动列车。

4.7.5 前照灯在车辆前端紧急制停距离处照度不应小于 2lx。列车尾端外壁应设置红色防护灯。

4.7.6 客室、司机室应配置便携式灭火器具，安放位置应有明显标识并便于取用。

4.7.7 各电气设备金属外壳或箱体应采取保护性接地措施。

6 线路

6.1.4.3 地铁车站站位选择，应结合车站出入口、风亭设置条件确定，并应满足结构施工、用地规划、客流疏导、交通接驳和环境要求。

6.1.6.3 高架线路应注重结构造型和控制规模、体量，并应注意高度、跨度、宽度的比例协调，其结构外缘与建筑物的距离应符合现行国家标准《建筑设计防火规范》（GB 50016）和《高层民用建筑设计防火规范》（GB 50045）的有关规定，高架线应减小对地面道路交通、周围环境和城市景观的影响。

6.1.6.4 地面线应按全封闭设计，并应处理好与城市道路红线及其道路断面的关系，地面线应具备防淹、防洪能力，并应采取防侵入和防偷盗设施。

6.4.5 安全距离与安全线的设置应符合下列规定：

1 支线与干线接轨的车站应设置平行进路；在出站方向接轨点道岔处的警冲标至站台端部距离，不应小于 50m，小于 50m 时应设安全线；

2 车辆基地出入线，在车站接轨点前，线路不具备一度停车条件，或停车信号机至警冲标之间小于 50m 时，应设置安全线。采用八字形布置在区间与正线接轨时，应设置安全线；

3 列车折返线与停车线末端均应设置安全线，其长度应符合本规范第 6.4.3 条第 7 款的规定；

4 安全线自道岔前端基本轨缝（含道岔）至车挡前长度应为 50m（不含车挡）。在特殊情况下，缩短长度可采取限速和增加阻尼措施。

7.7 轨道安全设备及附属设备

7.7.1 高架桥线路的下列地段或全桥范围应设防脱护轨：

1 半径不大于500m曲线地段的缓圆（圆缓）点两侧，其缓和曲线部分不小于缓和曲线长的一半并不小于20m、圆曲线部分20m范围内，曲线下股钢轨旁；

2 高架桥跨越城市干道、铁路及通航航道等重要地段，以及受列车意外撞击时易产生结构性破坏的高架桥地段及其以外各20m范围内，在靠近双线高架桥中线侧的钢轨旁；

3 竖曲线与缓和曲线重叠处，竖曲线范围内两根钢轨旁；

4 防脱护轨应设置在钢轨内侧。

7.7.2 在轨道尽端应设置车挡，并应符合下列要求：

1 正线及配线、试车线、牵出线的终端应采用缓冲滑动式车挡。地面和地下线终端车挡应能承受列车以15km/h速度撞击的冲击荷载，高架线终端车挡应能承受列车以25km/h速度撞击的冲击荷载。特殊情况可根据车辆、信号等要求计算确定；

2 车场线终端应采用固定式车挡。

7.7.3 轨道标志的设置应符合下列规定：

1 应设置百米标、坡度标、曲线要素标、平面曲线起终点标、竖曲线起终点标、道岔编号标、站名称、桥号标、水位标等线路标志；

2 应设置限速标、停车位置标、警冲标等信号标志；

3 各种标志应采用反光材料制作；

4 警冲标应设在两设备限界相交处，其余标志应安装在行车方向右侧司机易见的位置。

9 车站建筑

9.1.2 车站设计应满足客流需求，并应保证乘降安全、疏导迅速、布置紧凑、便于管理，同时应具有良好的通风、照明、卫生和防灾等设施。

9.2.4 车站出入口与风亭的位置，应根据周边环境及城市规划要求进行布置。出入口位置应有利于吸引和疏散客流；风亭位置应满足功能要求，并应满足规划、环保、消防和城市景观的要求。

9.3.5 当不设站台门时，距站台边缘400mm应设安全防护带，并应于安全带内侧设不小于 80mm 宽的纵向醒目的安全线。安全防护带范围内应设防滑地面。

9.4.2 装修应采用防火、防潮、防腐、耐久、易清洁的材料，同时应便于施工与维修，并宜兼顾吸声要求。地面材料应防滑、耐磨。

9.4.3 照明灯具应采用节能、耐久灯具，并宜采用有罩明露式。敞开式风雨棚的地面、高架站的灯具应能防风、防水、防尘。照度标准应符合本规范第 15 章的规定。

9.4.4 车站内应设置导向、事故疏散、服务乘客等标志。

9.4.5 车站公共区内可适度设置广告，其位置、色彩不得干扰导向、事故疏散、服务乘客的标志。

9.5.4 地下车站出入口、消防专用出入口和无障碍电梯的地面标高，应高出室外地面 300mm～450mm，并应满足当地防淹要求，当无法满足时，应设防淹闸槽，槽高可根据当地最高积水位确定。

9.5.6 地下出入口通道应力求短、直，通道的弯折不宜超过三处，弯折角度不宜小于 90°。地下出入口通道长度不宜超过 100m，当超过时应采取能满足消防疏散要求的措施。

9.6.3 当采用顶面开设风口的风亭时，应符合下列规定：

1 进风与排风、进风与活塞风亭口部之间的水平净距不应小于 10m；

2 活塞风亭口部之间、活塞风亭与排风亭口部之间水平净距不应小于 5m；

3 风亭四周应有宽度不小于 3m 宽的绿篱，风口最低高度应满足防淹要求，且不应小于 1m；

4 风亭开口处应有安全防护装置，风井底部应有排水设施。

9.6.4 当风亭在事故工况下用于排烟时，排烟风亭口部与进风亭口部、出入口口部的直线距离宜大于 10m；当直线距离不足 10m 时，排烟风亭口部宜高于进风亭口部、出入口口部 5m。

9.6.5 风亭口部与其他建筑物口部之间的距离应满足防火及环保要求。

9.7.5 车站作为事故疏散用的自动扶梯，应采用一级负荷供电。

9.7.12 设置站台门的车站，站台端部应设向站台侧开启宽度为 1.10m 的端门。沿站台长度方向设置的向站台侧开启的应急门，每一侧数量宜采用远期列车编组数，应急门开启时应能满足人员疏散通行要求。

9.7.13 站台门应设置安全标志和使用标志。

10 高架结构

10.3.13 桥墩承受的船只撞击力，可按现行行业标准《铁路桥涵设计基本规范》（TB 10002.1）的有关规定执行。

10.3.14 桥墩有可能受汽车撞击时，应设防撞保护设施。当无法设置防护设施时，应计入汽车对桥墩的撞击力。撞击力顺行车方向可采用 1000kN，横行车方向可采用 500kN，作用在路面以上 1.20m 高度处。

10.3.18 地震力的作用，应按现行国家标准《铁路工程抗震设计规范》（GB 50111）的有关规定计算，跨越大江大河且技术复杂、修复困难的特殊结构桥梁应属 A 类工程，其他桥梁应属 B 类工程。

10.4.4 桥墩抗震设计时，盖梁、结点和基础应作为能力保护构件，按能力保护原则设计。

10.6.11 轨道梁与车站结构完全分开布置时，轨道梁桥和车站结构应分别按现行国家标准《铁路工程抗震设计规范》（GB 50111）和《建筑抗震设计规范》（GB 50011）的有关规定进行抗震设计。

11 地下结构

11.1.3 地下结构设计应以"结构为功能服务"为原则，满足城市规划、行车运营、环境保护、抗震、防水、防火、防护、防腐蚀及施工等要求，并应做到结构安全、耐久、技术先进、经济合理。

11.1.10 地下结构的净空尺寸必须符合地铁建筑限界要求，并应满足使用及施工工艺要求，同时应计入施工误差、结构变形和位移的影响等因素。

11.8 地下结构抗震设计

11.8.1 地下结构抗震设计应符合下列规定：

1 地铁地下结构的抗震设防类别应为重点设防类（乙类），地下结构设计应达到下列抗震设防目标：

1）当遭受低于本工程抗震设防烈度的多遇地震影响时，地下结构不损坏，对周围环境及地铁的正常运营无影响；

2）当遭受相当于本工程抗震设防烈度的地震影响时，地下结构不损坏或仅需对非重要结构部位进行一般修理，对周围环境影响轻微，不影响地铁正常运营；

3）当遭受高于本工程抗震设防烈度的罕遇地震（高于设防烈度1度）影响时，地下结构主要结构支撑体系不发生严重破坏且便于修复，无重大人员伤亡，对周围环境不产生严重影响，修复后的地铁应能正常运营。

2 应根据地下结构的特性、使用条件和重要性程度，确定结构的抗震等级。地下结构的抗震等级应符合表11.8.1的规定；当围岩中包含有可液化土层或基底处于可产生震陷的软黏土地层中时，应采取提高地层的抗液化能力，且保证地震作用下结构物的安全的措施；

表11.8.1 地下结构的抗震等级

结构类别	设防烈度			
结构型式	6度	7度	8度	9度
明挖车站框架结构矿山法车站隧道结构	四级	三级	二级	一级
明挖区间隧道结构盾构区间隧道结构	四级	四级	三级	二级
车站出入口等附属结构	四级	四级	三级	二级

注：1 断面大小接近车站断面的地下结构应按车站的抗震等级设计；
　　2 在地下结构上部有整建的地面结构时，地下结构的抗震等级不应低于地面结构的抗震等级；
　　3 设计位于设防烈度6度及以上地区的地下结构时，应根据设防要求、场地条件、结构类型和埋深等因素选用能反映其地震工作性状的计算分析方法，并应采取提高结构和接头处的整体抗震能力的构造措施。除应进行抗震设防等级条件下的结构抗震分析外，地铁地下主体结构尚应进行罕遇地震工况下的结构抗震验算。

3 地下结构施工阶段，可不计地震作用的影响。

11.8.2 地下结构应计入下列地震作用：

1 地震时随地层变形而发生的结构整体变形；

2 地震时的土压力，包括地震时水平方向和铅垂方向的土体压力；

3 地下结构本身和地层的惯性力；

4 地层液化的影响。

11.8.3 地下结构应分析地震对隧道横向的影响，遇有下述情况时，还应在一定范围内分析地震对隧道纵向的影响：

1 隧道纵向的断面变化较大或隧道在横向有结构连接；

2 地质条件沿隧道纵向变化较大，软硬不均；

3 隧道线路存在小半径曲线；

4 遇有液化地层。

11.8.4 地下结构可采用下列抗震分析方法：

1 地下结构的地震反应宜采用反应位移法或惯性静力法计算，结构体系复杂、体形不规则以及结构断面变化较大时，宜采用动力分析法计算结构的地震反应；

2 地下结构与地面建、构筑物合建时，宜根据地面建、构筑物的抗震分析要求与地面建、构筑物进行整体计算；

3 采用惯性静力法计算地震作用时，可按现行国家标准《铁路工程抗震设计规范》（GB 50111）的有关规定执行；

4 采用反应位移法计算地震作用时，应分析地层在地震作用下，在隧道不同深度产生的地层位移、调整地层的动抗力系数、计算地下结构自身的惯性力，并直接作用于结构上分析结构的反应。

11.8.5 地下结构的抗震体系和抗震构造要求应符合下列规定：

1 地下结构的规则性宜符合下列要求：

1）地下结构宜具有合理的刚度和承载力分布；

2）地下结构下层的竖向承载结构刚度不宜低于上层；

3）地下结构及其抗侧力结构的平面布置宜规则、对称、平顺，并应具有良好的整体性；

4）在结构断面变化较大的部位，宜设置能有效防止或降低不同刚度的结构间形成牵制作用的防震缝或变形缝。缝的宽度应符合防震缝的要求。

2 地下结构各构件之间的连接，应符合下列要求：

1）构件节点的破坏，不应先于其连接的构件；

2）预埋件的锚固破坏，不应先于连接件；

3）装配式结构构件的连接，应能保证结构的整体性。

3 盾构隧道应采取下列抗震措施：

1）盾构隧道的接头构造，应有利于减小地震时防止管片接头的错动和管片因地震动位移的磕碰破坏；

2）管片接头的防水应能保证地震后接缝不漏水；

3）盾构管片间的连接螺栓，在满足常规受力要求的前提下，宜采用小的刚度；

4）管片宜采用错缝拼装方式；

5）在软弱地层或地震后易产生液化的地层，管片端面宜设置凹凸榫槽。

4 地下结构的抗震构造可按现行国家标准《建筑抗震设计规范》（GB 50011）的有关规定执行。

11.9 地下结构设计的安全风险控制

11.9.1 地下结构设计应遵循"分阶段、分等级、分对象"的基本原则，进行工程安全风险设计。

11.9.2 地下结构设计应结合所处的工程地质水文地质条件、风险源的种类、风险的性质及接近程度等具体情况，采取相应的技术措施，对工程自身风险和环境风险进行控制。

11.9.3 设计阶段除应分析工程建设期间的安全风险因素外，还应分析地下工程建成投入使用后可能面临的各种风险。

11.9.4 地下结构的施工方法应与场地的工程地质和水文地质条件相适应，并应采用工艺成熟、安全稳妥、可实施性好、实施风险小的方案。

11.9.5 当新建结构需穿越（含上穿和下穿）重要的既有地下结构设施时，应比选地下结构和工法方案，分析可能的风险。

11.9.6 地下结构应结合工程的规模和所采用的工法，合理安排工程的建设时间。

第三节　城市综合防灾科学研究与创新

一、我国城市综合防灾科学研究现状与问题

1. 城市综合防灾科学研究现状

城市综合防灾在理论界提了很长时间，但实际中城市综合防灾研究和规划进程缓慢，至今仅有住房城乡建设部资助的"唐山市综合防灾"示范研究，国家自然基金研究设立的"基于GIS的城市综合减灾评估与对策研究"等课题。中国

城市科学研究会在中国科学技术协会主办的"减轻自然灾害白皮书"中多次呼吁和倡导城市综合防灾研究，相关专家在各自单位和系统内进行独立和分散研究。"厦门市城市建设综合防灾规划"由北京工业大学编制，上海防灾减灾研究所开展"上海综合防灾对策及系统集成研究课题"研究等。

陈为邦（1998）提出城市综合防灾的目标是建立与城市经济社会发展相适应的城市灾害综合防治体系，建立科学的综合防灾减灾规划，综合运用工程技术及法律、行政、经济、教育等手段，提高城市防灾减灾能力，为城市的可持续发展提供与经济技术水平相适应的可靠保障。进一步指出综合规划是综合防灾的首要任务。

金磊（2000）提出北京是一个重点设防城市，必须逐步建立城市总体防灾体系确保首都安全。通过对北京城市灾情的规律性回顾，对比国外大都市的灾害问题，重点给出 2000 年前后制约北京城市可持续发展的灾害要素及风险排序；依据北京城市总体规划"防灾篇"（1991 ~ 2010），研究了提高城市安全度的系统对策及措施；借鉴发达国家城市综合减灾管理建设的成功经验提出了 21 世纪北京强化综合减灾管理的可行步骤。

"城市综合减灾专家论坛"（1998）提出了六条建议：充分认识防灾减灾的重要性；健全和加强城市综合防灾规划，提高城市合理布局的水平；加强城市防灾减灾信息系统的建设与管理；加强城市综合防灾减灾法制建设；加强城市综合减灾科学与政策研究；加强城市综合防灾减灾科普宣传，提高市民对突发事故和灾害的应变能力。

翟宝辉（1999）提出了城市综合防灾管理必须立足于中国国情，要求名正言顺，权责对称，只有从建立综合协调机构入手，才可能使全国城市综合防灾管理落到实处，真正提高城市抗御各类灾害的整体能力。

周锡元等（1995）在唐山市综合防灾示范研究中，仔细研究了该市的灾害源分布，各种灾害的成灾模型及其并发、连发规律，以及抗灾防灾能力和薄弱环节；研究抗灾资源的合理配置，并提出多灾种综合设防区划和综合防灾规划纲要，研制综合防灾信息管理系统，该系统除满足综合防灾需要外，还扩充了一定的工程地质、工程结构、市政公用设施等方面的信息，以满足城市建设现代化管理的需要（图 6-1）。

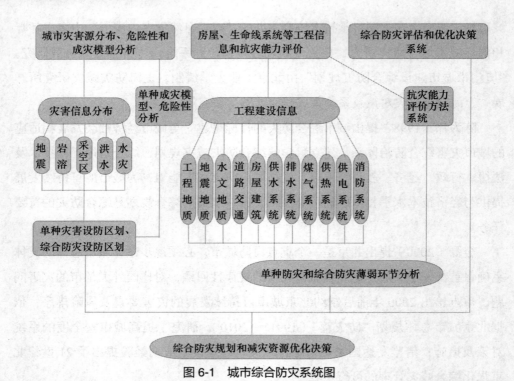

图 6-1 城市综合防灾系统图

他们对唐山市房屋的抗灾能力和薄弱环节进行了分析。包括对重要房屋的逐幢分析、各类房屋选取典型"样本"的分析，以及划分预测单元对全市各类房屋的灾害预测等，对该市供水、煤气、供电、道路桥梁、医疗、供热、粮食等生命线系统的抗灾能力和薄弱环节进行了分析。此外还对消防能力、防洪与排涝能力进行了分析。在对房屋和生命线系统的抗灾能力与薄弱环节进行分析的基础上，探讨了连发灾害和次生灾害以及抗御这些灾害的能力。唐山是大地震毁灭过的城市，地震灾害可能引起的次生灾害，包括地质灾害，主要有滑坡、崩塌、地陷、地裂、砂土液化等；洪水灾害，主要有堤坝滑坡、震裂以及冲垮等；易燃油罐破坏而形成的火灾，进而又会引起罐体爆炸地下煤气管道破裂或诱发火灾，或煤气中毒；采空区塌陷、岩溶危害加重等。洪水灾害可能引起的次生灾害，主要有由于上游特大洪峰致使水库漫坝和持续降雨阶段排水系统排放能力不足引起的灾害；其伴生灾害主要有，由于洪水渗入造成的岩溶扩大和塌陷，由于洪水浸泡使采空区顶部软化塌陷，地下空间积水等。火灾可能引起的其他灾害是，火灾往往又引起爆炸、溢毒等多种灾害。

研究中遇到的突出问题是防洪设施的抗震能力评估中河道不同灾种设防水准的协调问题，在分灾种独立设防的条件下，人们很少去考虑不同灾种设防水准之间的差异，也不去问为什么会有这些差异，但是编制城市综合防灾规划，这些问题就凸显出来。例如我国一般工程抗震设防考虑的地震动参数（烈度）的重现期为 475 年，这也是国际通用的抗震设防水准；城市河道防洪考虑的洪峰流量（或最高水位）的重现期从 20 ~ 200 年不等，与地震相比小很多，有时会达一个量级。唐山市陡河河道是按 100 年一遇的重现期设防，其他河道是按 20 ~ 50 年一遇的重现期设防。很明显，其防洪设防水准是随河道的重要性而变化的。我国城市内涝排水设计一般按 0.5 ~ 2 年一遇的最大日暴雨量考虑，与河道防洪水准又大体差了一个量级。为了将不同灾种的设防水准统一到同一个基础上进行分析，他们运用多目标层次分析法确定了不同灾种设防水准的相对权系数和重要性系数，解决了这个问题。在分析中按人员伤亡危险性、经济损失、次生灾害易发程度、灾害预测预警难度、灾后恢复难度以及分期付设防难度等六个评价因素建立了一个 6×6 阶判断矩阵；同时又就地震、洪水（河道防洪）、塌陷和火灾这四个灾种，对以上六个评价因素建立六个 4×4 阶判断矩阵，计算出以上判断矩阵的归一化特征向量。

2. 城市综合防灾研究存在的主要问题

（1）防灾减灾相关研究总体相对滞后。由于防灾减灾相关的研究工作相对滞后，对灾害缺乏深入系统的研究，减灾工作缺乏坚实的理论支撑，减灾研究力量分散。我国许多学术机构都开展了针对各种具体灾害和风险的研究，但这些研究活动都是以部门为单位分头进行，而且以各专门领域的灾害或风险控制为主，而缺乏总体性的风险分析或风险研究。

（2）防灾科技总体水平比较落后。总体上说，城市防灾科技水平还比较落后，防灾技术偏重于单一技术，缺乏综合性，对一些重要灾害还缺乏有效的防灾措施，技术水平进步缓慢。国家尚缺乏保障和促进城市防灾科技发展的有效机制，城市综合防灾的科研资金投入也严重不足。在欧美的城市综合防灾体系中，大多建立了多级抗灾遥感计算机网络和抗灾救灾决策系统；欧盟国家已将卫星遥感应用到灾害形成过程、预警、减灾、灾害评估与管理之中；澳大利亚的灾害遥感系统已经在国家的防灾规划及管理中发挥了重大作用。我国在运用现代计算机、通信、网络、卫星、遥感、地理信息、生物技术等高新技术的减灾应用方面，同发达国家的差距还相当大。同欧美和日本等国家相比，我国在整体上还远未建立起完善的基于遥感和计算机网络的综合防灾体系。

（3）灾害管理信息化建设滞后，部门间灾害信息资源共享程度低。综合性的公用信息平台尚未建立，紧急状态下的信息收集、分析和披露制度缺乏统一规划，资源亟待整合。在基础信息建设方面，人防、卫生、公安相关职能部门都在开发和研究自己的信息系统，建立监测和防控体系，但相互之间缺乏信息沟通，重复建设的问题没有得到解决，信息资源还没有整合起来。在日常动态下信息的收集、整理、汇总方面渠道也比较分散，难以对公共突发事件进行全面的监测和预警。

二、加强城市综合防灾科学研究和科技创新的主要措施

1. 重视和加强城市综合防灾科学研究

（1）围绕国家中长期科技发展规划战略，组织开展相关战略性、前瞻性重大科研课题研究。如中国建筑职业安全健康发展战略研究，以政府为主体的建筑安全监督体系和以企业为主体的建筑安全保障体系研究等。研究、建立和完善建设工程施工现场安全生产和工程质量保证体系，提高建设工程的建设参与各方的管理水平，落实安全质量责任制，防止和减少施工现场安全生产事故，确保工程质量。

（2）积极支持高等院校、科研和勘察设计单位开展抗震防灾研究，加大对工程抗震等防灾领域的科研投入。在新结构体系抗震性能研究、高层建筑抗震设计、抗震加固的新技术新方法新材料、隔震减震技术、城市防灾技术等方面，一批具有国际先进水平的科研成果已经得到了应用。同时，适时将抗震新技术纳入标准规范，在建设领域广泛应用，使抗震科研的研究方向与工程建设的需要结合得更紧密，以科技进步促进工程抗震防灾水平的提高。

（3）积极支持社会力量开展抗震防灾工作，重视在工程抗震等防灾领域的国际合作。中国勘察设计协会抗震防灾分会召开了城市减灾和抗震防灾规划研讨会，探讨了制定、修订抗震防灾规划的相关问题。2005年，建设部和中国勘察设计协会抗震防灾分会筹备设立抗震新技术研究推广中心以及城市综合防灾研

究中心，筹备 2006 年全国城市与工程安全减灾学术研讨会等。另外，2004 年，建设部与中国地震局联合组织成功申办了 2008 年第十四届世界地震工程会议。2005 年，建设部配合中国地震局开展相关的筹备活动。

2. 建立健全以现代高新技术为基础的技术支撑体系

（1）建立灵敏的监督信息平台。当今社会是信息社会，信息已成为促进经济发展和社会进步的重要杠杆和纽带。面对不断变化的防灾减灾客观实际，应急反应机制是否有效，其关键在于是否有灵敏、正确、有力的信息系统。因此，构建一个能够贯通国家、省、市（地）、县（区）、乡（镇）、街道社区的监督信息平台，及时预报、预测、预警突发灾难，作为各级决策部门防灾减灾的"千里眼"和"顺风耳"势在必行。在整合、优化和共享我国现有灾害监测系统基础上，需要进一步延伸防灾减灾监测系统的可及范围。

（2）加强并完善防灾减灾应急反应的技术支持体系，全面提升城市应对突发事件的快速反应和应急处置能力。包括研究先进技术、配备先进设备、培训技术队伍、应急能力预演等，提高应急反应的技术含量，最大限度地减少灾害造成的损失。建立以现代化的通信技术、计算机技术、声像显示为手段，以计算机网络信息系统为平台，具有数据信息自动录入、处理、管理、汇集、交换与服务等功能，以防灾减灾应急决策指挥为核心的综合性技术，作为政府实施防灾减灾决策指挥的高科技、实用化的技术体系。

（3）要有必须的软件硬件投入。投入包括硬投入和软投入。硬投入即物资投入，指物力、财力的投入；软投入即非物资投入，主要表现为管理和积极性的投入，也包括软科学的研究。应急资金物资储备应形成一种制度。在经费和物资上给予大力支持和积极保障，是城市防灾减灾应急处置顺利进行的必备条件。在经费的使用上要坚持确保重点、准确高效、专款专用原则。物资包括衣被、帐篷、食品、药品、车辆等。

3. 加大对防灾科技创新的支持力度

国家和各省、市、自治区科研主管部门和机构应加大对城市综合防灾减灾的科学研究支持。建立城市综合防灾科研投入的最低比例制度，建议将这一比例设为防灾投入的 6% 左右，城市综合防灾是涉及社会科学和自然科学大多数门类的综合性强的新学科，建议将城市防灾安全设立为国家一级学科，中国科学院、中国工程院应设立专门的学部，为了在较短时间内实现城市防灾安全的重大科技突破，建议国家设立国家级城市系统灾害仿真实验室，作为科技创新基地。国家应进一步整合高校和各科研机构中的现有城市防灾安全研究力量，加大科技攻关力度，全力促进城市综合防灾科技创新，提高城市防灾科技水平。

4. **依靠科技进步，提高建筑安全生产和工程抗震等防灾技术水平**

采用安全性能可靠的新技术、新工艺、新设备和新材料，淘汰危险性较大的技术、设备及工艺，改善安全生产条件。建设部于 2004 年 3 月 18 日公告了《建设部推广应用和限制禁止使用技术》，涉及城市规划、城市建设、工程勘察测量、住宅产业化、建筑节能和新型建筑材料与施工以及电子政务与信息化等七个领域，共计 208 项技术，其中推广技术 157 项，限用技术 31 项，禁用技术 20 项。强化了技术发展导向，引导了建设技术的健康发展，改善了安全生产条件，并进一步促进了建筑安全生产技术水平的提高。

三、城市综合防灾主要研究方向及建议

1. 城市综合防灾与保障技术支撑体系及试点建设

建立城市综合防灾与保障技术支撑体系是有效履行部门管理职能，提高城市综合防灾能力的重要技术支撑与保障。

技术支撑体系以城市的整体安全为出发点，以应对城市洪水、地震、台风、火灾、爆炸、危化品泄漏等多灾种耦合效应的综合防治技术为重点，深入认识城市灾害事故的致灾机理与发生发展规律；实现城市多灾种的监测监控、探测传感与精确定位；针对城市设施在灾害作用下的失效与破坏机理进行承灾能力评估和综合抗灾的规划与系统设计优化；实现城市建设施工的综合安全管理与保障；在深入认识灾害事故环境下的人群心理与行为规律的基础上进行综合防灾疏散与避难规划；建立健全安全防护技术与装备。

选取 2 ～ 3 个城市进行城市综合防灾与保障技术体系的应用试点，实现先进技术体系支撑下的城市防灾能力的大幅度提高。

2. 城市灾害普查与风险评估、信息管理决策平台建设

完善的灾害监测、监控与信息传递系统是保障城市建设系统安全性能的必要条件，对城市建设系统进行灾害危险性摸底调查并逐步建立城市灾害基础信息数

据库是建立该系统的基础。

（1）城市灾害风险监测与评估体系建设。建立国内大城市的灾害监测和信息传递系统试点，定期评估全国重点城市各类灾害发生的危险性、易损性和危害性。

（2）城市建筑与工程系统防灾能力调查。开展全国城市建筑和工程系统抗灾能力普查工作，摸清各城市综合防灾能力的底数和特点。

（3）建立城市灾害信息管理和辅助决策平台。内容包括灾害风险数据库、工程设施防灾能力数据库建设，灾害信息快速传递、评估平台、决策平台建设。

3. 城市综合防灾动态化数字预案体系建设与试点

根据"国务院关于实施国家突发公共事件总体应急预案的决定"，建立健全应急预案体系是亟待推进的重要任务。结合 GIS、GPS、模拟预测、优化决策等技术，建立动态化数字预案体系，实现灾害事故的早期识别、迅速控制和及时救援。选取 2～3 个城市进行试点，提高城市综合防灾减灾能力。

4. 城市重大基础设施和生命线工程的灾害防御与应急系统建设试点

重大工程和城市生命线工程系统是维系现代城市功能与区域经济功能的基础性工程设施系统。因此保证其在灾害作用下的安全性和可靠性是建设系统综合防灾的重要组成部分。试点工作主要包括以下几点。

（1）开展轨道交通系统灾害预警及紧急自动处置系统试点。开发利用轨道交通系统先进传感技术、信息传输技术、智能监测技术、预警决策技术、应急处置技术以及安全保护技术，并制定相关标准。

（2）开展燃气管网系统灾害预警及紧急自动处置系统试点。根据燃气管网的特点，研究燃气系统分块关断策略，建立不同抗灾能力管网的应急处置标准，开展基于检测和监测的突发灾害和地震紧急自动处置系统试点建设。

（3）建立城市生命线基础设施的综合防灾救援体系及专业抢险救援队伍，开发利用城市生命线工程专业应急抢险救援技术装备。充分依靠部队、武警、公安消防力量、民兵、预备部队，建立健全灾害专业抢险救援队伍，进一步加强灾害高危险区的救灾储备物质体系建设，开发利用灾害的应急救援装备，完善灾害救援装备的质量安全要求体系。

（4）地下空间综合防灾试点。探索地下空间灾害规律，研究地下空间的抗震、抗爆技术。选择有条件的城市作为"市政综合管廊"的试点，制定"市政综合管廊"的投资、管理和维护体系。

5. 既有建筑抗灾能力鉴定、评估与加固改造技术集成化与试点应用

对城市既有建筑进行改造和加固是提高整个城市抗灾能力的关键，主要内容包括：

（1）建立既有建筑物安全鉴定体系。建立既有建筑物的健康诊治与保健体系，保证既有建筑物不安全因素的及时诊断与整治，更好地揭示既有结构安全隐患，为既有建筑物改造加固决策提供依据。

（2）建立不同时期建筑的抗灾能力评估及加固政策和技术标准，建立不同时期下的建筑物加固政策和防灾技术体系，制定建筑物设防水平和抗灾加固策略的整体决策体系，并制定相应技术标准。

（3）既有建筑物的新型加固方法试点应用。推动在全国 2 ～ 3 个大城市针对提高旧有公共建筑及纪念性、标志性建筑物、构筑物的综合防灾能力的加固试点工程应用，并逐步推广。

第七章　城市综合防灾与应急管理队伍建设和演练

第一节　国外防灾队伍概况

一、专业化应急救援队伍

大多数发达国家都拥有一支专业化的应急救援队伍。

世界上大多数发达国家的应急反应是由专业队伍完成的，如消防队、民防专业队伍。民防专业队伍是主要力量，一般按照专业对口、便于领导，便于训练、便于执行任务的原则组建，通常采取军地结合、以民间专业组织为主的形式。在现代条件下，随着救援工作技术含量逐渐增大，防灾救灾的要求普遍提高，对民防人员的素质要求相应提高，在此基础上，各自在组建和管理形式上也采取了很多措施，保证应急救援的及时有效。

德国是建立民防专业队较早的国家，全国除约 6 万人专门从事民防工作外，还有约 150 万消防救护和医疗救护、技术救援志愿人员。这支庞大的队伍均接受过一定专业技术训练，并按地区组成抢救队、消防队、维修队、卫生队、空中救护队。德国技术援助网络等专业机构在有效应对灾害过程中也发挥了十分重要的作用。

法国的民防专业队伍主要由一支近 20 万人的志愿消防队和一支 8 万人的预备役人员组成的民事安全部队组成。民事安全部队现编成 22 个机动纵队、308 个收容大队和 108 个民防连，分散在各防务区、大区和省，执行民事安全任务，战时可扩编到 30 多万人。

美国联邦应急管理署组建和管理着 28 支城市搜索与救援队，其中有 2 支国际救援队，分布在美国 16 个洲和华盛顿特区。

俄罗斯的应急管理救援队主要包括联邦紧急救援队和民防救援部队。俄罗斯的民防力量包括民防部队和非军人民防组织，民防部队遍布全国，设有各级组织机构和队伍；联邦紧急救援队则以分设在莫斯科等 8 个城市的区域中心下辖的 58 支专业救援队伍、各级民防与应急培训中心学员为主体，辅以一个 250 人组成、包括直升机在内的中央航空救援队，一个应急反应人道主义组织和一个特别行动中心，实现了救援力量主体的专业化和军事化。

以色列的民防专业队伍由后方司令部下辖的全国救援部队和各分区的急救营、安全治安营、防核生化营、观察通信连、医疗分队、预警系统及军民消防分队等组成。除专业队伍外，还有 1 支民防志愿人员队伍分布在农业、卫生、教育、财政、国防、内政、基建和环保等部门及各地方行政单位。

英国的应急反应主要依靠消防队。同时有许多民间的应急组织参加，例如紧急事件计划协会，是一家参与任何形式的危机、紧急事件或灾难规划和管理的专业性机构，拥有来自各级政府、工业、公共设施、紧急救助服务、志愿者、教育机构、法律和独立咨询等不同行业的 1400 名会员。

二、军队和武装警察部队

军队和武装警察部队是应急救援的重要依靠力量。

发达国家，特别是灾害多发的发达国家，如美国，军队和武装警察部队都在防灾救灾中发挥着重要的作用。虽然各国军队称谓不同，如美国有海岸护卫队、国防卫队和一般军队，德国有联邦国防军或德军的简称，但在平时的紧急情况应对中都是与地方协同，完成救援和搜救任务。

2005 年发生在新奥尔良市的卡塔丽娜飓风救援中，美国军队就发挥了关键作用，尽管他们的反应有很长的滞后时间，但在整个救援工作中，特别是丽塔飓风紧跟着卡塔丽娜袭击新奥尔良时，美国国防部已经调用了 5 万多官兵，参与救援行动。因此，在白宫为期一年的对联邦政府在卡塔丽娜飓风灾害响应进行的评价中，军方与地方的合作得到高度重视。

三、社区救援组织建设

发达国家都非常重视社区和社会救助救援组织建设，大部分国家都有各类社团关注防灾救灾某一方面的事务，在灾害发生时，这些社团就会通过自己的活动渠道组织自救互救工作，并与政府主导或专业队伍执行的救援工作及时对接。事实上，很多国家对这些组织给予大量经费上和信息资源上的支持。其理念建立在，政府和专业救援队伍占有的救援资源是有限的，灾民可以自救或通过社区组织进行互救，在一定时间内就可以节省出有限的资源，用于更加急需的地方和人群，使救护资源的价值最大化。

广泛参与的社会化自救互救形式是发达国家应急管理的重要经验之一。

发达国家在城市危机管理中，不仅政府积极参与，市民也通过非政府组织等介入管理，形成政府、非政府组织、市民责任共担的城市危机管理体系。政府的责任是提供法律基础和协调机制，维护社会秩序和正义，指导危机管理，市民则在公民责任的范围内参与公共事务，主要是在危机中遵守法律和秩序，通过各种非政府组织渠道组成自救、赈灾等组织，担当一个公民参与公共事务并发挥作用的责任，与整个政府提供的法律机器一起运转。

城市危机对社会造成伤害的同时，也是一次市民提升危机管理意识的机会，培养和巩固人们的法治观念，形成奉献和团结精神。如美国积极动员全民参与危机管理。它是由联邦应急管理署、联邦部会、州政府，地方郡市、志愿义务组织、民间团体、私人企业等组成。但联邦应急管理署强调全民的参与，以市民和所在社区为单位组织民间自主救援团体，建立民间社区灾难联防体系，并动员慈善团体和宗教系统一起建立危机管理非政府组织网络。还建立训练装备较佳的紧急自救队伍，并对他们每年进行长达数天、广及数州的全面动员实兵演练，使人们熟悉各种危机状况。在个人层面，特别加强个人对灾难的认识，提供基本应变常识，协助设计家庭应变计划，购买合适的灾难保险（洪水、地震等），并呼吁灾变时对老弱病残的协助等。在社会层面，建立完善的募捐系统，让有心投入救灾赈灾的社会各阶层人士可以方便地找到捐赠途径，以有效汇集救灾资源，并将赈灾物资及时送达灾民手中，同时对救灾资源做最有效地统筹分配。

四、社会灾害意识培养

制度化的公众防灾意识宣传与普及是国外许多国家很重视的自救互救教育形式。

许多国家都很重视提高公众的防灾意识，通过制定许多相关制度，且采用丰富多彩的形式开展防灾减灾宣传普及活动，通过开展灾害预防教育，使民众具有较高的防灾意识和正确的知识，提高民众的自救能力，减少灾害可能带来的生命财产损失。

如日本把每年的 9 月 1 日定为国民"防灾日"，在每年的这一天，都要举行有日本首相和各有关大臣参加的防灾演习，通过全民的防灾训练，提高防灾意识和防灾能力。目的是一方面提高国民的防灾意识，另一方面检验中央及地方政府有关机构的通信联络和救灾、救护、消防等各部门间的运转协调能力，并对各类人员进行实战训练。当然，重点是训练政府对防灾机构工作人员及各类救灾人员，包括自卫队和消防厅等的领导指挥能力。

瑞士的民防教育训练开展得较早，并取得了很好的成效。经过多年的努力，瑞士形成了一整套民防教育训练体系和制度。瑞士联邦民防局负责制定全国民防教育训练计划，领导各州、区民防局和民防司令部的民防教育训练工作；各州、区民防局和民防司令部负责本区民防教育训练工作，并领导城市民防厅组织民防教育训练。

美国的民防教育训练由联邦应急管理署领导，负责制定全国民防教育训练计划，领导全国 10 个民防区的民防教育训练工作；各民防区负责本区教育训练，根据联邦应急管理署下达的计划，组织民防专业队和全体公民进行教育训练。

综上可以看出，尽管各国模式因国情不同而各具特色，但核心内容和实质都是一致的，通过普遍的灾害意识培养和全社会的应急培训，将灾害信息和自救互救知识普及大众，让社会做好充足的应急准备，减少灾害的损失。

第二节　我国防灾队伍建设

我国是世界上灾害多发国之一，我国的灾害类型涵盖了世界上绝大部分的灾害现象，而且绝大部分发生在城市及其附近。根据部门职能分工，各灾种的预防、救援和减灾恢复都由各个系统负责，各系统根据防灾减灾需要，逐步建立了专业和准专业队伍。各地根据灾害实际情况，也相应建立了专业队伍和准专业队伍，并在当地组织了临时的救灾组织，为防灾减灾工作奠定了人力基础。

与国外防灾减灾队伍建设相比较，我国在防灾队伍建设上，要逐步构建以公安、消防为主要力量，各系统、行业、大企业专业救援队伍为基本力量，社区自救互救组织和志愿者队伍为补充力量，武警、部队、民兵应急分队为支援力量的救援队伍体系，以形成防灾救灾的整体合力，为城市经济发展和社会大局稳定提供坚强有力的安全保障。

一、专业队伍建设

我国拥有各专业的防灾队伍和准专业的救援队伍，并有公安、消防等相关专业系统队伍作为防灾后盾。

我国城市水利、气象、农业、地质、地震、林业、海洋和民政等行业基本上已建立了针对自然灾害的专业和准专业队伍；工矿、交通、建筑、市政、信息等行业基本上已建立了针对事故灾难的准专业队伍，在这些行业中，有大量的成建制的作业队伍，略加训练，这支队伍就可以担当临时救援抢险任务；医院、卫生院等组成了比较健全的医疗卫生系统，专业人员比较充足，加上实施培训和有效组织，可以在灾时应急救护中发挥重要作用；公安民警、交通警察、森林警察、消防部队、武装警察部队和军队是城市防灾救灾的冲锋队和坚强后盾。这些专业和准专业队伍建设，为国家、城市做好防灾应急工作打下了坚实的基础。

二、非专业队伍建设

非专业队伍建设是指社区在有关部门的指导下自动组成的防灾救援队伍，包括长期和临时救灾队伍。如志愿者组织、社区救灾组织、村民自救组织等。

2005年4月，北京成立了第一支社区防灾减灾志愿者队伍。志愿者平时的任务就是负责地震科普知识和防灾减灾知识宣传；组织进行自救互救专业技能的训练、演练。如灾难发生，他们将协助社区组织灾民自救互救、应急避险、疏散安置；配合专业救援队抢险、救护以及负责灾后社区居民心理咨询。

通过学校，北京建立了一些由学生和老师组成的救援队伍，目前除了在社会上组织一些防灾避灾的知识宣传外，其活动基本上囿于学校范围。

三、城市防灾队伍培训

防灾队伍培训就是要使参与团体接受有关应急计划的教育，并保证所有参与人员接受训练。这里的参与团体主要是指各政府机构、企业代表、社区代表。确切的培训计划报告应强调应急训练的重要性，并制定合适、有效、完善的培训计划。可以参考的培训步骤如：为所有方案参与者做报告，介绍方案背景，让他们明确各自责任，并确定培训人员名单；设计可实现的培训计划，确定培训目标选择培训指导方法，编写课程安排和内容；实施指导，并补充培训过程中出现的问题；培训效果检验。

对社区公众，重要的是提高知情意识。通过大量可行的教育和培训活动，其中包括发放有关宣传资料给可能受灾害影响范围内所有的居民（例如应急手册，该手册提供方案的背景及社区内存在的各种危险源，解释在紧急情况发生时应该做什么）；通过各种各样的宣传方法，包括广播、电视、报纸等媒体广告，向公众通告可能存在的危险和相应的应急计划；还包括短期的宣传培训、公开展览或举办会议等各种途径，针对社区内不同年龄阶层的人士推广和普及社区安全文化，增强社区安全意识。让市民了解平时应该做好什么样的防灾准备，在各种紧急情况下如何避险，必要时如何进行疏散，如何进行自救和互救等。北京市2007年出版了一个小册子：首都市民防灾应急手册，就非常值得推广。

四、城市防灾队伍整合

整合城市防灾队伍，是整合资源，建立反应敏捷、运行高效的城市防灾和危机管理机制的重要途径。城市一旦发生灾害，将给城市造成极大的损失，应对这种危机，政府建立统一指挥、功能齐全、运转高效的应急管理机制。在现有的防灾各系统的基础上，充分利用现代化手段，整合社会防灾资源，形成上下贯通、资源共享、机制顺畅、专业齐全、统一协调、权威性高的应急指挥和管理机制。

具体的措施有：（1）理顺机制，强化应急指挥中心的协调指挥作用。（2）整合资源、用现代化信息网络进行防灾资源的整合，构建各救灾信息的平台，实现资源共享，构建一个能提供各种救灾系统的体系。（3）健全各种专家咨询评估队伍，按照防灾和危机管理的专业需要，完善防灾应急的队伍，适时为应急运行、灾害管理提供科学的评估和建议。（4）加强应急救灾队伍的建设，建立一支强大的干群结合、平战结合的应急救援队伍，结合应急抢险开展训练。（5）加强社会宣传教育，面向社会，加大防灾减灾宣传力度，普及防灾知识，强化公众救助训练，提高全民防灾意识。（6）实行依法管理，逐步建立完善相关法律，明确各级政府、相关部门及公民在防灾工作中的职责。

通过以上重点工作，切实加强城市应急的机制和能力建设，形成一套集中领导、集中指挥、结构完善、功能齐全的应急机制，以提高城市应对各种突发事件和风险的能力。

在城市建设中，要加强城市应急管理系统的建设，并且要建立高素质的应急抢险救援队伍，建立公安、消防、医疗、地质、防汛、矿山救护、铁路民航、防化等专业队伍，为了城市的功能发挥，还必须加强城市供水、供电、供暖、排水、燃气、电信各种管网等队伍建设，还要组织社会参与和志愿者队伍。在整个防灾队伍中要增加政府公共危机管理的投入，并且加快建立公共危机救助体系，完善社会、企业、单位、个人捐赠资金的管理办法，发挥红十字会等社会组织和团体的救助作用。在中国目前要进一步加强对公共危机的宣传教育，加强公共危机的社会动员，吸纳公众参与危机管理。

第三节　社会救灾培训和演练

一、社会救灾概况

社会救灾是全社会参与综合防灾的重要组成部分之一。其主要工作包括专业救援人员培训、准专业人员训练、社区演练、意识培养。

为提高全民防灾减灾的意识，各灾害行业管理部门经常组织开展宣传活动，普及防灾减灾知识和提高技术水平。对专业人员一般通过召开座谈会、研讨会、举办各种培训班的形式有针对性地进行研讨、咨询，来宣传防灾减灾知识。对广大市民一般通过专题宣传图片展览、印发专题宣传品以及广播、电视等多种形式，来提醒对防灾减灾的认识和重视，使全社会总体防灾意识有明显提高。

为了更好地贯彻执行各类防灾技术标准，各行业还组织专家编写了统一的技术规范培训教材，制定培训计划，有计划、有目的、分层次组织培训，培训对象包括灾害监测、防御、勘察、设计、施工图设计审查单位的技术人员及灾害行政主管部门有关管理人员等，使我国防灾技术教育工作走向规范化。

由于防灾减灾是一项综合性强的跨区域工作，开展国内外合作与交流一直受到国家和各行业主管部门的重视，以不同方式支持了有关科研单位举办各种灾害为主体的国际研讨会以及双边和多边合作。此外，每年国内都举办大型的各种灾害研讨会，这些交流与合作直接促进了我国城市建设和防灾水平的提高。

二、社会救灾培训

社会救灾培训主要是应急和自救互救培训，其主要内容是帮助人们提高应对各种突发事件的能力，形成良好的心理素质，防止出现混乱场面，减少不必要的伤害，将各种损失降到最低。各种突发事件大到地震、恐怖袭击、水灾、火灾和各种灾害性事件，小到家庭中的各种意外事故处理、车祸、野外生存训练、各种化学品的防护、电击、中毒、溺水、各种突发病的急救等。下面以地震灾害为例作一介绍。

1. 地震中的自救

自救是指被压埋人员尽可能地利用自己所处环境，创造条件及时排除险情，保存生命，等待救援。

地震时如被埋压在废墟下，周围又是一片漆黑，只有极小的空间，你一定不要惊慌，要沉着，树立生存的信心，相信会有人来救你，要千方百计保护自己。

地震后，往往还有多次余震发生，处境可能继续恶化。为了免遭新的伤害，要克服恐惧心理，坚定生存信念，稳定下来，尽量改善自己所处环境，设法脱险。此时，如果防震包在身旁，将会为你脱险起很大作用。如一时不能脱险，不要勉强行动，应做到：

首先要保障呼吸畅通。设法将双手从压塌物中抽出来，清除头部、胸前的杂物和口鼻附近的灰土，移开身边的较大杂物，以免再次被砸伤和被倒塌建筑物的灰尘窒息；闻到煤气、毒气时，用湿衣服等物捂住口、鼻。

不要使用明火（以防有易燃气体引爆），尽量避免不安全因素。

避开身体上方不结实的倒塌物和其他容易引起掉落的物体；扩大和稳定生存空间，用砖块、木棍等支撑残垣断壁，以防余震发生后环境进一步恶化。

设法脱离险境。如果找不到脱离险境的通道，尽量保存体力，用石块敲击能发出声响的物体，向外发出呼救信号，不要哭喊、急躁和盲目行动，这样会大量消耗精力和体力，尽可能控制自己的情绪或闭目休息，等待救援人员到来。如果受伤，要设法包扎，避免流血过多。

维持生命。如果被埋在废墟下的时间比较长，救援人员未到，或者没任何救援信号，就要想办法维持自己的生命，防震包的水和食品一定要节约，尽量寻找食品和饮用水，必要时自己的尿液也能起到解渴作用。

2. 地震中的互救

互救是指灾区幸免于难的人员对亲人、邻里和一切被埋压人员的救助。

震后，因为被埋压的时间越短，被救者的存活率越高。外界救灾队伍不可能立即赶到救灾现场，在这种情况下，为使更多被埋压在废墟下的人员获得宝贵的生命，灾区群众积极投入互救是减轻人员伤亡最及时、最有效的办法，也体现了"救人于危难之中"的崇高美德。因此在外援队伍到来之前，家庭和邻里之间应当自动组织起来，开展积极地互救活动。救助工作的原则是：（1）根据"先易后难"的原则，应当先抢救建筑物边沿瓦砾中的幸存者和那些容易获救的幸存者。（2）先救青年人和轻伤者，后救其他人员。（3）先抢救近处的埋压者，后救较远的人员。（4）先抢救医院、学校、旅馆等"人员密集"的地方。

抢救出来的轻伤幸存者，可以迅速充实扩大互救队伍，更合理地展开救助活动。

合理科学的救助方法可以更多更好地救出被埋压人员，因此掌握一定的技巧和要领是保持救助成果的必要条件。

救助被埋压人员要注意如下几点要领：（1）注意收听被埋人员的呼喊、呻吟或敲击的声音。（2）根据房屋结构，先确定被埋人员位置，再行抢救，不要破坏了埋压人员所处空间周围的支撑条件，引起新的垮塌，使埋压人员再次遇险。（3）抢救被埋人员时，不可用利器刨挖等，首先应使其头部暴露，尽快让埋压人员的封闭空间畅通，使新鲜空气流入，挖扒中如尘土太大应喷水降尘，以免埋压者窒息，迅速清除口鼻内尘土，再行抢救。（4）对于埋在废墟中时间较长的幸存者，首先应输送饮料和食品，然后边挖边支撑，注意保护幸存者的眼睛，不要让强光刺激。（5）对于颈椎和腰椎受伤人员，切忌生拉硬拽，要在暴露其全身后慢慢移出，用硬板担架送到医疗点。（6）一息尚存的危重伤员，应尽可能在现场进行急救，然后迅速送往医疗点或医院。

救人过程千万要讲究科学，对于埋压过久者，不应暴露眼部和过急进食，对于脊柱受伤者要专门处理，以免造成高位截瘫。

三、政府对自救互救教育的推动

加强城市安全教育和宣传，将是我国近期内进行自救互救教育的重要内容。各级政府要认真履行防灾减灾公共服务职能，把城市和社区防灾减灾教育纳入国民教育体系，依靠全社会的力量，加强经常性教育和宣传的基础设施建设，全面提升社会公众对防灾减灾的参与程度，提高对自然灾害和突发公共事件的理解和心理承受能力，普及自救互救技能，实现"社会参与，共同抵御"。

2008年5月12日四川汶川8级特大地震，造成重大人员伤亡和财产损失。为进一步增强全民防灾减灾意识，推动提高防灾减灾救灾工作水平，经国务院批准，从2009年开始，每年的5月12日定为"全国防灾减灾日"。通过定期举办全国性的防灾减灾宣传教育活动，进一步唤起社会各界对防灾减灾工作的高度关注，增强全社会防灾减灾意识，普及推广全民防灾减灾和避灾自救技能，提高各级综合减灾能力，最大限度地减轻自然灾害损失。2020年5月12日是中国第12个全国防灾减灾日，主题是"提升基层应急能力，筑牢防灾减灾救灾的人民防线"。

早在2001年年初，北京市政府在自救互救工程中提出：计划到2005年，北京市民中每150人要有1位急救员，到2008年，争取每80人中有1位急救员。为此，北京市红十字会已经开始进行培训普及工作，其他一些省市也紧跟其后。

在我国应急和自救互救常识的普及培训领域，北京人达技术培训有限责任公司是第一家专业的服务公司。为使广大群众普遍认识到学习自救互救常识的重要性，该公司本着"关爱生命，共建和谐"的理念，依据"帮助人们提高应对突发事件的能力，掌握自救与互救的知识与技巧，形成良好的心理素质，塑造高品质的生活"的宗旨，希望能够在应急和自救互救常识的普及培训领域做一点实事，为自救互救常识的普及宣传站脚助威，从而为构建和谐社会出一点力。

该公司曾给多家跨国企业、大型国有集团以及众多企事业单位做过系统的培训。培训满意度一直较高。教师团队具有丰富实践经验和系统的理论知识。以往的客户在人达的帮助下均系统地掌握了自救互救的现场急救知识，理念与技能方面得到较全面提升。这样的经验应及时总结和推广。

四、防灾演习实例

1. 我国成功举行首次海啸演习

2006 年 5 月 17 日上午 10 时 11 分，代号为"06 太平洋巨浪"的海啸演习在国家海洋环境预报中心展开，这是有史以来我国首次针对海啸灾害开展的演习。

这次演习是联合国教科文组织政府间海洋学委员会组织的代号为"Exercise Pacific Wave 06（06 太平洋巨浪）"海啸演习的一部分。演习的主要目的是测试太平洋各国，海啸预警系统的接受、制作、分发效能，并对太平洋沿岸各国和地区的海啸预警决策程序进行检验。太平洋周边的 32 个国家和地区，包括澳大利亚、智利、新西兰、俄罗斯、美国等参加了演习。

国家海洋局内设立了国家海啸演习领导小组，下设办公室和专家组。国家海洋局副局长任演习领导小组组长。

受本次假想海啸影响严重的福建、广东、海南、浙江四省政府分别成立了此次海啸演习的组织机构，香港特别行政区同时开展了海啸演习。

这次演习在太平洋东西海岸各设置 1 个假想地震海啸源，太平洋东岸的海啸源位于智利沿岸（北京时间 2006 年 5 月 17 日 3 时发生）；太平洋西岸的海啸源位于菲律宾西北部（北京时间 2006 年 5 月 17 日 10 时发生）。按照联合国教科文组织政府间海洋学委员会海啸演习方案的要求，各国海啸警报制作和分发到基层灾害风险管理部门的总时间不超过海啸到达该国传播时间的 1/4。根据计算，此次"海啸"影响到我国台湾省约为 30 分钟，海南、广东、福建和浙江等省以及香港、澳门特别行政区沿岸的时间，约为 2～4 小时，因此整个海啸警报接收、预警、分发工作应在 30 分钟内完成。

"06 太平洋巨浪"海啸演习于 2006 年 5 月 17 日 9 时 45 分开始。10 时 11 分接到太平洋海啸警报中心发出的海啸警报信息。警报响起，至 10 时 59 分解除，共历时 48 分钟。期间，国家海洋环境预报中心制作中国海啸紧急警报时间为 3 分钟，向国务院应急办、国家减灾委、国家防总、国务院港澳办、国务院台办、总参气象水文局、中国地震局、中国气象局，浙江、福建、广东、海南省人民政府总值班室、海洋厅（局）和海洋预报台，国家海洋局东海、南海分局及其预报台分发海啸警报信息后，这些单位均在 6 分钟内接到信息。

演习证明我国海啸预报系统完全可以在 4 分钟之内制作完成国家级海啸警报，并在 6 分钟之内完成发布。反馈信息显示，我国沿海浙江、福建、广东、海南四省的海啸应急反应也相当迅速，浙江省人民政府向沿海温州、台州、宁波、舟山 4 个市及所辖 9 个县的人民政府和海洋部门发布海啸警报时间为 18 分钟；福建省人民政府向泉州市及其所辖石狮市人民政府和海洋部门发布海啸警报时间为 13 分钟；广东省人民政府向珠海、汕头、湛江、汕尾 4 个市和 9 个县（区）的人民政府和海洋部门发布海啸警报时间为 12 分钟；海南省人民政府向海口市和文昌市人民政府和海洋部门发布海啸警报时间为 9 分钟，均在联合国教科文组织政府间海洋学委员会海啸演习方案要求时间之内。

5 月 17 日 10 时 59 分，海啸演习各项任务圆满完成。从国家海洋预报中心警报响起到浙江省最后一个县级单位接到海啸警报，用时为 24 分钟。这一数字说明，2004 年印度洋海啸后我国建设的海啸预警系统和各地的应急预案经受住了"实战"的考验。

我国是世界上海洋灾害频繁和严重的国家之一。海洋自然灾害是危害我国海上和沿海城市经济活动、人民生命财产安全的重要因素。我国周边海域大多位于环太平洋地震带上，为地震多发区，全球 75% 的破坏性海啸均发生在这个带上，一旦这些地区发生海底地震引发海啸，台湾、广东、福建、海南和浙江等沿海城市受灾的危险不得忽视。

作为海啸预警系统的一部分，定期的海啸演习将有助于提高人们对于海啸灾难的认知，引导人们在海啸来临时采取正确的逃生方法；同时海啸演习也是检验海啸预警系统和海啸应急预案的最佳途径之一。通过演习，可以了解海啸预警系统和应急预案在实施过程中应注意的问题，并在以后的工作中加以改进。

2. 北京小学生地震灾害疏散演习

2003 年 4 月 7 日，在北京大兴区黄村镇第一中心小学举行灾害疏散演习，首先让学生和老师们观看了地震灾害的录像，让学生和老师们了解地震的性质，地震的伤人特点，然后是让学生在教室里进行就地演习，当地震发生时，如何利用课桌椅就地躲避保护自己。第三步进行疏散，各班在指挥小组的指挥下，按照疏散计划，有条有理、秩序井然、安全地进行了疏散，总共耗时不足 3 分钟，按照预定要求圆满地完成了这次疏散任务。

3. 四川地震灾害实战救援演习

2004 年 10 月 31 日下午 4 时，四川省地震灾害紧急救援队在成都武侯立交桥附近举行应急救援演习。

下午 4 点 30 分城南突发"地震"，成都武侠立交桥附近一块空地上，一阵猛烈抖动后，一排老房子突然坍塌。

"成都城南方向发生'地震'"，省地震局监测到这一信息后，立即抽调地震现场应急工作队，以最快的速度赶到现场。

不到 3 分钟，3 辆地震应急车开到了现场，十几个现场通信组队员从车上跳下，开始架设 V—SAT 和 M4 卫星图像传输系统，这两种系统能够将现场的灾情及时传送给后方指挥部。同时进入现场的还有流动测震组，并很快架设好测余震的野外流动测震台网。

2 分钟以后，又有两辆救援车进入，分析预报组、流动强震组和灾害评估专家赶到现场。专家有的铺开地图，召开紧急会商会，有的架设数字化强震观测仪，有的分析灾情，一切就绪后，将现场的所有信息立即传送到"后方"指挥部，救援行动也即将展开。

4 点 37 分救援队赶到受震的房前，房屋还在垮塌，木头砖瓦仍在下掉，情况更加危急，周围的群众都万分紧张。此时 4 辆消防车载着救援队呼啸而来，紧跟其后的还有两辆 120 救护车。这支 50 人组成的救援队承担着艰巨的任务，他们将被埋压人员搜救出来，并对地震次生灾害中的被困人员进行搜救。

设置好救援区域后，4 名结构专家首先进入了现场，鉴定房屋安全，保障救援队员的安全进入。两名专家在两间房屋门前画上了一个方框加一条斜线，这样表明可进入，但需要支撑。收到可进入的信号后，3 只搜救犬出现在大家眼前，在训导人员的指引下进入现场，很快找出受伤居民所在的位置，训导员立即立下警示灯，并用对讲机联系其他队员。

随后，16名队员分成4组携带液压救援撑杆固定好垮塌房屋的左右两侧，另外一组救援人员进入现场后，用振动生命探测仪等探测出了被困人员的准确位置和被困情况。10秒钟不到，被困人员准确位置找到。

找到准确位置后，又有10名队员进入现场，用金属切割机、起重机等工具打开一条救援通道，"我已经看到伤者了，他被压在一块水泥板下……"听到呼救声后，两名队员拿着起重气垫和起重气囊冲了过去，顶起水泥板后，另两名队员将"伤者"抬出房间。"第一名伤者救出来了！"现场响起一阵欢呼声，伤者被放到早已准备就绪的担架上，被抬进了在一旁等候的120救护车内。这时，另外几名"伤者"也陆续被救出。

4点50分，"伤者"全部被救出，救护车疾驰而去，现场响起了一阵热烈的掌声，演习成功结束。

4. 江西广昌县突发地质灾害应急演习

江西省广昌县于2006年3月13日，在该县盱江镇下坪村里端村小组举行江西首次突发地质灾害应急演习。

参加单位有县国土、人武、公安、卫生、民政、水利、电信、供电等部门负责人，盱江镇政府、下坪村委会、里端村小组群众等相关人员，以及抚州市政府领导带领的10个县市分管地质灾害防治工作观摩团等共计200余人。

演习于8时30分开始，30名民兵组成的紧急抢险组、20名干警组成的治安维护组和医疗卫生组等7个工作小组，按照各组分工立即投入了紧张的抢险救护工作，至上午10时30分整个演习结束：疏散转移村民160余名，解救出被埋在房屋里群众3名。这次演习为全市今后高效有序地做好突发地质灾害应急抢险救护工作，提供了成功做法和经验。

第八章　我国中央和地方应急反应体系

2003 年 SARS 突发事件给我们的应急管理很大启示，对我国应急管理提出了急迫要求，截至 2005 年底，我国已初步形成从国家层面到各省市、从综合部门到专门行业的应急预案体系，并相应地设立了应急管理体系。2018 年，以习近平同志为核心的党中央从战略和全局高度作出重大决策，组建应急管理部，构建统一领导、权责一致、权威高效的国家应急能力体系，全面提升应急救援的协同性、整体性、专业性，提高国家防灾减灾救灾能力，对推进国家治理体系和治理能力现代化，提高人民群众安全感，保障国家长治久安具有重大意义。

应急反应体系包括应急预案体系和应急管理体系两部分，前者是以文字形式表现的规划部署和程序安排，后者是根据规划和程序做出的人员责任分工。

第一节　我国应急预案体系

我国的应急预案体系由国家突发公共事件总体应急预案、105 个专项和部门预案以及绝大部分省级应急预案组成，全国应急预案体系初步建立。

1. 应急预案对应的突发公共事件分类及分工

（1）自然灾害：包括洪涝、干旱、地震、气象等诸多灾害。包括国家减灾委（30 多个部委组成）、国家防汛抗旱总指挥部、水利部、民政部、农业部、自然资源部、地震局、气象局、林业和草原局等从事减轻自然灾害工作。

（2）事故灾难：包括航空、铁路、公路、水运等重大事故，工矿企业、建设工程、公共场所及各机关企事业单位的重大安全事故，水、电、气、热等生命线工程、通信、网络及特种装备等安全事故，核事故、重大环境污染及生态破坏事故等。由国家安全生产委员会及安全生产监督管理总局牵头，涉及住房和建设部、铁路局、交通部、民航总局、工业和信息化部、商务部以及各大工矿企业、各大城市市政管理部门等。

（3）公共卫生事件：包括突发重大传染病（如鼠疫、霍乱、肺炭疽、SARS、禽流感、新冠肺炎等）群体性不明原因疾病、重大食物及职业中毒、重大动植物疫情等危害公共健康事件。由孙春兰副总理负责，涉及卫生健康委员会、食品药品监督局、红十字会、爱国卫生委员会、艾滋病委员会、血吸虫病委员会以及各级医院、卫生院等。

（4）社会安全事件：包括恐怖袭击事件、重大刑事案件、涉外突发事件、重大火灾、群体性暴力事件、政治性骚乱、经济危机及风暴、粮食安全、金融安全及水安全等。

2. 预警分级

根据预测分析结果，对可能发生的可以预警的突发公共事件进行预警。预警级别依据突发公共事件可能造成的危害程度、紧急程度和发展态势，一般划分为四级：Ⅰ级（特别严重）、Ⅱ级（严重）、Ⅲ级（较重）和Ⅳ级（一般），依次用红色、橙色、黄色和蓝色表示。

3. 中央应急预案体系

2005年1月26日，时任国务院总理温家宝主持召开国务院常务会议，听取国家突发公共事件应急预案编制工作汇报，审议并原则通过了《国家突发公共事件总体应急预案》。根据中共中央、国务院的部署，各地区、各部门围绕编制突发公共事件应急预案，建立健全突发公共事件的应急机制、体制和法制，做了大量很有成效的工作，形成了国家突发公共事件总体应急预案、105个专项和部门预案，标志着中央应急预案框架体系已经建成。目前已经公布的专项应急预案有：（1）国家自然灾害救助应急预案；（2）国家防汛抗旱应急预案；（3）国家地震应急预案；（4）国家突发地质灾害应急预案；（5）国家处置重、特大森林火灾应急预案；（6）国家安全生产事故灾难应急预案；（7）国家处置铁路行车事故应急预案；（8）国家处置民用航空器飞行事故应急预案；（9）国家海上搜救应急预案；（10）国家处置城市地铁事故灾难应急预案；（11）国家处置电网大面积停电事件应急预案；（12）国家核应急预案；（13）国家突发环境事件应急预案；（14）国家通信保障应急预案；（15）国家突发公共事件医疗卫生救援应急预案；（16）国家突发公共卫生事件应急预案；（17）国家突发重大动物疫情应急预案；（18）国家重大食品安全事故应急预案。

部门应急预案是国务院有关部门根据总体应急预案、专项应急预案和部门职责为应对突发公共事件制定的预案，目前正在陆续发布中。

4. 地方应急预案体系

地方应急预案包括：省级人民政府的突发公共事件总体应急预案、专项应急预案和部门应急预案；各市（地）、县（市）人民政府及其基层政权组织的突发公共事件应急预案。这些预案在省级人民政府的领导下，按照分类管理、分级负责的原则，由地方人民政府及其有关部门分别制定，目前正在陆续颁布中。

第二节 应急管理体系

应急管理体系是指在坚持中央和国务院统一领导下，整合中央国家机关征各地单位和驻地部队单位的应急资源，在与国家减灾中心互通互联的大前提下构建的综合应急管理体系。大致包括应急指挥系统、应急技术支撑系统、应急管理法律和规范系统以及应急资金物资保障系统。

一、应急管理体系构成

1. 应急指挥系统

包括省、市和区县三级政府的综合应急指挥系统及若干个单种灾害或职能部门的应急指挥系统。

（1）省、市综合应急指挥系统是各地区公共危机应急管理的最高权威机构。其领导决策层由各省、市主要领导，中央和国务院机关事务管理局或派出机构、驻地部队和各省、市有关职能局、委的领导组成，一般为应急减灾委员会或领导小组，下设综合应急指挥中心和应急专家组。

（2）市应急指挥系统作为二级综合应急指挥系统，主要负责各市内的公共危机事件的综合应急管理；区县应急指挥系统，作为三级综合应急指挥系统，主要负责本区县内的公共危机事件的综合应急管理。

（3）专业应急指挥系统是指由市政府职能部门组建的针对单种灾害的专业性应急指挥系统。其特点是具备对单种灾害的监测、预警、救援等能力，技术水平较高，有的还是本地区应急救援专业队伍的骨干力量。包括：消防、交通、公共卫生、公用设施、安全生产、抗震、人防、反恐、动植物疫情、防汛等方面。

（4）社会应急救助组织，这是各企事业单位、群体团体以及社区等基层组织，在专业防灾部门或区县政府指导和支持下组建的义务防灾减灾志愿者组织。他们接受一定的安全减灾科普教育或减灾技术培训，在发生突发事件和灾害时，他们作为灾害事件的第一目击者，在第一时间组织最初的自救互救，为后来的专业救援队伍提供准确的灾害事件初始信息，协助专业救助行动，这对了解灾害发生的初始信息、灾害源判断、准确实施应急救援措施，最大限度减轻灾害损失是十分重要的。

2. 应急技术支撑系统

包括网络通信子系统、信息数据库子系统、数据分析评估模型子系统、对策预案子系统和专业救援子系统。

3. 应急管理法律和规范系统

（1）建立各地区相应的应急管理法律体系。

（2）编制各地减灾规划及相应的实施计划纲要。

（3）在"市民道德行为规范"中加进防灾、救灾内容。

4. 资金物质保障系统

（1）将应急指挥系统建设资金列入每年财政预算或建立专项基金，专款专用。

（2）加快应急救援装备、器材现代化、高科技化的步伐，如超高楼层救火救生设备等。

（3）通过政策引导和扶持，发展民营减灾用品产业，如家庭、个人备灾应急包、小型救灾器材等。

（4）做好应急物资储备，建立市财政支持的应急物资生产基地。

我国的应急管理遵循的是"条块结合，以块为主"的属地管理原则，各地方，特别是大城市将处在应急管理的第一线，具体实施以上应急预案。中央政府除了完成灾害和事故预报预警等方面工作外，将适时提供各种援助和救助。根据部门职能和资源调配权限，在专项预案和部门预案中，都对预案启动程序、责任人和联系方式作出了详细规定，并采取措施保证信息的及时更新。

我国幅员辽阔，气候各异，各种灾害的分布差别很大，一种应急管理模式整齐划一地推开是不科学的，应该立足于分类指导，因地制宜。各地在长期实践的基础上，以中心城市为基础的各省市实行省长、市长负责制，综合应对各类灾害和应急事件，形成了一些典型的应急管理模式，对各地加强应急管理工作很有启示作用。

二、地方主要应急管理体系类型

目前可以归纳的地方应急管理类型主要有以下几种。

1. 以分类子系统为基础的综合型应急管理系统

以北京市为例，已经建立覆盖全市社会生产和市民生活各方面的包括九大子系统的北京市应急指挥系统。应急系统除了包括反恐与重大刑事案件处置子系统外，还涵盖重大交通事故、消防安全、重大动物疫情、公共卫生突发事件、城市基础设施安全、人防指挥、安全生产、防震减灾、防汛抗旱等多个应急子系统。除市级系统外，18 区县建二级系统，并延伸至基层社区。

2. 以公共服务号码为纽带的联动型应急管理系统

长期以来，我国城市应急管理系统受条条管理的影响较重，一直处于各自独立、分散管理的状态。以公众特服号码来说，如公安——110、火警——119、急救——120、交警——122，各自独立，互不联系，加上水、电、气等公共服务号码，百姓难以分清和正确使用。由于缺乏统一的指挥调度平台，不同警种与不同的防灾部门之间无法进行很好的配合与协调，分散在各个单位的资源无法共享，使得对综合性复杂突发事件的处理应对不力。而各部门分别建立独立的应急指挥中心，重复投资、重复建设，造成人力、物力、资金和自然资源的浪费。联动型将 110（刑警）、119（火警）、120（急救）、122（交警）及市长电话等集中组成联动中心，统一处置各类灾害及应急工作，具有很大的优越性。目前已有南宁市、重庆市和泉州市等采用该类型的联动管理。

（1）南宁市：作为我国首个城市应急联动系统建设试点，其应急联动系统将110、119、120、122 及 12345 市长公开电话纳入统一的指挥调度系统，施行联合办公，统一接警，及时分送处理，实现了跨部门、跨警区及不同警种的统一指挥。市民只要拨打上述电话中的任何一个，即可接通联动中心并得到所需的应急救助服务。目前，该联动中心每月处理市民电话约 20 万次，处理效率和资源配置效率大大提高，受到百姓的普遍欢迎。

（2）重庆市：将 110、119、120、122 等应急系统，以及市长公开电话和政府值班电话等进行有机整合，纳入统一的指挥调度系统，并且通过"重庆市重大事故应急联动系统""城市应急联动系统""水上搜救应急联动系统""重大危险源地理信息系统" 4 套建设方案，及时、有效地进行抢险救灾的指挥调度。

（3）泉州市：将 110、119、122 "三台合一"，建成一个集中、统一、完善、高效的社会公共应急联动救援中心，提高政府处置突发重大事件的能力，为城市的公共安全提供强有力的保障。

泉州市建立起能支持快速处置城市突发的治安、消防、交通、市政水电煤气事故、医疗急救、自然灾害等紧急事件的应急救援中心，其职责包括：接受市民的报警求助，根据情况性质和紧急程度分派所属系统的相关部门处理，遇有重大事件和事故，协调有关部门共同处理，对处理过程和结果进行监督、追踪和反馈。

3. 以部门为依托的应急系统

（1）办公厅型：部分省市以办公厅为依托，处理各类应急事务。政府重大事件信息均由办公厅统一处理并直通主要负责人。

（2）公安型：该类型主要以公安部门（刑警、消警及交警）为一线，以公安部门代行省市应急工作。重大事件由省市负责人出面管理。

三、当前应急管理存在的主要问题

政府管理越来越强调依法行政，在重大灾害和事故面前，如果宣布为紧急状态，应急管理责任人的行为可以超越法律规定，但在其他情况下，应急管理责任人的行为更多的要受到法律的约束。也就是说，应急管理越来越需要法律的支撑。另一方面，应急救援中，除了军队、武装警察和其他警察部队的主要参与外，还有大量的非专业队伍，甚至是普通百姓的参与，并伴随有财产的投入。如何建立补偿机制，鼓励社会积极参与灾害救助工作，也是国家和地方政府迫切需要给予关注的重要领域。通过法律和制度安排，调动社会参与灾害互助的积极性。综观我国的应急管理工作至少存在以下主要问题。

1．法制上，缺乏应急防灾的法律依据

中国 70 多年的减灾立法虽开始步入法治轨道，但差距颇大。如缺乏国家防灾减灾的根本大法《国家防灾减灾基本法》；现在及未来防灾总体部署中需要法律调整的关系尚未进行；现行多数单灾种（防震减灾法、防洪法、消防法、安全生产法等）法律覆盖面单一，没有综合减灾思路，往往造成投资的重复建设及浪费；我国尚未全面开展城市防灾立法研究，不少大中城市总体规划中的防灾减灾内容无法落实等。

2．体制上，应急管理现代化是长期任务

世界各大国（如美、俄、日、法等）之所以专门成立部级单位以应对国家安全减灾及应急工作，就是其原有机构的体制、机制已不适应众多民事安全减灾及应急的需求。由于应急防灾工作涉及面极广，我国各部委、各省市也难以统一步调，快速行动。安全减灾及应急是一个涉及国家和亿万人民切身利益的大事，必须从战略高度出发，从体制上全面部署这一领域任务。

3．机制上，缺乏灵活高效的反应机制

全球自然灾害、事故灾难、公共卫生、社会安全等涉及上百种的灾害威胁着人们的生存安全。虽然它们各自的规律和特性千差万别，但就安全减灾及应急的规律而言，具有很多共性，比如监测、预报、预警、应急、抗灾、救灾、恢复重建等。特别在应急预案及处置中，安全减灾工作都将动用公安布防、交通指挥、消防灭火、医生急救等。这些共性为节省资源的统一管理打下了基础。但目前的分散管理效率低，反应慢。重复建设多，在机制方面存在诸多弊端。

4．技术上，缺乏现代高新技术支撑

现代安全减灾及应急体系应当是快速、高效和科学的体系。只有充分应用现代计算机、通信、网络、卫星、遥感、地理信息、生物技术等高新技术，组建各类现代系统，去构架中国安全减灾及应急体系，才能面对这项任务。而目前，我国在这一领域的科学技术及其应用差距还相当大。政府和科学家有义务在这一领域作出实质性的贡献。这一涉及亿万人民生命财产的巨系统，其科技任务之重要不亚于"两弹一星"及"载人飞船"。

四、推进城市防灾应急系统建设的建议

1. 加强防灾应急法律体系建构工作

（1）加快推进《防灾减灾基本法》及《突发紧急事件救援法》的立法工作。目前国务院虽已颁布《突发公共卫生事件应急条例》，但从长远看，应急反应机制的规范化、法制化，不仅仅是针对突发公共卫生事件，而要针对一切影响社会稳定、危及人民群众生命财产安全的其他突发性重大事件，仅针对卫生突发事件起草的单项法规是不够的，而必须是包括卫生突发事件在内的公共事件应急综合法规。

（2）国家应针对城市灾害的现状加大对城市安全度的管理，推进《城市防灾减灾法》的立法工作。各个大中城市及城镇，都要结合自身情况及灾情，编制自身的《城市防灾条例》。

2. 建立与应急防灾相适应的组织管理体制

在国务院一级设置专门机构，由专人负责这一领域工作，并领导各部委、各省市及全国做相应工作，逐步完成我国民事安全减灾及应急体系的战略部署、机构设置、现代体系建设、科研规划、人才培养等战略工作。

对于地方城市来说，建立组织协调有力、决策科学有效、能集中领导与动员社会各方力量共同参与、精干高效的防灾决策指挥体系，是做好各种突发应急反应工作的组织保证。首先，要成立防灾减灾工作领导小组，组成决策指挥集团，作为城市最高层次的决策指挥主体。当本地发生紧急事件后，即转为本级防灾指挥部。其次，定期不定期地召开各部门联席会议，及时研究可能出现的苗头、平时存在的主要问题、已经发生的紧急情况、拟订解决的办法或方案，并认真加以实施。联席会议由政府主要领导主持，各相关部门参加，根据各自不同情况，提出问题，分析问题，解决问题。第三，要建立为科学决策提供咨询服务的智囊机构，由各类专家组成，为防灾减灾应急反应献计献策。专家组委参加联席会议。

3. 建立整合、联动、高效的应急机制

应急救援是复杂的系统工程，要良好运转，有序指挥，离不开一个高效的管理机制。

（1）明确各级政府的管理职责、各行政部门的职责，充分发挥各部委、各省市已有的人力物力，通过整合形成新的应急反应机制，逐步达到快速、高效和科学的目标。在逐步健全城市安全应急救援联动系统方面，应打破现有城市安全应急系统部门条块分割，通过优化组合，使应急救援系统，如消防、防爆、急救、交通安全以及防空、地震、水文、气象等资源能够共享。

（2）准备有效的应急反应预案。为防"灾"于未然，沿主要江河县级以上城市、地震重点区域县级以上城市、市（州）以上城市都要出台防灾减灾紧急预案，包括预案启动的条件、启动后的组织协调、各相关部门的职责、特殊的管制措施、资金和物资的调集、宣传方式和口径等。

（3）建立过硬的应急反应队伍。建立一支反应迅速、机动灵活、装备精良、业务过硬的应急反应队伍，其职责是处置紧急突发事件，为公众救急解难，做到招之即来，来之能战，战之能胜。这需要集公安、消防、武警、军队、急救、公用事业包括城市供水、供电、供气的抢险救灾等应急部门为一体，形成多功能应急抢险体系。

4. 建立健全以现代高新技术为基础的技术支撑体系

（1）确立应急反应管理体系，要加强理论研究，确立危机观。在现代社会生活中，公共危机不是偶然发生的。随着人类之间以及人类与自然之间的交往和交流日趋加深、复杂，社会生活中不确定性因素日趋增多，社会生活的节奏不断加快，各种公共危机已经越来越频繁地出现在现代社会生活中。这种认识应该成为我们建立公共危机应急管理体系的出发点。

我们制度的优越性，能够证明经济环境的优良，避免社会的恐慌，但是透明的、制度化的危机管理机制以及强大而有效的应急反应能力更能为社会的安全提供保障，为经济建设保驾护航。

随着时代发展和社会进步，重构诸如生命价值、公民权利、社会安全、经济建设、合法性等重大的价值目标之间的关系，并在应对各种公共危机的过程中，谋求这些价值之间的平衡。

（2）现代应急反应管理体系要纳入现代公共行政体制建构中。从某种意义来说，不具备非常态管理的行政体制很难说是现代公共行政体制，公共危机管理属于非常态管理的范畴，是现代公共行政不可或缺的组成部分，必须将非常态管理纳入常态管理体系，与政府治理模式变革乃至经济、政治体制改革的进程相适应。

当然，要真正建立起现代意义上的公共危机应急管理体系，需要建构完善的制度系统（法律、法规和政策）、战略和目标系统、以政府为核心的多元反应结构（政府—公众—专业技术人员—社会经济组织—传媒—国际社会）、信息—技术系统和资源系统，不断提升全社会危机管理的意识、知识和能力。

一是建立灵敏的监督信息平台。当今社会是信息社会，信息已成为促进经济发展和社会进步的重要杠杆和纽带。面对不断变化的防灾减灾客观实际，应急反应机制是否有效，其关键在于是否有灵敏、正确、有力的信息系统。因此，构建一个能够贯通国家、省、市（地）、县（区）、乡（镇）、街道社区的监督信息平台，及时预报、预测、预警突发灾难，作为各级决策部门防灾减灾的"千里眼"和"顺风耳"势在必行。在整合、优化和共享我国现有灾害监测系统基础上，需要进一步延伸防灾减灾监测系统的可及范围。

二是加强并完善防灾减灾应急反应的技术支撑体系，全面提升城市应对突发事件的快速反应和应急处置能力。包括研究先进技术、配备先进设备、培训技术队伍、检验应急能力等，提高应急反应的技术含量，最大限度地减少灾害造成的损失。建立以现代化的通信技术、计算机技术、声像显示为手段，以计算机网络信息系统为平台，具有数据信息自动收集、处理、交换与服务等功能，以防灾减灾应急决策指挥为核心的综合性技术，作为政府实施防灾减灾决策指挥的高科技、实用化的技术体系。

三是要有必要的软件硬件投入。硬件投入即物资投入；软件投入即非物资投入，主要表现为技术、管理投入和软科学研究。在经费和物资上给予大力支持和积极保障，是城市防灾减灾应急处置顺利进行的必备条件。在经费的使用上要坚持确保重点，准确高效，专款专用原则。

5. 开展深入的宣传教育工作，加强国际地区合作

加强防灾减灾知识的宣传教育，就是向广大群众宣传防灾减灾的方针政策和法规，普及灾害知识、防灾知识、抢险救灾和恢复重建知识等提高全社会的防灾减灾意识。政府要有针对性地制作防灾减灾应急科普宣传品，经常开展宣传活动，及时制止谣言和误传。在城市，通过多种形式加强防灾减灾知识的宣传教

育，使社会公众增加灾前防御意识、灾时自救和互救知识以及灾后恢复能力。这样可以使社会秩序稳定，人员伤亡大大减少，有效减轻灾害造成的损失。

防灾减灾、应急反应需要广泛开展国际、地区间的合作与交流，通过持续不断的活动，及时交流信息、学习经验、沟通情况、联合行动，可以大大增强应急反应的实际效果。

6. 当前城市防灾应急工作的重点

当前要重点抓好以下工作：（1）进一步完善各类应急预案，一方面使应急预案形成完整体系，特别要抓好基层，包括社区、农村、重点企事业单位应急预案的编制工作，另一方面要提高既有预案的可操作性，通过"实战"增强城市的应急反应能力。（2）加强应急队伍和应急信息平台建设，尽快地形成统一指挥、功能齐全、反应灵敏、运转高效的应急救援机制。（3）组织培训和应急演练，提高指挥和救援人员应急管理水平和专业技能。（4）抓好以预防、避险、自救、互救、减灾等为主要内容的面向全社会的宣传教育工作，不断增强公众的危机意识和自救、互救能力。

第三节　应急反应联动举例

一、哈尔滨市政府应对水危机的经验和教训

2005年11月13日，吉林石化公司发生爆炸，造成大量化学物质泄漏，导致松花江水受到严重污染。哈尔滨位于松花江下游，以松花江水为水源之一。为了避免400万居民饮用水发生污染，哈尔滨市供水机构及时切断了自来水供应。危机来临之初，这座城市曾一度陷入慌乱之中，从11月20日中午起，有的市民开始贮存水和粮食；有人不顾夜间的严寒，在街上搭起了帐篷；部分市民及外地民工开始离开哈尔滨，导致公路、民航、铁路客流大增。人们听到了"地震"和"水污染"的传言，却没有得到官方证实，而且传言越来越多。

为了防止整个城市发生恐慌，11月21日，哈尔滨市政府向社会发布公告，全市停水4天，理由是"要对市政供水管网进行检修"。结果，公告发布后，市民反而开始了大规模的抢购。越来越多的市民觉得这个公告可能与地震有关。当

日下午，超市、批发部等处的交通也开始严重拥堵。当日，哈尔滨市又作出决定：在电视上以"检修管道"的名义发公告的同时，组成 300 个小组深入社区，告知市民江水污染的实情，动员大家贮水。当日午夜，省、市政府决定向媒体公布真相。22 日凌晨，公告证实上游化工厂爆炸导致松花江水污染的消息。知道了事情的真相，市民心里有了底，慌乱局面开始缓和。市委、市政府决定：从 24 日起，每天召开新闻发布会，通报停水后的重要信息，让百姓在第一时间了解实情。省环保局也以每天两次的频率，通过媒体通报污染变化情况，通报和说明尽可能做到了通俗易懂。恢复供水后，很多群众拿不准家里的自来水是不是已经可以饮用。省长带头饮用第一杯自来水，化解百姓的疑团。

如此严重的水危机，在世界城市发展史上也十分罕见。虽然全城恢复了秩序，但地方政府应对这场公共危机的经验教训，给人启示良多。

1. 新闻媒体的配合至关重要

公布事实真相，才可以避免恐慌，调动市民参与应对灾害的积极性和主动性。这样一个大范围、长时间的"水危机"在哈尔滨市历史上前所未有，是对政府和相关机构的一次严峻考验。只有通过媒体向群众说实话，相信群众，依靠群众，才能万众一心，共渡难关。2003 年全国大部分城市抵抗 SARS 的威胁时也得出了这样的结论。

2. 稳定市场起到了稳定人心的作用

哈尔滨市停水恐慌阶段超市的饮用水被抢购一空。群众抢购商品、商贩哄抬物价，是危机时期常见的现象，也是加剧社会恐慌最具煽动力和破坏力的因素之一。2005 年，遭受飓风袭击的美国南部几个城市也深受其害。可见，在信息透明的前提下，政府保证市场饮用水供给充足才能占据主动。21 日晚，市政府紧急求助附近的大型矿泉水、纯净水生产企业，连夜组织产品运往哈尔滨。这些企业的饮用水产能共计每天 2500t，全部 1300t 矿泉水运抵哈尔滨。当天下午，全市多数超市和商场就结束了饮用水断货现象。

为了稳定市场，政府购进矿泉水，再以平价卖给市民，以引导市场价格。每个区开设了 3～5 个平价饮用水供应点，并在当地报纸上公布其具体位置和服务电话。由物价、工商等部门组织多个联合检查组，对囤积居奇、哄抬物价、扰乱市场秩序的不法商贩进行集中打击。同时广泛印发通知，向市民公布举报电话，这些措施立竿见影。

3. 通过供热环节稳定市民情绪

哈尔滨市"水危机"发生在 11 月份，这里夜间最低气温已达－10℃，供热成为市民正常生活的瓶颈，而且供热对供水的依赖性极高，哈尔滨供热面积有 1.2 亿 m²，停水后如何保证供热不断档，不冻伤人，是对政府十分严峻的考验。另一个考验是如何避免人们的错误行为造成对整个城市供热的影响。21 日晚上，全市的锅炉就比平时多流失了 3 万 t 水，原来，有人从暖气管里放水去冲洗厕所。

事实上，停水前市政府要求各供热单位做好停水期间需要补水量的统计，将居民小区生活水箱、供热补水箱、软化水箱、消防水池等容器注满水，作为应急备水。停水后，各家国有大型供热企业利用自有水源解决供热补水，供热面积较小的社会供热单位，在所在区政府帮助下解决水源，全市 918 眼地下水井全部启动，并加速开凿新井。

4. 卫生医疗系统的正常运转至为关键

停水期间，全市没有发生饮水和食物中毒事件，肠道传染病发病率与松花江水污染发生前持平。事实上，停水前，市政府对卫生防疫工作已经进行了充分准备，专门就苯、硝基苯中毒救治问题请教了中国疾病预防控制中心的专家，组织 15 家医院建立起救助网络，并公布电话，随时接受群众咨询，全市救护车随时待命。

5. 来自中央政府的支持

国务院专门成立工作组和专家组，赴哈尔滨协调组织和指导有关工作。来自清华大学、哈尔滨工业大学、中国东北市政设计院等部门的 22 位专家经过昼夜试验论证，制定出了《关于恢复哈尔滨市政供水的实施方案》。原建设部组织给水排水专家驻守在哈尔滨供水一线。国家发改委为哈尔滨市恢复供水调运活性炭连夜组织货源，交通部、原铁道部大力支持，建立公路、铁路绿色通道，确保以最快速度运抵哈尔滨。

二、全国防治禽流感疫情

2004 年 1 月 27 日，广西隆安县发生高致病性禽流感疫情，此后疫情迅速蔓延。面对严峻形势，党中央、国务院果断决策，对防治工作作出紧急部署。各地认真贯彻中央有关"加强领导、密切配合，依靠科学、依法防治，群防群控、果断处置"的方针政策。由于采取了坚决果断的措施，疫情得到有效控制，没有发生大范围的疫病流行和扩散，病禽总数15万只，死亡13万只，扑杀905只。疫情对禽肉进出口造成较大影响，直接经济损失达100亿元。

在禽流感防治过程中，各地完善了疫情监测网络，建立了疫情报告制度和诊断制度，制定和完善了预案，添置了必要装备，增加了防疫物资储备，推进了动物防疫体系建设。

1. 应急机制发挥重要作用

（1）健全应急组织体系。1月20日，农业部防治禽流感工作领导小组成立。2月3日，国务院成立了全国防治高致病性禽流感指挥部，下设七个工作机构，负责统一领导、指挥和协调全国禽流感防治工作。各省（区、市）也相应成立了防治指挥部和领导小组，负责本区域的禽流感防治工作。

（2）预案启动及时有效。疫情发生后，国务院及时颁布了《全国高致病性禽流感应急预案》，按照预案规定，全国迅速建立了指挥有力、运转高效的运行机制。首先，在原有的国家动物疫病监测系统的基础上，迅速建立了高致病性禽流感预测预警机制，启动了疫情零报告和日报告制度，每日对社会发布疫情信息，让广大人民群众及时了解疫情动向，做好防范。制定了《全国高致病性禽流感疫情处置规范》，包括疫情报告、诊断、病毒分离等各方面的工作，使各项工作有序进行。同时对疫区发布封锁令和解除封锁等也作了详细规定，疫区从封锁到解除都有章可循。

（3）应急保障充实可靠。按照预案规定，建立和完善了国家级和省级动物防疫物资储备制度，储备相应的防治高致病性禽流感应急物资。重点储备防护用品、消毒药品、消毒设备、疫苗、诊断试剂、封锁设施和设备等。国家将高致病性禽流感防治资金纳入国家财政预算，捕杀病禽和同群禽由国家给予合理补贴，强制免疫疫苗费用由国家承担。中央财政累计安排捕杀补助、边境防疫带建设、科技攻关、疫情监测等资金2.75亿元。各地都成立了疫情处理应急预备队，并积极组织培训，确保一旦发生疫情能迅速、及时、彻底地进行处理。

（4）严格落实各项工作措施。一是加强督查。对发生的每起疫情，农业部直接派出专家组和工作组赴现场督促处理，共组织80多批近300人次对各地的防治工作进行督查，派专人对 49 起疫情中的 48 起疫情处置进行了实地指导和核查。此外又派出 10 余个工作组到未发生疫情的省份检查免疫情况、应急工作准备情况等；国务院还专门派出督查组，分赴有关省区督促、检查和指导防治工作。二是加大宣传力度。调动全社会力量参与防治工作，共印发近 40 万份防治技术宣传手册和法律法规宣传手册，印制挂图 100 万张。三是落实责任制和责任追究制度。国务院明确要求，动物防疫工作实行政府主要领导负责制，各级政府主要负责人是动物防疫工作的第一责任人。各地按照国务院要求，认真落实责任制和责任追究制，通过层层签订责任状，建立岗位责任制，明确责任，严明奖惩。

2. 主要经验和做法

（1）果断处置，加大疫病防治力度。针对高致病性禽流感疫情来势急、发展快、危害大的特点，从多方面采取坚决、果断、有力措施，防止疫情扩散。对发生疫情的地区，按照"早、快、严"的原则，实行了坚决的封锁、捕杀和免疫措施。对非疫区坚持预防为主，严密防范疫病传入。重点加大了对疫情周边地区、集中产区、重点养殖企业和养殖运销大户的防疫与出入境检验检疫力度。为保证防疫需要，国家紧急安排中央预算内专项资金 5000 万元，支持企业改造生产设施，扩大禽流感疫苗生产能力。全国上下紧急行动，确保了各项防治措施及时到位。

（2）密切配合，形成防治工作的合力。各地、各有关部门加强协调，互相支持，协同作战，全力工作。严格出入境检验检疫，加强国内禽类及其产品的市场管理，有效防止了疫病传入传出和扩散。增加疫苗等防疫物资的生产，搞好调度、运输和供应，共调拨疫苗 5.2 亿余份，保证了防疫工作的需要。加强医学监测和预防，制定了突发人禽流感应急预案，完善了有关防治方案，开展了对重点地区流感医学监测和流行病学调查。加强对疫区有关工作人员、密切接触人员的保护措施，有效阻止了疫病对人的感染。组织宣传动物疫病防治的方针政策、法律法规和防治知识，有力加强了宣传教育和舆论指导，共发放禽流感防治知识问答、禽流感防疫知识挂图、光盘等 9600 万份。

（3）依靠科学，为防治工作提供有力支撑。在防治工作中，坚持依靠科技人员和运用科学手段。按照"统一组织、大力协同、集中力量、确保重点"的原则，集中多部门优势，组织多学科专家，研究提出科技攻关总体方案，开展联合攻关。针对防治一线急需，及时筛选推广防治高致病性禽流感重点新技术及产品，颁布了防治疫病的快速诊断、检验检疫等国家标准。组织专家和防疫人员深入疫区和重点地区，积极开展防治禽流感咨询、技术交流和培训活动。指挥部多次召开会议，广泛听取社会各界及有关专家的意见和建议，确保决策的科学性和有效性。

（4）依法防治，把防治工作纳入法制化轨道。在防治工作中，重视加强制度建设，促进防治工作的规范化、制度化、法制化。依照《中华人民共和国动物防疫法》，及时启动了《全国高致病性禽流感应急预案》。各地公安部门也都制定了预案，为防治工作提供了重要的组织、技术、资金和物资保障。制定了封锁、捕杀等技术规范，建立和完善了与国际惯例接轨的疫情报告、疫情诊断、疫情发布制度，为防治工作提供有力的法律保障。为全面、科学加强动物防疫基础设施建设，组织编制了《全国动物防疫体系建设规划》。

（5）群防群控，为做好防疫工作奠定坚实基础。在防治工作中，指挥部注重发挥政治优势，充分调动各方面积极性。坚持依靠基层组织，充分发挥基层党组织的战斗堡垒作用和广大党员的先锋模范作用。坚持依靠群众，调动群众参与防治工作的积极性，增强群众防疫意识。

（6）开展合作，推动与有关国家、地区和国际组织的合作与交流。及时向各国驻华使领馆及有关驻华机构通报疫情。加强与联合国粮农组织、世界卫生组织、世界动物卫生组织等有关国际组织和周边国家的合作，以及与香港、澳门特别行政区和台湾地区的合作。召开了中国与东盟防治禽流感特别会议。对周边疫情严重的国家，提供了资金、物资和技术援助。积极开展科研方面的国际合作。通过对外交流与合作，既提高了我国的防治工作水平，又得到了国际社会的理解和支持，树立了我国政府良好的国际形象。

（7）正确引导，为防治工作的深入开展营造良好的舆论氛围。切实加强对防治禽流感新闻宣传报道的组织工作，广泛报道各地区、各部门防治工作取得的成绩和经验，确保防治禽流感宣传报道适时适度平稳有序。各新闻媒体根据自身特点，深入实际，扎实采访，推出了大量生动感人的典型报道，及时充分地报道了各地防治工作中涌现出的先进事迹。

（8）统筹兼顾、坚持全面抓好农村各项工作。在毫不松懈地阻击高致病性禽流感疫情的同时，毫不动摇地抓好农业生产和农民增收。及时召开禽流感疫情受损企业座谈会，分析禽流感疫情对国民经济的影响，研究提出了相应对策措施。制定并落实捕杀、免疫的补偿政策和扶持家禽业发展的政策措施。对养殖农户和加工企业加强流动资金贷款支持，免征所得税、实行增值税即征即退，及时兑现出口退税，免征部分政府性基金和收费，大力扶持和恢复家禽业生产。

第九章　国外应急管理经验借鉴

第一节　发达国家应急反应特点

世界范围内的灾害事故，如 SARS、人感染禽流感事件、印度洋海啸、墨西哥湾飓风、煤矿瓦斯爆炸、坠机事件、大规模停电、"9·11"事件、伦敦地铁爆炸、大邱地铁火灾、切尔诺贝利核电站事故等，给我们人类以深刻的教训和警示。总结发达国家人民应急管理的特点和经验，对建立一套适合我国特点的、防范严密、反应及时、指挥有力、灵活有效的应息管理体系，推动我国应急管理和综合防灾研究，都有十分积极的意义。

一、构建完善的法规体系

基于法律法规进行应急管理是发达国家应对突发事件的基础。发达国家应急管理的所有职能均由法律赋予，依法行政，法律对与应急有关的重大事项作出明确规定，包括各级政府乃至民众在应急反应中所负有的责任、应急管理组织机构的设置、应急行动规划的制定、应急程序的启动和职责范围、支援灾后重建的财政特别措施等。通过法律规范政府和公共部门在危机中的职能和市民在危机中的责任和义务，有效地保障了应急管理的有序进行。

日本是重灾大国，每年防灾预算占国民收入的 5% 左右。它的第一部防灾法可以追溯到 1880 年，是全球较早制定灾害管理基本法的国家，其防灾减灾法律体系以《灾害对策基本法》为龙头，按照《防灾白皮书》的分类，由 52 部法律构成。其中属于基本法的有《灾害对策基本法》等 6 项，与防灾直接有关的有《河川法》《海岸法》等 15 项，属于灾害应急对策法的有《消防法》《水防法》《灾害救助法》（1947 年制定）等 3 项，与灾后重建及重大灾害的特别财政援助有直接关系的有《公共土木设施灾害重建工程费国库负担法》等 24 项，与防灾机构设置有关的有《消防组织法》等 4 项（表 9-1）。

表 9-1

日本防灾法律法规体系框架

灾害阶段 / 灾害种类	预防	应急	恢复、重建		
地震	灾害对策基本法； 大规模地震对策特别法； 地震财产特别法； 地震防灾对策特别措施法； 建筑物防灾抗震改进相关法； 推进密集街区防灾街区建设的相关法律	灾害救助法； 自卫队法； 警察法； 消防法	巨大灾害法； 住宅金融公库法； 雇佣保险法； 产业劳动者住宅资金融通法； 劳动者灾害补偿保险法； 地方公务员灾害补偿法； 国民生活金融公库法； 中小企业金融公库法； 工商组合中央公库法； 中小企业信用保险法； 农林渔业金融公库法； 自作农维持资金融通国库补助的暂行措施； 公立学校设施灾后修复国库负担法； 灾区恢复特别法； 灾民租税减免等相关法律； 公共土木设施灾后修复事业费用国库负担法	灾害慰问金的支给相关法律； 灾民生活重建志愿法； 天灾融资法； 公共土木设施灾后恢复业务费用国库补助的暂行措施等相关法律； 农林水产设施灾后恢复事业费用国库补助的暂行措施； 事业费用国库补助相关法律； 农业灾害补偿法； 农业协同组合法	受灾者生活再建支援法 地震保险相关法律
火山	活火山对策特别法	因防灾需要促进集体迁移相关事业财政上的国家财政措施等上的特别措施相关法律			
风水灾	防洪法（河流法）				台风常袭地带灾害防止相关特别法
滑坡 泥石流 崩塌	防砂法； 森林土壤法； 特殊土壤地带灾害防治及振兴临时措施法； 滑坡防治法； 治山、治水紧急措施法； 崩塌等灾害防止相关法律； 土砂灾害警戒区域等相关法律； 土砂灾害防治对策推进相关法				森林国营保险法 森林组合法
雪灾	大雪地带对策特别措施法				

227

美国有各类全国性防灾法律近百部，其历史可以追溯到 1803 年针对新罕布尔城市大火制定的国会法案。针对飓风、地震、洪水和其他自然灾害的特别法案已经通过上百次修订。如 1959 年制定的《灾害救济法》，先后于 1966 年、1969 年、1974 年进行修订，而且每一次修订都扩大了联邦政府的救援范围，强化了预防准备、应急管理、救灾减灾和恢复重建的全面协调关系。《紧急状态管理法》不仅明确了政府功能定位指挥系统、危机处理和全民动员，而且对公共部门如警察、消防、气象、医疗和军方的权责作了具体规范。2002 年实施的《国土安全法》把美国与防灾、应急、安全等相关的，包括 FEMA 在内的 22 个部门合并为国土安全部（DHS，Department of Homeland Security），直接由总统领导。

俄罗斯联邦民防应急和减除自然灾害影响事务部（EMERCOM，Ministry of civil Defense，Emergencies and Elimination of consequeoces of Natural Disasters），简称联邦应急事务部，是根据俄罗斯联邦主席的命令于 1994 年设立的，负责应急事件的及时和有效处置。1995 年通过的《自然与人为事件国土与人口保护法》和《应急救援与救援人员地位法》是所有应急工作的基础。

欧洲其他国家的应急管理也有强大的法律基础，芬兰依据《芬兰救援法》，法国则有《法国地震救援法》，瑞士主要依靠联邦议会通过的《瑞士联邦民防法》等。

总的来说，发达国家的应急管理都有坚实的法律基础，其法律体系中都有一个基本法，并据此调整各个部门从不同环节对防灾事项的规定，从而构成由基本法、灾害预防与规划相关法、灾害应急相关法、灾后重建恢复法与灾害管理组织法等五个类型法规组成的有机整体。

二、高度重视危机管理理论研究

发达国家十分重视对城市危机管理的科学研究，不仅力量强大而且形成了比较完整的研究体系，内容具有针对性、广泛性和前瞻性，其成果提高了政府危机管理的科学性和有效性。

日本是较早开展城市危机管理研究的国家。阪神地震前，各研究机构主要是独立研究。大震后经过整合，研究的领域不断拓展，研究能力不断加强，且更加系统化，研究范围也不限于国内城市，其研究水平处于世界前列。

　　欧洲国家的紧急救援教育与培训已形成完整体系，各国均设立了国家紧急救援训练基地或培训中心，如荷兰国际紧急救援技术中心，承担城市紧急事务处理和救援培训任务，建有专门的高等学府和研究中心，培养高层次救援管理人才和专业人才。英国建立意外事件计划学院，专门从事英国应急理论、应急措施、跨部门应急行动协调研究，目前每年有来自各行各业的 1.1 万多人到学院学习培训。

　　澳大利亚紧急事务管理（EMA，Emergency Management Australia）体系的特点是把综合防灾减灾与危机管理结合起来，加强预防工作，研究潜在危机，体现在改变规划编制思路，综合所有灾害，把所有可能的紧急事件都包括进去，以确保具体规划能够灵活适应所有紧急事件的要求；不断进行测试、评估，把握可能的危机，确保系统的有效性和实际操作性；考虑城市密集区各种设施的相关性，充分认识应对城市灾难的复杂性。

　　美国联邦应急管理署（FEMA）非常重视前期研究工作，首任署长认为，指导、控制和预警体系等三个环节，无论对孤立事件还是对战争而言都非常重要，因此，特别重视三个环节的研究和建设。克林顿时期的署长认为，冷战结束后，有限的资源要从民防向救灾、减灾和恢复转移，防灾和减灾成为联邦应急管理署的工作和研究重点；受"9·11"事件的影响，布什时期的署长则更加重视反恐与灾害、事故的全方位应急反应研究。美国国家大洋大气管理局（NOAA，The National Oceanic and Atmospheric Administration）、联邦灾害救助局（FDAA，The Federal Disaster Assistance Administration）、国家科学基金（NSF，National Science Foundation）、总统灾害救济基金（PDRF，The President's Disaster Relief Fund）以及联邦紧急事务管理署（FEMA）等都资助了很多研究项目。

　　美国的大学高度重视防灾减灾方面的研究和教育。如在规划领域，有定期出版的杂志，如（Journal of Architectural Education—Disaster），经常召开学术会议，开设有关的必修课和选修课，如"生命与灾害—设计方法"（Life—Hazard Design）和"环境与建筑规范"（Environmental and Regulation）等。同时开展大量的研究，以提高城市防范灾害的能力、"微区划技术"和"计算机模拟技术"就是其中两个例子。"微区划技术"是通过地理信息系统（Mapping）技术在细化的区域内指明危险的地段，以为都市地区总体土地利用规划提供决策参考。

"计算机模拟技术"也是规划者的一个重要工具。其模拟的模型可以形象地显示各类灾难的发生、发展模式及其对不同地区产生的后果。

三、建立协调有效的应急管理组织体系

通观起来，各发达国家均建立了协调有效的应急管理组织体系，但因职能设计与依行政管理体制以及法律制度的不同而有所差别，大致可归纳为两类。

1. 建立综合性机构，实行集权化和专业化管理，统一应对和处置危机

美国、俄罗斯、日本等国家的应急管理体系属于此类。

美国联邦应急管理从 20 世纪六七十年代开始逐步走向统一。1979 年，美国将全国多个联邦应急机构的职能进行合并，成立了联邦应急管理署（FEMA）。2003 年，又依据 2002 年通过的《国土安全法》将联邦应急管理署与相关的 22 个联邦机构整合，组成国土安全部（DHS）。DHS 直接向总统负责，下设 24 个部门，建有国家应急反应部队，另有 5000 多名灾害预备人员，实行军事化管理。

俄罗斯联邦紧急事务部（EMERCOM）1990 年就已经存在，但由联邦政府主席颁布命令正式宣告设立于 1994 年，负责整个联邦消除自然灾害影响、应急救援和民防事务的统一指挥与协调，直接对总统负责。为了协调与相关部门的关系，设立三个部际协调机构；内设 8 个职能司；同时通过俄罗斯联邦民防部队、莫斯科等 8 个区域性应急救援中心救援队和各级民防与应急培训中心学员以及中央航空救援队等履行其职责，实行专业化、军事化管理。

日本中央防灾会议（Central Disaster Management Council）是综合防灾工作的最高决策机关，会长由内阁总理大臣担任，下设专门委员会和事务局。中央防灾会议的办公室（事务局）是 1984 年在国土厅成立的防灾局，局长由国土厅政务次官担任，副局长由国土厅防灾局长及消防厅次长担任。各都、道、府、县也由地方最高行政长官挂帅，成立地方防灾会议（委员会），由地方政府的防灾局等相应行政机关来推进防灾对策的实施，许多基层组织中一般也有防灾会议，管理基层的防灾工作。各级政府防灾管理部门职责任务明确，人员机构健全，工作内容丰富，工作程序清楚。此外，瑞士、荷兰、法国等也可归为此类。

2. 实行分权化和多元化管理，实施中实行多部门参与和协作

英国、德国、澳大利亚、新西兰等国的应急管理属于此类。

英国政府一般由中央政府负责应对特定类型的事件（如核事故）或者其影响超过地方范围的重大事件（如重大恐怖袭击）；其他情况由所在地方政府负责处理，中央政府仅处理有关国会、媒体、信息等方面的事务，从而向地方政府提供支持。为此，每一个地区都设立由"紧急计划长官"负责的紧急规划机构，平时负责地区危机预警、制定工作计划、举行应急训练；灾时负责协调各方力量，有效处理应急事务，并向相应的中央政府部门咨询或寻求必要的支援。中央政府设有国民紧急事务委员会，由各部大臣和其他要员组成。委员会秘书负责指派"政府牵头部门"，委员会本身则在必要时在内政大臣的主持下召开会议，监督"政府牵头部门"在危急情况下的工作。

德国的灾害预防机制是由多个担负不同任务的机构有机组成的。在发生疫情以及水灾、火灾等自然灾害时，各部门依法行事，各司其职。例如，抢险救灾工作由德国各州的内政部负责，一旦发生洪灾，首先由消防队员和警察参加抢险救灾，当抢险力量不足时，可向内政部提出申请，经总统批准后调联邦国防军参加。

澳大利亚的紧急事务管理是以州为主体，分联邦政府、州和地方政府三个层次。在联邦层次，隶属于澳大利亚国防部的应急管理署是主要的紧急事务管理部门，为澳大利亚紧急事务管理的实体机构，负责全国性的紧急事件处理。在州层次，各州均有自己的紧急事务管理部门，通过判断紧急事件的性质和可能影响的范围来启动不同层次的应急计划。但州紧急事务管理部门是处理紧急事件的主体，当地政府不能处理紧急事件时，将会向州政府提出救援申请，如果事件超出州政府的应对能力，则向联邦政府提出救援申请，通常联邦政府主要向州政府提供指导、资金和物质支持，并不直接参与管理。

新西兰应急管理体系有3个层次：国家民防与应急管理部、地区应急管理委员会（14个）、市应急管理委员会（86个）。3个层次的机构均隶属相应各级政府。在处理灾害时，各级政府的灾害协调小组与民防和应急管理部（委员会）联合办公。

四、拥有专业化的应急救援队伍

世界大多数发达国家的应急反应是由专业队伍完成的，如军队、消防队或武装警察部队、民防专业队伍。民防专业队伍是主要力量，一般按照专业对口、便于领导、便于训练、便于执行任务的原则组建，通常采取军地结合，以民间专业组织为主的形式。在现代条件下，随着救援工作技术含量逐渐增大，防灾救灾的要求普遍提高，对民防人员的素质要求相应提高，在此基础上，各国在组建和管理形式上也采取了很多措施，保证应急救援的及时有效。

德国是建立民防专业队较早的国家，全国除约 6 万人专门从事民防工作外，还有约 150 万消防救护和医疗救护、技术救援志愿人员。这支庞大的民防队伍均接受过一定专家技术训练，并按地区组成抢救队、消防队、维修队、卫生队、空中救护队。德国技术援助网络等专业机构在有效应对灾害过程中也发挥了十分重要的作用。

法国的民防专业队伍主要由一支近 20 万人的志愿消防队和一支 8 万预备役人员组成的民事安全部队组成。民事安全部队现编成 22 个机动纵队、308 个收容大队和 108 个民防连，分散在各防务区、大区和省，执行民事安全任务，战时可扩编到 30 多万人。

美国联邦应急管理署组建和管理着 28 支城市搜索与救援队，其中有 2 支国际救援队，分布在美国 16 个州和华盛顿特区。

俄罗斯的应急管理救援队伍主要包括联邦紧急救援队和民防救援部队。俄罗斯的民防力量包括民防部队和非军人民防组织，民防部队遍布全国，设有各级组织机构和队伍；联邦紧急救援队则以分设在莫斯科等 8 个城市的区域中心下辖的 58 支专业救援队伍、各级民防与应急培训中心学员为主体，辅以一个 250 人组成、包括直升机在内的中央航空救援队，一个应急反应人道主义组织和一个特别行动中心，实现了救援力量主体的专业化和军事化。

以色列的民防专业队伍由后方司令部下辖的全国救援部队和各分区的急救营、安全治安营、防核生化营、观察通信连、医疗分队、预警系统及军民消防分队等组成。除专业队伍外，还有一支民防志愿人员队伍分布在农业、卫生、教育、财政、国防、内政、基建和环保等部门及各地方行政单位。

英国的应急反应主要依靠消防队。同时有许多民间的应急组织参加，例如紧急事件计划协会，是一家参与任何形式的危机、紧急事件或灾难规划和管理的专业性机构，拥有来自各级政府、工业、公共设施、紧急救助服务、志愿者、教育机构、法律和独立咨询等不同行业的 1400 名会员。

五、完善的预警机制与透明的新闻发布制度

联合国在国际减轻自然灾害十年项目中指出，建立预警机制的目的是在自然灾害或其他灾害发生时，使个人和社区有能力和足够的时间采取合适的行动，减轻人员受伤程度和死亡人数，减少财产损失或对周围环境的破坏程度。预警的根据是风险评估，通过风险评估找出灾害的潜在风险和各地可能的受灾程度，依此在事前做出防范风险的决策。预警机制的正常运行包括易受灾害地区人群应该了解灾害可能带来的影响，并能够采取自救措施减少灾害带来的损失，地方政府要十分熟悉当地灾害性质，透彻理解有关灾害的信息，能够指导、帮助人群增强安全性或减少灾害造成的损失，国家政府对灾害预警的准备和发布负完全责任，确保灾害预警发布及时有效，使易灾地区人群及时得到预警信息和防范指导；区域组织负责向同一地区的不同国家提供专业技术支持，分享防灾经验和教训，协助提高宏观层次上各国抗灾能力；国际组织应该提供资源和数据共享的方法，以提高预警实践中知识、技术、物质和组织能力。

美国紧急警报系统具有多部门协作的特点。参加单位除了联邦通信委员会外，还有国家海洋和大气管理局下属的国家气象局和联邦应急管理署。美国各州、县和大城市政府都成立了紧急警报委员会，负责各地"紧急警报系统"的建立和运作，构筑了一个全国性紧急警报网络。在这一网络中，各部门分工明确。联邦通信委员会负责警报系统硬件研发，向用户提供信息和技术服务；国家气象局提供重大灾害天气的警报工作，开通了 24 小时全国天气广播；而联邦应急管理署则在发生重大灾害时管理联邦救灾资源；与地方应急反应部门合作，指导地方救灾工作。紧急警报系统还是两个多媒体紧急信息发布网络。根据联邦通信委员会的规定，美国绝大多数短波和调频电台、电视台和户外广告媒体等都必须强制加入紧急警报系统。购买该系统专用解码器，担负起向公众及时发布重大灾害警报的任务，以便公众及早做出抗灾抢险准备。

德国把洪水预警分为四级，并广泛宣传，告知居民风险程度和预防措施，洪水到来时，居民可自行判断危险程度，合理安排工作和生活。让公众知道危机的事实和真相，是发达国家处理城市危机的一个共同点。法律规定，在危机中政府有责任向媒体公布真相，媒体有义务向公众传达准确时效的信息。政府努力通过媒体改善和沟通与民众的关系，提高政府公信力。媒体为了提高知名度和收视率，持续对政府危机管理进行跟踪，加强了对政府危机管理的监督。英国政府在应急导则中指出，各机构平时就应做好相应准备，在危机发生时及时设立专门部门，委任新闻官，专门处理媒体事务。此外，政府还与全国第一大传媒——英国广播公司合作，发起"危机中保持联络"的行动，向公众提供及时准确的信息。

日本有一套危机预防体制以及及时、完善的信息传播途径，随时向国民报告事实真相。由于信息公开、情况透明，不会产生众多耸人听闻的话语，国民情绪稳定，能够比较冷静地应对危机。

六、广泛参与的社会化自救互救形式

发达国家在应急管理中，不仅政府积极参与，市民也通过非政府组织等介入管理，形成政府、非政府组织、市民责任共担的应急管理体系。政府的责任是提供法律基础和协调机制，维护社会秩序和正义，指导应急管理，市民则在公民责任的范围内参与公共事务，主要是在危机中遵守法律和秩序，通过各种非政府组织渠道组成自救、赈灾等组织，担当一个公民参与公共事务并发挥作用的责任，与整个政府提供的法律机器一起运转。

灾害或突发危机对社会造成伤害的同时，也是一次市民提升危机管理意识的机会，培养和巩固人们的法治观念，形成奉献和团结精神。如美国积极动员全民参与应急管理。它是由联邦应急管理署、联邦都会、州政府、地方郡市、志愿义务组织、民间团体、私人企业等所组成。但联邦应急管理署强调全民的参与，以市民和所在社区为单位组织民间自主救援团体，建立民间社区灾难联防体系，并动员慈善团体和宗教系统一起建立应急管理非政府组织网络。还建立训练装备较佳的紧急自救队伍，并对他们每年进行长达数天、广及数州的全面动员实兵演练，使人们熟悉各种危机状况。在个人层面，特别加强个人对灾难的认识，提供基本应变常识，协助设计家庭应变计划，购买合适的灾难保险（洪水、地震等），并呼吁灾变时对老弱病残的协助等。在社会层面，建立完善的捐募系统，让有心投入救灾赈灾的社会各阶层人士可以方便地找到捐赠途径，以有效汇集救灾资源，并将赈灾物资及时送达灾民手中，同时对救灾资源做最有效的统筹分配。

七、制度化的公众防灾意识宣传与普及

许多国家都很重视提高公众的防灾意识和危机意识，通过制定许多相关制度，且采用丰富多彩的形式开展防灾减灾宣传普及活动，通过开展灾害预防教育，使民众具有较高的防灾意识和正确的自救和互救知识，提高民众的自救能力，减少灾害和危机可能带来的生命财产损失。

如日本把每年的 9 月 1 日定为国民"防灾日"，在每年的这一天，都要举行有日本首相和各有关大臣参加的防灾演习，通过全民的防灾训练，提高防灾意识和防灾能力。目的是一方面提高国民的防灾意识，另一方面检验中央及地方政府有关机构的通信网络和救灾、救护、消防等各部门间的运转协调能力，并对各类人员进行实战训练。当然，重点是训练政府对防灾机构工作人员及各类救灾人员，包括自卫队和消防厅等的领导指挥能力。

瑞士的民防教育训练开展得较早，并取得了很好的成效。经过多年的努力，瑞士制定了一整套民防教育训练体系和制度。瑞士联邦民政局负责制定全国民防教育训练计划，领导各州、区民防局和民防司令部的民防教育训练工作；各州、区民防局和民防司令部负责本区民防教育训练工作，并领导城市民政厅组织民防教育训练。

美国的民防教育训练由联邦应急管理署领导，负责制定全国民防教育训练计划，领导全国 10 个民防区的民防教育训练工作；各民防区负责本区教育训练，根据联邦应急管理署下达的计划，组织民防专业队和全体公民进行教育训练。

综上可以看出，尽管各国模式因国情不同而应急管理模式各具特色，但核心内容和实质都是基本一致的：依据法律建立立体化、网络化的综合减灾、应急管理体系，明确的政府职能和部门合作，从上到下的常设专职机构及相关专业人员组成的抢险救援队伍，完善的预警机制和严格而高效的政府信息发布系统，超前

的灾害研究和事故预防机制，普遍的灾害意识培养和全社会的应急培训，充足的
应急准备和可靠的信息网络保障。

第二节　发展中国家应急反应特点

许多发展中国家应急管理和发达国家存在着明显的差别。发达国家越来越重
视灾害预防，减少或化解灾害的影响。发展中国家则比较重视准备和及时作出反
应，即保证应对危机的资源储备，在紧急情况出现后迅速作出反应，发放救济物
资，应急队伍随时听从调遣，赶赴现场，尽可能减少灾害损失。

根据国际灾害数据库的资料，1973 年以来，每隔十年发生在世界范围内的
灾害数量由 1500 次增加到 6000 次，每隔十年灾害造成的经济损失由 2.5 亿美元
增加到 7 亿美元（截至 2001 年），受影响的人数从 8 亿人增加到 25 亿人，死亡
人数由 100 万人下降到 60 万人；但是发展中国家所受影响与此不成比例，虽然
发达国家因灾害遭受的经济损失总量高出发展中国家遭受损失的总量 1 倍还多，
但是发展中国家单位 GDP 承受的灾害损失高出发达国家的 5 倍还多，大部分国
家超过当年的 GDP 增长速度，这些国家的财富增长跟不上灾害的损失增长。所
以，从纯经济学的角度看，投资于减少风险的活动也是值得的。

发展中国家与发达国家比较，尽管在应急管理重点上存在不同，但很多经验
仍然值得借鉴。

一、应急管理组织模式以领导小组或委员会为主

发展中国家的应急管理组织模式普遍采用领导小组模式，有的单独设立常设
管理机构，有的就直接将职能分配给某部门的内设机构。应急管理通常由两个层
次来执行和落实：一个层次是中央指挥中枢系统，通常为领导小组或委员会，这
个系统可以有效动员、指挥、协调、调度地区资源应对紧急事务，拥有最高指挥
权；另一层次是常设性危机管理综合协调部门，或为单独设立的日常管理机构，
或为部门内部机构赋予应急协调管理职能，既协调应急管理中部门间关系，也处
理中央和地方的应急管理事务，并协同各方专家，从国家安全高度制定长期的反
危机战略和应急计划，在各级地方层面上监督相应事务的落实。

1. 孟加拉政府应急管理

经历了 20 世纪 80 年代后期破坏性的洪水和 1991 年杀伤性的飓风的洗礼，孟加拉政府在过去几年中采取重大措施，从国家到村各级政府建立了系统有效的备灾机构，包括 1993 年建立灾害管理局，是国家层面的灾害管理机构；将救援和灾后恢复部更名为灾害管理和救援部；在国家、地区、乡、村各级建立委员会，负责全面的灾害管理。

孟加拉在灾害管理和救援部下设紧急行动中心。作为灾害管理和救援部下属的行动小组，紧急行动中心在得到紧急状况的第一手信息后便开始行动；在灾害管理和救援部、高层部灾害管理和协调委员会的全面指导下处理紧急状况的各个方面事务，确定从国家灾害管理中心调集物资的优先范围和原则。在飓风、水灾或其他灾害性天气情况发生时，国家紧急状况和救援管理体系承认内阁秘书在协调各部和监督地方行政上的主导地位，并尽可能地利用武装力量和国内非政府组织的力量。这一体系在灾害管理和救援部的管理之下，有一个完备的组织称为救援恢复指挥处。救援恢复指挥处在主管部门的监督下，在紧急状态下向偏远地区提供援助。灾害管理和救援部有一个动态专家小组，在紧急状态中履行专家职能，通过遥感技术交换信息为紧急行动中心提供技术服务。此外，一个功能性的飓风备灾计划署也在发生飓风时发挥重要作用。

国家层面紧急备灾机构包括由总理领导的国家灾害管理委员会；由灾害管理和救援部部长牵头的部际灾害管理协调委员会；由灾害管理和救援部秘书长牵头的飓风备灾计划实施委员会；由灾害管理局局长牵头的灾害管理重点操作协调组；由灾害管理局局长牵头的灾害管理非政府组织协调委员会；由灾害管理局局长牵头的灾害警报及信号快速发布委员会。

地区级紧急备灾机构包括地区灾害管理委员会，由副专员领导，负责协调并检查与灾害相关的地区级活动方案；县灾害管理委员会，由县长领导，负责协调并检查与灾害相关的县里管理工作；镇灾害管理委员会，由市长领导，负责协调并检查与灾害相关该区域内的管理工作，此外，还有县联盟灾害管理委员会、自治市灾害管理委员会。

2. 印度尼西亚政府应急管理

1966 年印尼共和国政府建立了国家灾害管理协调部，即 TKP2BA（1966）、

BAKORNAS PBA（1967）、BAKORNAS PB（1980 ～ 2000）、BAKORNAS PBP
（2001 至今）。BAKORNAS PBP 是国家灾害和国内移民管理协调部的简称，是
总统领导并负责的灾害管理工作的非结构性组织（部）。灾害管理机构分为国家
级、省级、地区 / 市级。

地区级管理机构由协会和相关的服务单位如卫生、SARS、军队、警察、社
会、公共工程、红十字会和非政府组织的力量组成。

国家级的机构 BAKORNAS PBP 由以下人员组成：印尼共和国副总统（会
长）、人民福利协调部长（副会长）、内务部长（成员）、社会福利部长（成员）、
卫生部长（成员）、地下防御部长（成员）、通信部长（成员）、财政部长（成
员）、军队总司令（成员）、国家警察首脑（成员）、副总统秘书（秘书）。为支
持 BAKORNAS PBP 的工作，由秘书领导一个秘书处。该秘书由副秘书和 4 个助
手（灾害管理、IDP 管理、协作与公民参与、行政管理）协助。省级灾害管理机
构 SATKORLAK PBP 由地方长官领导。地区级管理机构 SATLAK PBP（执行单
位）由地区长官 / 市长领导。

3. 菲律宾应急管理

菲律宾关于灾难管理的基本法律，即 1978 年颁布的第 1566 号总统法令，规
定了从国家层到村庄层各级政府多部门组成的灾难协调委员会为灾难管理的基本
组织。这些灾难协调委员会能与全部相关的政府机构和非政府组织相联结，从而
集合管理和动用菲律宾社区应对灾难需要的资源和能力。灾难协调委员会的方法
是国家能够利用适合灾难反应的全部手段，表明那些通常用于军队和警察执行任
务，用于公共事业或者商业目的手段，可能迅速变为灾时减灾能力。其中也考虑
到日常合作、资源的分享以及在极端压力和紧急事件时的信息传播。同时，灾难
管理协调方法也为灾难管理服务和对灾难预防提供专门的技术支持。

任何规模的灾难，无论是国家、地区、省、市、村庄，还是在此之间的任何
规模与范围，都将相应建立一个合适的灾难协调委员会，并组织灾害响应训练。
国家灾难协调委员会或者 NDCC，是国家级政府制定和协调灾害管理的实体。不
管是面对公有还有私有部分，它指导全部备灾计划和灾难响应行动及恢复。它给
总统提出与自然灾害和灾难有关的建议，包括宣布灾难疫区的灾害状态等建议。
国家灾难协调委员会由 14 个国家部门组成，菲律宾武装部队参谋长、菲律宾国

家红十字会秘书长，以及民事防御办公室的管理者都是协调委员会的成员。国防部长或者国防秘书作为 NDCC 的主席，民防管理者作为执行官员。在省、城市或者自治市的每个地方政府，当选的首席执行官，如总督或者市长，领导当地灾难协调委员会。在这些地方灾难协调委员会中，本地以及中央政府机构接受通过选举的最高本地官员领导，与政府和非政府组织在本地区合作。因此，灾难管理被深深地嵌入到菲律宾民主管理中。

菲律宾的社区减灾委员会充分调动了社区减灾力量。菲律宾的公民灾害对策网（对策网）是 14 个基层和地区非政府组织的全国性网络，开展了大量的社区备灾工作。自 20 世纪 80 年代初诞生以来，这个网络一直开展着减少灾害影响的运动和宣传工作。与各个社区一起，网络制定了增强社区民众应对灾害能力的各种战略。其中包括社区日常组织工作，建立村民灾害对策委员会，发展社区预警系统，组织社区救灾队伍，增加社区生活的多样化。在捐助机构支持和资助尚不足的条件下，网络遍布数百个村庄，并发起了大规模的社区减灾行动。

4. 泰国政府防灾减灾管理

泰国政府机构中负责灾害管理的部门是内务部的防灾减灾司。防灾减灾司又分为两大类战略机构和职能机构。

（1）战略机构。国防委员会是泰国灾害管理的战略机构，负责制定民防的政策措施。国防委员会由有关部的 17 名代表组成：国防部代表 1 名、农业合作部代表 1 名、公共卫生部代表 1 名、交通运输部代表 1 名、预算局代表 1 名、国家安全委员会代表 1 名、曼谷市政府代表 1 名、国家警察局代表 1 名、国家气象局代表 1 名、由内阁提名指定专家不超过 5 名。地方行政局局长任国防委员会秘书。

（2）职能机构。民防职能机构又分为两大类。一类是国家级机构，即国家民防中心，隶属国家内务部指挥或指导。泰国所有严重灾害一般属自然灾害，特别是热带风暴、洪灾和旱灾。由国家民防中心负责处置频发的严重灾害。另一类是地方级机构。泰国有五类地方民防中心：1）省民防中心。泰国有 75 个省，因此共建有 75 个省民防中心，在省长领导下负责处理各种灾害事务。2）县民防中心。泰国共有 845 个县民防中心，负责处理各种灾害。3）曼谷民防中心。曼谷是泰国的首府，是一个特殊的地方政府，曼谷市民防中心负责应对曼谷市的各种灾害。4）市民防中心。泰国共有 150 个市，这 150 个市都建有市民防中心，负责在城市区域内应付各种灾害。5）帕塔亚民防中心。帕塔亚是春武里省特别地方政府，帕塔亚民防中心负责应付帕塔亚地区的各种灾害。

二、普遍重视应急管理信息系统建设

灾害信息管理系统是应急管理的基础，离开基础信息的收集、处理和灾害信息的加工、发布和反馈，应急管理的实施是不可能的。为了对灾害信息进行动态采集和及时发布，各国不同程度地开展了应急管理信息系统的建设。

1. 印度尼西亚

在联合国开发计划署的资助下，印度尼西亚国家灾害管理协调部建立了印尼灾害管理信息系统 SIPBI。SIPBI 的目标是建立一个可靠的信息管理平台，提供可靠并及时更新的数据信息流，确保和增加各种灾害事件的信息可靠度，并作为灾害管理的重要手段，保证灾害管理工作的正常运行，同时也将增强灾害管理协调部的科学决策能力，达到加强灾害管理的目的。目前，建立网络数据库系统所需要的一系列关于森林火灾、地震／海啸、火山爆发和社会动荡等模块建设正在进行中，这些模块的需求综合分析工作已经完成。

2. 菲律宾

菲律宾灾害管理的最高政策制定者是国家灾难协调委员会（NDCC）。它于2000 年开始建立应急管理信息系统，该系统通过 Internet 将所有的区域中心连接起来，并将重要的信息公之于众。这个系统主要有 4 个组成部分：应急报告与模拟、应急后勤管理、应急资金管理和地理信息系统。其地理显示系统建在马尼拉的国家灾害管理中心，还连接了 NDCC 的所有成员组织和地区灾难协调委员会秘书处，即民事防御办公室的各地方办公室。其数据库包括数字地图、航片和卫星数据等空间信息，非空间信息包括灾害历史、人口数据库、应急队伍和主要的联系方式和地址以及信息目录。NDCC 还对现有预警系统进行评估，以识别需要升级和加强的地区工作和系统本身。

3. 印度

印度自然灾害高级委员会在 2000 年决定建立国家自然灾害知识网络（Nanadisk-Net）。它将是促进所有政府部门、研究机构、大学、社团组织和个人之间的交互式对话平台。该网络将提供数字图书馆服务，并且重点促进其与全球数据库和预警系统相连。该知识网络设计还希望激起发展中国家之间的技术合作，并扩展到信息交换和技术转让领域。Nanadisk-Net 还将推进网络培训，并通过翻译软件具有多语言功能，成为一个多语言社区。

早在 1997 年，印度政府城市事务与职业部就组成专家组，开始灾害易发地图集的制作，其中考虑了印度最常见和危害最大的三种自然灾害，即地震、飓风和水灾。这三种自然灾害在整个国家的宏观分区在小比例尺地图上反映出来。为了让规划师、管理者和灾害管理者更容易使用这一信息，这些地图在大比例尺的州级层面显示所有行政单元，即区界，以使使用者识别不同强度的灾害分区与行政责任，促进地区间的合作与协调。易发灾害地图集含有印度各州和全国的下列信息：（1）地震灾害区划图；（2）飓风和风灾区划图；（3）水灾易发区分布图；（4）每个地区的房屋易受灾害表，为每类房子指示了未来某时间内可能面临的风险级别。易发灾害地图集由建筑材料和技术促进委员会（BMTPC）出版，它是国家层面灾害管理规划的重要投入，是坐标检测系统软件（DMIS）数字化，不同级别的信息收集的重要基础。

利用世界银行的发行长期债权收回短期债券的方式，印度于 1995 ～ 1998 年实现了马哈拉施特拉邦地震恢复应急计划（MEERP），该计划的内容之一是为马哈拉施特拉邦建立信息网络和 DMIS 支持的灾害管理计划，这是印度马哈拉施特拉邦的州级灾害管理信息网络。该计划还为马哈拉施特拉邦的所有地区建立了 1∶250000 和 1∶50000 的基于 GIS 的灾害管理信息系统。

在建立和编研核心内容 DMIS 的过程中，系统汇编、存储和更新了灾害的相关信息，并综合分析空间和非空间数据，形成了水灾、流行病、地震、事故、工业灾害、火灾和飓风区划图。目前，所有地区的 1∶1250000 的 DMIS 已经完成。17 个地区的 1∶50000 的数字化数据也已完成。马哈拉施特拉邦计划是国家级类似计划的先驱，也是印度其他州的模范。

Uttar pradesh 州正在执行类似的计划，唯一的区别是支持计划的资金渠道不同。Uttar Pradesh 州的地震恢复应急计划是基于资助形式的恢复计划，并且州级和地区级的防灾计划相连通。

4. 泰国

泰国防灾减灾司已引进电信系统，支持防灾减灾和灾后恢复活动的实施。在这方面，将在省的办公室和地区中心安装更多的电话线路。年度预算已分配获得无线收音机设备并且在部门建设无线电网络中心。这个中心将作为协调公众和私人或者业余无线电网络的机构。泰国灾害预警系统在泰国南部的旅游城市启用。预警系统特别重视中文显示，让中国旅客能够方便地获知信息。预警系统可以在海啸一类灾害发生前一小时至30分钟，就发出预告；预告将是多种类全方位发送的，包括媒体通告、景点告示、灯光指示、有声通知等，甚至酒店的房间都不会遗漏。预警使用中、英、日、韩等各种文字，还有图示，不识字的人也能明白。通过卫星，预警通告的范围还能辐射整个东南亚。

5. 南非

南非灾害事件监测绘图和分析（MANDISA）的灾害事件数据库的基本设想如下：灾害事件会以不同规模发生从家庭直到省和国家各级；引起灾害风险的是触发因素与基本的社会经济环境和基础设施脆弱性的基本条件之间的相互作用；灾害影响可能发生在不同的部门，并可用多种形式加以记录；缩小脆弱性可以减少灾害风险，最好是通过争取多重发展目标的连续性务实行动；使大众能够了解有关本地灾害风险格局的信息是有帮助的，有利于社区参与决策，从而增强负责任施政的机会。1999 ～ 2000 年南非一支由研究人员组成的队伍经过艰苦努力查明了关于开普敦灾害损失的十多个信息来源。从火控中心到南非红十字会，从开普敦半岛国家公园到奥格斯角，大约查到了 1 万份灾害发生记录，并制作了复印件。这些结果与同期内报告的 20 ～ 30 起公布的灾害形成了巨大的落差。这一数据收集工作的明显挑战就是，除了两个电子来源之外，所有其他形式的资料都是纸面记录。通过这一劳力密集型的工作，还设计了一个数据库既与国际减灾术语和公约相通，又结合了本地实例。如各种火灾对于当地应急服务提出了最大最多的非医药和与罪行无关的种种要求。对开普敦报告的事件加以审评表明，所有非医药和与罪行无关的事件占 78% 以上，实际上与火灾相关 MANDISA 数据库收列了这类本地的触发因素和风险助长因素，这样就能够从应急管理和发展角度同时了解城市灾害风险。公众进入网站。随着信息现在进入了 MANDI-SA，下一步就是向公众开放，使得信息能够检索，以便地理教员、地方理事、市区规划人员、当地媒体、旅游业和城市居民都能够查看自己的住区和所在地的灾害规律。www.MANDISA.org.za 为综合化的数据库，并能从中查阅关于 1990 ～ 1999 年开普敦灾害发生和损失的表格、地图、图表、照片、数据。使用者将能在线查阅数据库，并提炼出关于灾害风险的趋势和时空规律的资料。通过利用互联网的能力，加上地理信息系统的最新技术，这应能使市区规划者和居民像对待犯罪、健康、交通和其他风险形式那样从战略上对付灾害风险，也就是说，把它当做人的基本安全的一个发展优先事项，MANDISA 研究项目得到了美国国际开发署外灾援助处和英国政府国际发展局的联合慷慨供资。

三、充分利用国内国际社会资金强化应急反应能力

土耳其在 1999 年夏发生一场强烈地震后，国际社会向其提供了援救和直接恢复帮助。世界银行与土耳其政府、欧洲投资银行、欧洲社会发展基金理事会以及其他捐助者合作，协调筹备一个价值 17 亿美元的重建计划框架。该框架的关键部分是今后预防类似损失的一个灾害管理和应急系统。灾害和土地开发法律将受到严格审查和修改，大城市调控、规划和实施抗灾开发的能力将得到加强。在几个城市进行的试点项目将有助于规划与建筑部门制定以风险为基础的总体规划、有效地落实建筑标准的城市法规，以及评估现有方法、保证建筑商遵守适当的许可证发放程序的城市法规，以及评估现有建筑的方案。政府的地震保险计划将扩大它的灾害风险管理和风险转移能力。该计划将创建一个保险机制，使资金可以随时到达那些需要修理或更换被地震毁坏的住所（并支付不动产税）的所有者手中。该计划还将保证在灾难事件发生后（除了最严重的灾难事件）共保集团的财务偿付能力，从而减少政府在大地震发生后对捐助者的资金依赖。

墨西哥由于地理和气候的差异巨大，很容易受到各种自然灾害的影响，例如洪水、旱灾、地震、野火、热带风暴、火山喷发等等。为了帮助这个国家受自然灾害影响的脆弱性，1996 年政府建立了自然灾害基金，这项联邦基金是应急设备、救灾活动、公共基础设施和保护区重建的最后筹资人。1998 年，在经历了一个时期自然灾害造成特别严重的损失之后，政府决定主要从战略的角度运用自然灾害基金，对使用保险和火灾化解的活动提供刺激。经过与利害相关者协商，政府在 1999 年 3 月改变了经营方针：（1）增加批准动用基金的决策规则和损失评估过程的清晰度和透明度。（2）鼓励自然灾害基金受益者更多地利用私人保险，为国家和市政府负责的灾害损失筹资工作制定明确的费用分摊办法，以此来限制道

德风险。（3）鼓励在由自然灾害基金筹资的重建计划和受益人的常规投资计划中采取缓解措施。（4）为最初通过应急清偿工具筹资的救灾活动再筹资，以加快灾害恢复速度。这些改变用联邦政府和各州政府之间自愿达成的协议的形式肯定下来，协议规划了各方的权利和责任、自然灾害基金的规则、一致商定的救灾与重建活动的费用的分摊办法。这些协议还将导致联邦政府与各州之间建立信托机构，根据每个信托机构的条款，对合格的应急活动的支出决定和约定由技术委员会实施，委员会由州、市的代表组成，按照联邦实体的建议行事。如果这些措施成功，它们将增加自然灾害基金使用的透明度、责任和效率，并在政府和私营部门之间重新分摊自然灾害损失。

印度马哈拉施特拉邦在 1993 年受到了一次地震后，在世界银行的帮助下建立了马哈拉施特拉邦地震恢复应急计划，该计划使社区参与和受益人在各阶段的正式协商的做法制度化了。该计划把社区分为两类：一类是需要重新安置的社区，另一类是需要重建、修整或加强的社区。过了段时间后，该计划变成了一个民众参与的项目。随着预期结果的实现，社区参与得到广泛赞同，社区参与是解决计划落实期间所出现的问题的一个有效工具，参与还对各个社区产生了积极的心理影响。让当地人民参加重建工作，有助于他们克服地震所造成的心理创伤。在认识到这点后，政府甚至在恢复计划之前，便在一些村庄开始重建工作，呼吁捐助者、公司、非政府组织和宗教组织承担重建工作。一些组织还就社会问题（例如儿童上学的问题）开展活动。关于该计划及其进展情况以及矫正机制的信息容易获得，而且知名度很高，参与过程在人民与政府之间开辟了许多非正式的沟通渠道，从而有助于缩小他们之间的距离。受益者了解他们的权利并为获得这些权利而努力工作。如果人们认为自己的委屈在村里或小税区（taluka，一个由数个村庄组成的行政单位）里没有得到恰当的解决，他们可以告到区政府或 Mumbai 的政府那里去。

第十章　各国防灾及应急管理机构设置

第一节　各国机构简况

经历了联合国"国际减灾十年（1990—2000年）"大规模活动之后，全球已有148个国家建立了国家减灾委员会，并确定21世纪继续开展"国际减灾战略"行动。全球防灾减灾任务是减轻自然、人为和技术灾害。面对愈演愈烈的诸多灾害及应急事件，世界各国都迅速采取行动，成立了相应机构，寻求对策，提高应对各种灾害和紧急事件的能力。

一、美国

美国现有的应急体系于20世纪70年代开始形成，其主要标志是"总统灾难宣布机制"的确立和总统直接领导的"联邦紧急事务管理局"（FEMA）的成立。该机构集成了原先分散于各部门的灾难和紧急事件应对功能，可直接向总统报告，大大强化了美国政府机构间的应急协调能力。该部门在全国有2600人，设十个分区，以此进行国家灾害和突发事件管理。同时在各大城市建立"911"系统，应对突发事件；建立"311"系统，处理非突发事件。

20世纪90年代，随着"联邦应急方案"正式推出，美国现有应急体系的框架真正成型。该体系用规范化的统一模式，高效处理不同紧急事件，成为目前世界上最发达的城市灾害应急管理体系，但在2020年新冠肺炎疫情中受到了挑战。它由27个政府部门组成了联邦反应计划和响应计划。其评价内容包括：灾害识别与防御、培训与演练等17个方面、56个要素、1040个指标，构成了政府、企业、社区、家庭联动的灾害应急能力系统。该体系成功地将公共卫生应急网络、放射性和有毒污染物应急网络，以及生物恐怖袭击应急网络等"子网"有机联系在一起，形成整体的国家应急网，具有立体化的特征。它主要包括以下环节：首先由各州和地方政府对自然灾害等紧急事件作出最初反应，如果紧急事件超出地方政府处理范围，在地方申请下，由总统正式宣布该地属于受灾地区或出现紧急状态，"联邦应急方案"随之投入实施。以"联邦应急方案"为代表的美国应急体系，强调对紧急事件既要作出一体化、协调一致的反应，同时也要通过独特的应急功能进行模块划分，以确保这一体系在组织结构上具有最大限度的灵活性。"联邦应急方案"将应急工作细分为交通、通信、消防、大规模救护、卫生医疗服务、有害物质处理等 12 个职能。每个职能由特定机构领导，并指定若干辅助机构。这种组织结构方式使执行各职能的领导机构专长得到发挥，在遇到不同灾难及紧急事件时，可视情况启动全部或部分职能模块。各政府机构既遵循国家应急体系的指导原则与其他机构协调，同时又有一定主导权。

2001 年 "9·11" 事件后，美国政府于 2002 年成立了"国土安全部"，把FEMA、移民局、中情局及许多相关部门聚集在此部下，力求解决上述国家重大国土安全问题。同时进一步完善了其信息预警机制，不定期地通过一套以颜色区分的警戒级别系统，向社会各界发布恐怖威胁警告，给社会各界发布恐怖威胁警告，给民众提供详细指南。

二、加拿大

加拿大自 1948 年成立联邦民防组织，到 1966 年，其工作范围已延伸到平时的应急救灾。1974 年，加拿大将民防和应急行动的优先程序倒过来。1988 年，加拿大成立应急准备局，使之成为一个独立的公共服务部门，执行和实施应急管理法。

加拿大应急管理局的职责是：（1）为制定各省应急计划和建立适当的应急机构，与省进行协商。（2）为满足公众要求和减少应急事件的影响，提前向公众提供信息，实施顾问和施行计划。（3）主持有关应急准备的研究和协调各联邦机构应急准备计划并就其进度进行报告。（4）管理国家应急准备学院。

加拿大政府在安大略建立了加拿大应急准备学院，应急准备局每年在该学院主持 100 多个教程（如在应急计划和管理技术方面的课程），绝大部分教程为一周时间。该学院每年接收 3000 多名来自政府和私营企业的代表。应急准备局除支付学费外，还支付旅差和生活费用。

三、英国

英国政府于 2001 年设立了非军事意外事件秘书处，作为内阁办公室的一部分，具体担任协调政府部门、非政府部门和志愿人员的紧急救援活动。通过内阁办公室的安全和情报协调官员向首相汇报情况。该秘书处下设 3 个具体职能部门，包括评估部、行动部和政策部。评估部负责全面评估可能和已经发生的灾难的程度和规模以及影响范围，发布信息；行动部负责制定和审议应急计划，确保中央政府做好充分准备有效应对各类意外事件和危机；政策部参与制定后果管理政策，并通过与政府各部磋商起草计划设想和全国性标准。

英国还有许多民间的应急组织，例如紧急事件计划协会，是一家参与任何形式的危机、紧急事件或灾难规划和管理人员的专业性机构，拥有来自各个不同行业的 1400 名会员，包括各级政府、工业、公共设施、紧急救助服务、志愿者、教育机构、法律和独立咨询等行业的专业人员。

四、德国

在德国，自然灾害与工业事故、传染病疫情等同属灾害范畴。联邦内政部下属的居民保护与灾害救助局专门负责重大灾害的协调管理职能，目的是将公民保护和灾害预防结合起来，从组织机构上把公民保护提升为国家安全系统的支柱之一。居民保护与灾害救助局成立于 2004 年 5 月，下设危机管理中心，包括联邦和州"共同报告和形势中心"、德国危机预防信息系统、居民信息服务等多个机构。该局预防灾害的主导思想是联邦和各州共同承担责任，共同应对和解决异常的危险和灾害。其中，联邦和州"共同报告和形势中心"是危机管理中心的中枢，负责优化跨州和跨组织的信息资源管理，改善联邦各部门之间、联邦与各州之间，以及德国与各国际组织间在灾害预防领域的合作；德国"危机预防信息系统"是一个开放的互联网平台，集中向人们提供各种危急情况下如何采取防护措施的信息；居民信息服务是危机管理的一项重要服务。一方面作为预防，公民应该得到有关救援系统、公民保护以及危急情况下的自我保护的信息。另一方面，也必须考虑到公民在危机情况下的信息需求。居民信息服务的途径和手段包括宣传手册、互联网、展览以及热线服务。

德国拥有一整套较为完备的灾害预防及控制体系。事实上，德国的灾害预防机制是由多个担负不同任务的机构有机组成的。在发生疫情以及水灾、火灾等自然灾害时，各部门依法行事，各司其职。例如，抢险救灾工作由德国各州的内政部负责。一旦发生洪灾，首先由消防队员和警察参加抢险。各州抢险力量不足时，可向国家内政部提出申请，经德国总统批准后调联邦国防军参加抢险救灾。救灾所需的经费，主要由保险公司、红十字会、教会和慈善机构承担，联邦政府承担的部分相当有限。

此外，德国技术援助网络等专业机构也在有效应对灾害过程中发挥了十分重要的作用。以提供各种技术援助为主要任务的德国技术援助网络，其职能是：应地方灾害防治部门的请求，在救灾需要专业知识及大量技术装备时，依靠其所拥有的技术和人员的专业知识与技能，从危险环境中拯救人和动物的生命，抢救各种重要的物品，以尽可能减少灾害所造成的损失。在德国发生较大规模的灾害时，人们均可以见到其工作人员活跃的身影。

五、法国

法国设有内务部民事防务和公共安全局，管辖全国 24 万消防队员及有关机构，有先进的信息系统及应对灾害和突发事件的装备。该局每天 24 小时值班，管理全国重大安全减灾及应急事件。

六、瑞典

瑞典灾害管理以民防为主。自 1944 年瑞典民防法通过以来，瑞典民防建立了三个基本体系、即控制和报警体系、防护和疏散体系、防灾救援体系。瑞典民防局是瑞典民防系统防灾的中央，除一般民防事务外，主要研究制定国家及防灾救援应急预案。从防灾及军事上，可将瑞典分成 6 个地区，每个地区又包括 2 个或 2 个以上县，每县均有民防局，作为一级防卫单位，有自己的报警、防卫及疏散体系。

七、俄罗斯

俄罗斯在应对各种突发事件方面积累了丰富经验。1994 年 1 月，叶利钦总统发布总统令，成立俄联邦民防、紧急情况与消除自然灾害后果部，简称紧急情况部。该部负责俄罗斯的民防事业和制定国家紧急情况下的处理措施，负责向国民宣传并教育国民如何处理紧急情况，在发生紧急情况时向受害者提供紧急救助。其处理的紧急情况包括：人为和自然因素造成的灾难。此外，国内发生流行性疾病也属于紧急情况部管理的范围。该部还对牲畜和农作物发生的疾病施行救助。

紧急情况部于 1995 年成立了下属的紧急情况保险公司，在发生紧急情况时向国民提供保险服务。1997 年该部成立下属的紧急情况监测和预测机构，对可能发生的紧急情况进行预测并采取预防措施。可以说，这个部门的成立很大程度上保证了本国居民的安全，为正常的生产和生活提供了保障。

此外，完善的法律、法规也是俄应急机制的重要保障。俄联邦于 1994 年通过了《关于保护居民和领土免遭自然和人为灾害法》，对在俄生活的各国公民，包括无国籍人员提供旨在免受自然和人为灾害影响的法律保护。1995 年 7 月通过了《事故救援机构和救援人员地位法》。在发生紧急情况时，联邦政府可借助该法律协调国家各机构与地方自治机关、企业、组织及其他法人之间的工作，规定了救援人员的救援权利和责任等。这一系列法律、法规和机构的设立，有力地保障了俄罗斯在遇到紧急问题时，能够有良好、畅通的渠道对事故进行处理。

八、日本

日本政府从国家安全、社会治安、自然灾害等不同的方面建立了危机管理体制，负责全国的危机管理。内阁总理是危机管理的最高指挥官。内阁官方负责同各个政府部门进行整体协调和联络，并通过安全保障会议、内阁会议、中央防灾会议等决策机构制定危机对策，由警察厅、防卫厅、海上保安厅和消防厅等部门根据具体情况进行配合实施。

日本政府在首相官邸的地下一层建立了全国"危机管理中心"，指挥应对包括战争在内的所有危机。在日本许多政府部门都设有负责危机管理的处室。一旦发生紧急事态，一般都要根据内阁会议决议成立对策本部，如果是比较重大的问题或事态，还要由内阁总理亲任本部长，坐镇指挥。

日本还设有以内阁总理大臣为会长的"中央防灾会议"，负责应对全国的自然灾害。成员除了内阁总理和负责防灾的国土交通大臣之外，还有其他内阁成员以及公共机构的负责人、有识之士组成。"中央防灾会议"将灾害对策职能转到内阁直属机关，这样就可以更灵活地采取对策处理危机。

日本成立了"防灾省"，建立了从中央到地方的防灾减灾信息系统及应急反应系统，注重现代科学技术在安全减灾中的应用。

为提高应对危机的效果，还制定了《防灾基本计划》《地区防灾计划》《灾难对策基本法》等，在发生非常灾害时，制定紧急措施并推进实施。

九、韩国

在韩国总理府大楼内，有一层为总理府防灾本部。专门负责并代表总理府处理国家突发事件及灾害，并有相应技术系统及管理人员。

韩国为了预防灾害，有一个常设性的机构，"中央灾害对策本部"，隶属于行政自治部。"中央灾害对策本部"由行政自治部长官担任本部长，由行政自治部和建设交通部的次官担任副本部长，人员由政府23个部门的局长级干部组成。中央灾害对策本部的职责是提出各种防灾对策，并审议和制定国家防灾基本计划，协调各地的防灾计划。"中央灾害对策本部"汇集了韩国全国的各种气象、水文和其他灾情资料，包括全国各地水文检测站提供的降雨量、水位、流量等具体信息。韩国气象厅、交通部水利局、韩国水资源公社等机构以及地方灾害检测单位提供的各种灾害信息都被集中到这里进行综合统计和分析。

中央灾害对策本部把灾害对策期分为：夏季灾害对策期、冬季灾害对策期。对策期的工作机制分为三个阶段：第一阶段是准备机制，即以行政自治部和气象厅等4个机构的16名常设人员负责24小时监控，追踪灾害苗头；第二阶段是警戒机制，即发布台风和暴雨等灾害警报，工作人员增加到包括国防部和警察厅等在内的15个相关部门的34人；第三阶段是非常机制，即在发生全国范围的灾害时介入的部门增加到21个，相关人员增加到52人。

"中央灾害对策本部"每5年要制定一项全国性的防灾基本计划，每年要制定当年度的防灾执行计划。每当发生较大的地区性灾害和全国性灾害时，"中央灾害对策本部"就会及时发布灾害情况，协调政府各部门投入救灾。同时韩国政府还会立即成立中央政府级的"非常对策本部",会同地方政府相应成立的本地"非常对策本部",采取各种措施救灾。

此外,韩国灾害信息的发布也开始注意借助新技术。借助韩国手机基站密布、手机信号基本没有盲区的特点,韩国消防防灾厅还实施对灾害多发地区的居民实施手机文字和语音短信发布灾害警报的做法。

十、澳大利亚

在过去的几十年中,澳大利亚在战略上一直是一个处于低威胁的国家,因此其民防工作的重点放在对付自然灾害上。澳大利亚于1974年在原先的民防局基础上,成立了国家救灾组织,履行抗自然灾害和突发事故职能。国家救灾组织隶属于澳大利亚国防部。国家救灾组织堪培拉指挥部设有一个协调室,称之为国家应急协调中心,用于保证联邦资源根据需要使用。国家应急协调中心,通过国家应急行动支援系统建立了综合计算机数据库,并进行联网。其日常工作是监督气象局和州应急管理局的态势报告。国家救灾组织通过对澳7个州/准州应急管理局机构实施指导和支援,负责澳大利亚全国的抢险救灾工作。而每个州/准州在自己的立法和计划框架内工作。

澳大利亚国家救灾组织在抗险救灾上发挥了积极的作用。该组织每年召开一次由联邦出资、各州和准州应急勤务主任参加的会议。会议内容包括训练、支援、公共意识、通信、民防等问题。除了维多利亚和新南威尔斯两州外,所有的州主任是州抗灾委员会的执行官员。新南威尔斯州由国家救灾组织总监领导州应急管理局,他是该州应急行动的主官。

十一、新西兰

新西兰在20世纪30年代就建立有应急预警委员会,在第二次世界大战结束时新西兰对民防事务的兴趣有所降低。20世纪50年代的核威胁使新西兰在1959年建立民防部,但法定的权力没有明确是否包括防自然灾害,是否局限于核进攻威胁范围内。

1962年新西兰制定了民防法,确定成立国家民防委员会、抗灾应急或防主要灾害当局、地区专员机构和地区民防委员会。

1983 年的民防法改变了全国民防委员会的职能，使之从一个咨询机构转变为一个进行有效民防计划和准备的责任机构。该机构特别强调对政府部门、消防勤务和医疗卫生部门在受灾时的要求作出反应，进行资源配置。

1989 年新西兰成立了科学咨询委员会，它由科学和工业研究部、各大学和政府部门代表组成，其任务是协助制定计划和实施防灾抗灾管理，在联邦民防部长的监督下，新西兰特别重视当地民防建设，要求地方委员会建立民防组织，在包括民防在内的整个民防和应急管理范围内开展工作，并指定地方民防主官。

十二、菲律宾

菲律宾的应急管理体制如图 10-1 所示。

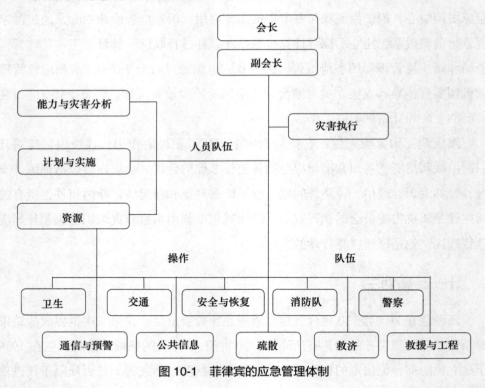

图 10-1　菲律宾的应急管理体制

十三、泰国

泰国应急管理机构如图 10-2 所示。

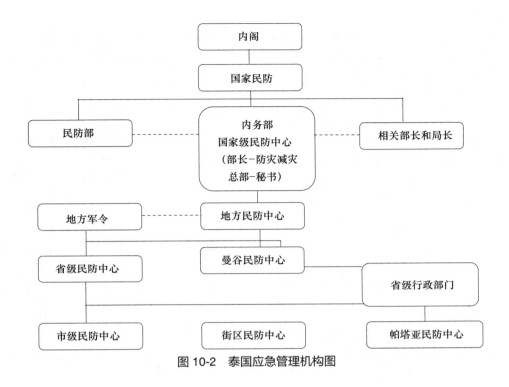

图 10-2　泰国应急管理机构图

十四、印度

印度应急管理机构见表 10-1。

印度应急管理机构

表 10-1

机构或计划	相关领域或内容	所属部门或相关资源
国家级应急 工作中心 （EOC）	抗多种灾害的建筑； 信息系统连接； 可移动的 EOC 灾害信息管理	中央公用事业部； 中央共用事业部； 住宅事务部
州级 EOC	抗多种灾害的建筑； 信息系统连接； 可移动的 EOC 灾害信息管理	州政府
区级 EOC	抗多种灾害的建筑； 信息系统连接	州政府
突发事件指挥 系统	指定培训中心节点； 为突发事件指挥系统制定协议／操作程序	住宅事务部／人员与培 训部／州政府／行政培训 学院
应急支持计划	执行应急支持职责的部／局草拟 ESF 计划，创建队伍，预 先分配资源，以便迅速响应	中央政府部门／局； 州政府

续表

机构或计划	相关领域或内容	所属部门或相关资源
印度灾害资源网络	基于 GIS 的资源目录网，列出全国区级和州级所有应急资源，可以使其在短时间内调配建立服务器，草拟并安装程序，输入数据每半年更新一次	住宅事务部；州政府
灾前和灾后通信联接	草拟通信计划，保证灾后运转；得到批准；使通信网络入位	住宅事务部；无线警察协调董事会；州政府
区级响应中心	确定区级响应中心位置；确定所需装备的储藏位置；取得批准；使队伍和装备就位	住宅事务部；全日制安全武力／印度藏族寄宿警察／中央后备警察武力；中央工业安全武力
响应培训课程	培训课程设计；对训练者进行培训	住宅事务部；州政府
州政府灾害管理计划	在主要部长的监督下拟订计划；计划包括减灾、备灾和响应；制定计划将联合咨询与减灾、备灾和响应相关的所有部门；计划每年更新一次	州政府／州灾害管理当局
区级灾害管理计划	在区级官员／管理者的监督下制定，包括减灾、备灾和响应；包括多部门的应急支持功能；咨询所有相关部门；维护区级资源目录	州政府／州灾害管理当局
街区灾害管理	在区级官员／管理者的监督下制定，包括减灾、备灾和响应；包括多部门的应急支持功能；咨询所有相关部门；维护区级资源目录	州政府／州灾害管理当局／街区发展行政部门
社区级减灾、备灾和响应计划	增强灾害易发地的社区能力，有效地对灾害作出反应，特别关注脆弱社区和包括妇女在内的弱势群体权力和能力建设；建立和培训村庄／村务委员会（农村地区）和行政区／市政委员会／社团（城市地区）灾害管理委员会及灾害管理队伍；安全避难所辨认和管理；救济物资等的储备；早期预警的发布；第一时间的帮助和商议；帮助搜寻和救援；这些计划与当地年度发展计划成为一体，在村务委员会和城市当地各种农村发展计划中，社区和村务委员会的减灾计划优先	州政府／区行政部门／村务委员会管理机构／城市当地

第二节 亚洲防灾机构举例

一、日本东京都防灾中心

日本早在平成三年（即 1991 年），就成立了东京都防灾中心。针对随时可能发生地震等灾害，采取有效的应急行动（图 10-3）。在发生大规模的灾害时，东京都防灾中心起着全市防灾行动指挥部的作用。该中心引进了世界上最先进的指挥系统，能够迅速、准确地了解和掌握本市的受灾情况，保持与各防灾单位的情报联系。

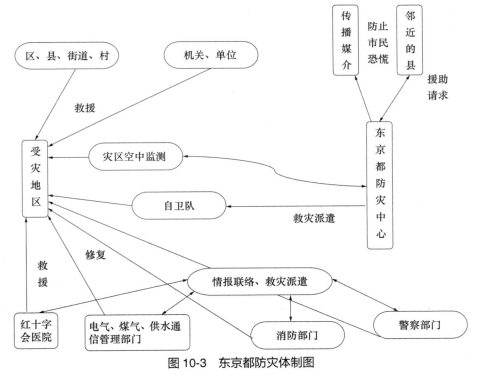

图 10-3　东京都防灾体制图

灾情预警与应急指挥系统的核心设施，实质上就是装设在灾害对策本部会议室内的灾害视听系统和应急对策显示系统（图 10-4）。其外部设施是一座 200 英寸的超大显示屏幕。该系统是一个具有系统工程内涵的综合防灾、减灾和救灾体系。其作用包括：汇总各类灾害预警和灾害实况的网络；对各类灾害预警和灾害隐患进行综合分析判断；灾害预评估和灾害实况的跟踪评估；为政府领导指挥救灾提供应急对策和具体救援方案等。

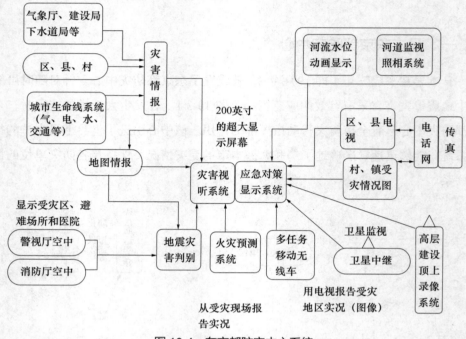

图 10-4　东京都防灾中心系统

二、韩国首尔综合防灾指挥中心

1. 概况

韩国首尔是世界特大城市之一，和许多发达国家一样，十分重视社会防灾救援工作，他们通过汉江圣水大桥断裂、阿岘洞煤气爆炸、三丰百货大楼坍塌等多起群死群伤的大型事故。认识到了首尔当时的防灾管理体制在应对大型事故指挥体系时效率低下，信息传达系统过于复杂，各防灾部门之间缺乏联系协调等诸多问题，从1994年开始运筹建设综合防灾指挥中心。1998年开建，2002年3月22日建成投入使用，总投资91亿900万韩币，该中心在原来首尔市安全企划部的地下人防工程基础上建成，总面积3557m²，中心内部设有119综合指挥室、民防警报管制室、灾害对策本部指挥室、统筹运营室等四个指挥控制室（表10-2）。配备了119综合指挥系统、报警者位置标识系统、火灾监视系统、自动控制下达指令系统等高技术防灾指挥设备。这个中心综合了原来分散于市区各处的场所——消防指挥室、防灾指挥室、防洪指挥室、除雪指挥室和民防监控室的所有职能，使原来互不相关的消防、民防、防洪、除雪等市政安全事务得到了统一处理，在防灾管理上实现了拨打 119 单一报警电话即可报告各类灾难和紧急情况的功能，大大提高了城市防灾系统工作效率。该指挥中心的正式运营使得首尔市的综合防灾能力达到一个新的水平。

2. 综合防灾中心值班、处警程序

综合防灾指挥中心的设立改变了以往不同事故类型不同的报警电话，119 电话仅限于火灾和急救报警的事故处理机制。包括电气、自来水、煤气、交通、建筑物崩塌、环境污染等所有的事故都可以通过拨打 119 电话向综合防灾指挥中心报警。中心在接到报警后将按事故类型指示相关部门组成事故处理分队，并下达出动命令。在事故处理分队向现场移动时，中心可利用 GIS 地理信息系统向事故处理分队提供事故现场的地理分布，建筑物构造和设施分布信息，有助于使事故处理分队正常掌握现场情况，对事故进行有效的处理。综合防灾指挥中心和事故处理分队的通信方式也由原来的一对一模式无线通信改为基于中继式无线通信网（TRS）的多者间无线通信。这有助于事故处理者之间的信息交流，提高事故的处理效率。

3. 综合防灾中心部门职能

韩国首尔综合防灾中心部门职能　　　　　　　　表 10-2

部　　门		职　　能
119 综合指挥室	设备种类	报警者位置标识系统； 自动出动指令系统和事故处理分队编成系统； 车辆动态管理系统； 火灾监视和交通监视系统； 共用无线通信网
	职能	发生事故、灾难时，接受报警和相关信息； 根据事故类型，组成距离最近的事故处理分队，并下达出发指令； 向事故现场提供相关信息，并对现场进行远距离指挥； 管理各类事故和紧急情况的数据统计资料
灾害对策 本部指挥室	设备种类	防洪管理系统； 除雪管理系统

续表

部　　门		职　　能
灾害对策 本部指挥室	职能	接受和显示各个观测所测得降水量和汉江下游水位； 显示首尔市内各防洪泵的工作状态； 图像远距显示汉江大堤的水位和潜水桥的状况； 通过气象厅及气象卫星接受和显示气象信息； 显示降雪信息并通过图像系统管理除雪作业
民防警报管制室	职能	从中央民防警报管制所接收并传播警报发布信息； 发生敌方空袭、自然灾害和大型灾难时接收并传播广播信息
统筹运营室	职能	与有关机构共享建筑构造、汉江水位、气象等信息； 搜集和管理与现场救助相关的资料； 发生大型事故时，向市民公开伤亡人数等统计数据

　　综合防灾中心 24 小时轮流值班，其中 119 综合指挥有三个队，负责火灾、燃气爆炸、建筑物坍塌、交通事故等经常发生的一般性事故的应对和处置。灾害对策本部指挥室负责管理防洪工作和除雪作业，民防警报管制室也由三个班轮流执勤。负责战时或发生大型灾难时发布民防和灾难警报。统筹运营室则负责搜集和整理气象、水文、建筑以及与现场事故处理有关的各类信息，以便于在大型事故发生时与各相关机构做到信息共享，互相支援。防灾中心还有专门的地方长官指挥室，发生大的灾难事故，地方最高长官和各部门集中，临场听取汇报和指挥。

　　在建设综合防灾指挥中心的同时，首尔市政府还专门投资为移动困难的 65 岁以上孤寡老人和残疾人安装了 119 自动报警器和报警用传真机等设备。当发生事故和紧急情况时，老人和残疾人只要按动报警器的按钮或发出报警传真，中心即可接到报警，并可按自动显示的报警派人处理。这个自动报警网的建成使得所有的市民都能享受到市政府提供的安全服务。

　　综合防灾指挥中心内还专门开辟向市民和来访外国客人讲解事故处理过程的宣传教育场所和参观路线，这将有助于向市民普及防灾自救知识，提高市民的安全防灾意识。

附录1 国家突发公共事件总体应急预案

（2016 年 1 月 8 日公布）

1 总 则

1.1 编制目的

提高政府保障公共安全和处置突发公共事件的能力，最大程度地预防和减少突发公共事件及其造成的损害，保障公众的生命财产安全，维护国家安全和社会稳定，促进经济社会全面、协调、可持续发展。

1.2 编制依据

依据宪法及有关法律、行政法规，制定本预案。

1.3 分类分级

本预案所称突发公共事件是指突然发生，造成或者可能造成重大人员伤亡、财产损失、生态环境破坏和严重社会危害，危及公共安全的紧急事件。

根据突发公共事件的发生过程、性质和机理，突发公共事件主要分为以下四类：

（1）自然灾害。主要包括水旱灾害，气象灾害，地震灾害，地质灾害，海洋灾害，生物灾害和森林草原火灾等。

（2）事故灾难。主要包括工矿商贸等企业的各类安全事故，交通运输事故，公共设施和设备事故，环境污染和生态破坏事件等。

（3）公共卫生事件。主要包括传染病疫情，群体性不明原因疾病，食品安全和职业危害，动物疫情，以及其他严重影响公众健康和生命安全的事件。

（4）社会安全事件。主要包括恐怖袭击事件，经济安全事件和涉外突发事件等。

各类突发公共事件按照其性质、严重程度、可控性和影响范围等因素，一般分为四级：Ⅰ级（特别重大）、Ⅱ级（重大）、Ⅲ级（较大）和Ⅳ级（一般）。

1.4 适用范围

本预案适用于涉及跨省级行政区划的，或超出事发地省级人民政府处置能力的特别重大突发公共事件应对工作。

本预案指导全国的突发公共事件应对工作。

1.5 工作原则

（1）以人为本，减少危害。切实履行政府的社会管理和公共服务职能，把保障公众健康和生命财产安全作为首要任务，最大程度地减少突发公共事件及其造成的人员伤亡和危害。

（2）居安思危，预防为主。高度重视公共安全工作，常抓不懈，防患于未然。增强忧患意识，坚持预防与应急相结合，常态与非常态相结合，做好应对突发公共事件的各项准备工作。

（3）统一领导，分级负责。在党中央、国务院的统一领导下，建立健全分类管理、分级负责，条块结合、属地管理为主的应急管理体制，在各级党委领导下，实行行政领导责任制，充分发挥专业应急指挥机构的作用。

（4）依法规范，加强管理。依据有关法律和行政法规，加强应急管理，维护公众的合法权益，使应对突发公共事件的工作规范化、制度化、法制化。

（5）快速反应，协同应对。加强以属地管理为主的应急处置队伍建设，建立联动协调制度，充分动员和发挥乡镇、社区、企事业单位、社会团体和志愿者队伍的作用，依靠公众力量，形成统一指挥、反应灵敏、功能齐全、协调有序、运转高效的应急管理机制。

（6）依靠科技，提高素质。加强公共安全科学研究和技术开发，采用先进的监测、预测、预警、预防和应急处置技术及设施，充分发挥专家队伍和专业人员的作用，提高应对突发公共事件的科技水平和指挥能力，避免发生次生、衍生事件；加强宣传和培训教育工作，提高公众自救、互救和应对各类突发公共事件的综合素质。

1.6 应急预案体系

全国突发公共事件应急预案体系包括：

（1）突发公共事件总体应急预案。总体应急预案是全国应急预案体系的总纲，是国务院应对特别重大突发公共事件的规范性文件。

（2）突发公共事件专项应急预案。专项应急预案主要是国务院及其有关部门为应对某一类型或某几种类型突发公共事件而制定的应急预案。

（3）突发公共事件部门应急预案。部门应急预案是国务院有关部门根据总体应急预案、专项应急预案和部门职责为应对突发公共事件制定的预案。

（4）突发公共事件地方应急预案。具体包括：省级人民政府的突发公共事件总体应急预案、专项应急预案和部门应急预案；各市（地）、县（市）人民政府及其基层政权组织的突发公共事件应急预案。上述预案在省级人民政府的领导下，按照分类管理、分级负责的原则，由地方人民政府及其有关部门分别制定。

（5）企事业单位根据有关法律法规制定的应急预案。

（6）举办大型会展和文化体育等重大活动，主办单位应当制定应急预案。

各类预案将根据实际情况变化不断补充、完善。

2　组织体系

2.1　领导机构

国务院是突发公共事件应急管理工作的最高行政领导机构。在国务院总理领导下，由国务院常务会议和国家相关突发公共事件应急指挥机构（以下简称相关应急指挥机构）负责突发公共事件的应急管理工作；必要时，派出国务院工作组指导有关工作。

2.2　办事机构

国务院办公厅设国务院应急管理办公室，履行值守应急、信息汇总和综合协调职责，发挥运转枢纽作用。

2.3　工作机构

国务院有关部门依据有关法律、行政法规和各自的职责，负责相关类别突发公共事件的应急管理工作。具体负责相关类别的突发公共事件专项和部门应急预案的起草与实施，贯彻落实国务院有关决定事项。

2.4 地方机构

地方各级人民政府是本行政区域突发公共事件应急管理工作的行政领导机构，负责本行政区域各类突发公共事件的应对工作。

2.5 专家组

国务院和各应急管理机构建立各类专业人才库，可以根据实际需要聘请有关专家组成专家组，为应急管理提供决策建议，必要时参加突发公共事件的应急处置工作。

3 运行机制

3.1 预测与预警

各地区、各部门要针对各种可能发生的突发公共事件，完善预测预警机制，建立预测预警系统，开展风险分析，做到早发现、早报告、早处置。

3.1.1 预警级别和发布

根据预测分析结果，对可能发生和可以预警的突发公共事件进行预警。预警级别依据突发公共事件可能造成的危害程度、紧急程度和发展势态，一般划分为四级：Ⅰ级（特别严重）、Ⅱ级（严重）、Ⅲ级（较重）和Ⅳ级（一般），依次用红色、橙色、黄色和蓝色表示。

预警信息包括突发公共事件的类别、预警级别、起始时间、可能影响范围、警示事项、应采取的措施和发布机关等。

预警信息的发布、调整和解除可通过广播、电视、报刊、通信、信息网络、警报器、宣传车或组织人员逐户通知等方式进行，对老、幼、病、残、孕等特殊人群以及学校等特殊场所和警报盲区应当采取有针对性的公告方式。

3.2 应急处置

3.2.1 信息报告

特别重大或者重大突发公共事件发生后，各地区、各部门要立即报告，最迟不得超过4小时，同时通报有关地区和部门。应急处置过程中，要及时续报有关情况。

3.2.2 先期处置

突发公共事件发生后，事发地的省级人民政府或者国务院有关部门在报告特别重大、重大突发公共事件信息的同时，要根据职责和规定的权限启动相关应急预案，及时、有效地进行处置，控制事态。

在境外发生涉及中国公民和机构的突发事件，我驻外使领馆、国务院有关部门和有关地方人民政府要采取措施控制事态发展，组织开展应急救援工作。

3.2.3 应急响应

对于先期处置未能有效控制事态的特别重大突发公共事件，要及时启动相关预案，由国务院相关应急指挥机构或国务院工作组统一指挥或指导有关地区、部门开展处置工作。

现场应急指挥机构负责现场的应急处置工作。

需要多个国务院相关部门共同参与处置的突发公共事件，由该类突发公共事件的业务主管部门牵头，其他部门予以协助。

3.2.4 应急结束

特别重大突发公共事件应急处置工作结束，或者相关危险因素消除后，现场应急指挥机构予以撤销。

3.3 恢复与重建

3.3.1 善后处置

要积极稳妥、深入细致地做好善后处置工作。对突发公共事件中的伤亡人员、应急处置工作人员，以及紧急调集、征用有关单位及个人的物资，要按照规定给予抚恤、补助或补偿，并提供心理及司法援助。有关部门要做好疫病防治和环境污染消除工作。保险监管机构督促有关保险机构及时做好有关单位和个人损失的理赔工作。

3.3.2 调查与评估

要对特别重大突发公共事件的起因、性质、影响、责任、经验教训和恢复重建等问题进行调查评估。

3.3.3 恢复重建

根据受灾地区恢复重建计划组织实施恢复重建工作。

3.4 信息发布

突发公共事件的信息发布应当及时、准确、客观、全面。事件发生的第一时间要向社会发布简要信息，随后发布初步核实情况、政府应对措施和公众防范措施等，并根据事件处置情况做好后续发布工作。

信息发布形式主要包括授权发布、散发新闻稿、组织报道、接受记者采访、举行新闻发布会等。

4　应急保障

各有关部门要按照职责分工和相关预案做好突发公共事件的应对工作，同时根据总体预案切实做好应对突发公共事件的人力、物力、财力、交通运输、医疗卫生及通信保障等工作，保证应急救援工作的需要和灾区群众的基本生活，以及恢复重建工作的顺利进行。

4.1　人力资源

公安（消防）、医疗卫生、地震救援、海上搜救、矿山救护、森林消防、防洪抢险、核与辐射、环境监控、危险化学品事故救援、铁路事故、民航事故、基础信息网络和重要信息系统事故处置，以及水、电、油、气等工程抢险救援队伍是应急救援的专业队伍和骨干力量。地方各级人民政府和有关部门、单位要加强应急救援队伍的业务培训和应急演练，建立联动协调机制，提高装备水平；动员社会团体、企事业单位以及志愿者等各种社会力量参与应急救援工作；增进国际间的交流与合作。要加强以乡镇和社区为单位的公众应急能力建设，发挥其在应对突发公共事件中的重要作用。

中国人民解放军和中国人民武装警察部队是处置突发公共事件的骨干和突击力量，按照有关规定参加应急处置工作。

4.2　财力保障

要保证所需突发公共事件应急准备和救援工作资金。对受突发公共事件影响较大的行业、企事业单位和个人要及时研究提出相应的补偿或救助政策。要对突发公共事件财政应急保障资金的使用和效果进行监管和评估。

鼓励自然人、法人或者其他组织（包括国际组织）按照《中华人民共和国公益事业捐赠法》等有关法律、法规的规定进行捐赠和援助。

4.3　物资保障

要建立健全应急物资监测网络、预警体系和应急物资生产、储备、调拨及紧急配送体系，完善应急工作程序，确保应急所需物资和生活用品的及时供应，并加强对物资储备的监督管理，及时予以补充和更新。

地方各级人民政府应根据有关法律、法规和应急预案的规定，做好物资储备工作。

4.4　基本生活保障

要做好受灾群众的基本生活保障工作，确保灾区群众有饭吃、有水喝、有衣穿、有住处、有病能得到及时医治。

4.5　医疗卫生保障

卫生部门负责组建医疗卫生应急专业技术队伍，根据需要及时赴现场开展医疗救治、疾病预防控制等卫生应急工作。及时为受灾地区提供药品、器械等卫生和医疗设备。必要时，组织动员红十字会等社会卫生力量参与医疗卫生救助工作。

4.6　交通运输保障

要保证紧急情况下应急交通工具的优先安排、优先调度、优先放行，确保运输安全畅通；要依法建立紧急情况社会交通运输工具的征用程序，确保抢险救灾物资和人员能够及时、安全送达。

根据应急处置需要，对现场及相关通道实行交通管制，开设应急救援"绿色通道"，保证应急救援工作的顺利开展。

4.7　治安维护

要加强对重点地区、重点场所、重点人群、重要物资和设备的安全保护，依法严厉打击违法犯罪活动。必要时，依法采取有效管制措施，控制事态，维护社会秩序。

4.8　人员防护

要指定或建立与人口密度、城市规模相适应的应急避险场所，完善紧急疏散管理办法和程序，明确各级责任人，确保在紧急情况下公众安全、有序的转移或疏散。

要采取必要的防护措施，严格按照程序开展应急救援工作，确保人员安全。

4.9　通信保障

建立健全应急通信、应急广播电视保障工作体系，完善公用通信网，建立有线和无线相结合、基础电信网络与机动通信系统相配套的应急通信系统，确保通信畅通。

4.10　公共设施

有关部门要按照职责分工，分别负责煤、电、油、气、水的供给，以及废水、废气、固体废弃物等有害物质的监测和处理。

4.11　科技支撑

要积极开展公共安全领域的科学研究；加大公共安全监测、预测、预警、预防和应急处置技术研发的投入，不断改进技术装备，建立健全公共安全应急技术平台，提高我国公共安全科技水平；注意发挥企业在公共安全领域的研发作用。

5　监督管理

5.1　预案演练

各地区、各部门要结合实际，有计划、有重点地组织有关部门对相关预案进行演练。

5.2　宣传和培训

宣传、教育、文化、广电、新闻出版等有关部门要通过图书、报刊、音像制品和电子出版物、广播、电视、网络等，广泛宣传应急法律法规和预防、避险、自救、互救、减灾等常识，增强公众的忧患意识、社会责任意识和自救、互救能力。各有关方面要有计划地对应急救援和管理人员进行培训，提高其专业技能。

5.3　责任与奖惩

突发公共事件应急处置工作实行责任追究制。

对突发公共事件应急管理工作中做出突出贡献的先进集体和个人要给予表彰和奖励。

对迟报、谎报、瞒报和漏报突发公共事件重要情况或者应急管理工作中有其他失职、渎职行为的，依法对有关责任人给予行政处分；构成犯罪的，依法追究刑事责任。

6 附 则

6.1 预案管理

根据实际情况的变化，及时修订本预案。

本预案自发布之日起实施。

附录2　国家处置城市地铁事故灾难应急预案

（2016 年 1 月 23 日公布）

1　总　　则

1.1　编制目的

做好城市地铁事故灾难的防范与处置工作，保证及时、有序、高效、妥善地处置城市地铁事故灾难，最大程度地减少人员伤亡和财产损失，维护社会稳定，支持和保障经济发展。

1.2　编制依据

依据《中华人民共和国安全生产法》、《中华人民共和国消防法》、《突发公共卫生事件应急条例》、《国务院关于特大安全事故行政责任追究的规定》和《国家突发公共事件总体应急预案》，制定本预案。

1.3　适用范围

本预案适用于我国地铁（包括轻轨）发生的特别重大事故灾难，致使人民群众生命财产和地铁的正常运营受到严重威胁，具备下列条件之一的：

（1）造成 30 人以上死亡（含失踪），或危及 30 人以上生命安全，或者 100 人以上中毒（重伤），或者直接经济损失 1 亿元以上；

（2）需要紧急转移安置 10 万人以上；

（3）超出省级人民政府应急处置能力；

（4）跨省级行政区、跨领域（行业和部门）；

（5）国务院认为需要国务院或建设部响应。

1.4　工作原则

（1）以人为本、科学决策

发挥政府公共服务职能，把保障人民群众的生命安全、最大程度地减少事故灾难造成的损失放在首位。运用先进技术，充分发挥专家作用，实行科学民主决策。

（2）统一指挥、分级负责

在国务院的统一领导下，由建设部牵头负责，省（区、市）人民政府和国务院其他有关部门、军队、武警按照各自的职责分工和权限，负责有关地铁事故灾难的应急管理和特别重大、重大事故灾难的应急处置工作。

（3）属地为主、分工协作

地铁事故灾难应急处置实行属地负责制，城市人民政府是处置事故灾难的主体，要承担处置的首要责任。国务院各有关部门、军队、武警、省（区、市）人民政府要主动配合、密切协作、整合资源、信息共享、形成合力，保证事故灾难信息的及时准确传递、快速有效处置。

（4）应急处置与日常建设相结合、有效应对

国务院各有关部门、军队、武警和省（区、市）人民政府，尤其是地铁所在地城市人民政府，对事故灾难要有充分的思想准备，调动全社会力量，建立应对事故灾难的有效机制，做到常备不懈。应急机制建设和资源准备要坚持应急处置与日常建设相结合，降低运行成本。

2　组织机构与职责

2.1　国家应急机构

国务院或国务院授权建设部设立城市地铁事故灾难应急领导小组（以下简称"领导小组"）。领导小组下设办公室、联络组和专家组。

领导小组办公室设在建设部质量安全司，具体负责全国地铁事故灾难应急工作。领导小组联络组由各成员单位指派的人员组成。领导小组专家组由地铁、公安、消防、安全生产、卫生防疫、防化等方面的专家组成。

2.2　省级、市级地铁事故灾难应急机构

省级、市级地铁事故灾难应急机构应比照国家地铁事故灾难应急机构的组成、职责，结合本地实际情况确定。

2.3 城市地铁企业事故灾难应急机构

城市地铁企业应建立由企业主要负责人、分管安全生产的负责人、有关部门参加的地铁事故灾难应急机构。

3 预警预防机制

3.1 监测机构

城市人民政府建设行政主管部门负责城市地铁的运行监测、预警工作，建立城市地铁监测体系和运行机制；对检测信息进行汇总分析；对城市地铁运行状况进行收集、汇总分析并做出报告，每半年向国家和省级地铁应急机构做出书面报告。

3.2 监测网络

由省级、市级建设行政主管部门、城市地铁企业组成监测网络，省级、市级建设行政主管部门设立城市地铁监察员对城市地铁进行检查监督。

3.3 监测内容

城市地铁的规章制度、强制性标准、设施设备及安全运营管理。

4 应急响应

4.1 分级响应

Ⅰ级响应行动（响应标准见1.3）由领导小组组织实施，当领导小组进入Ⅰ级响应行动时，事发地各级政府应当按照相应的预案全力以赴组织救援，并及时向领导小组报告救援工作进展情况。

Ⅱ级以下应急响应行动的组织实施，由省级人民政府决定。城市人民政府可根据事故灾难的严重程度启动相应的应急预案，超出本级应急处置能力时，及时报请上一级应急机构启动上一级应急预案实施救援。

4.1.1 领导小组的响应

建设部在接到特别重大事故灾难报告2小时内，决定是否启动Ⅰ级响应。

Ⅰ级响应时，领导小组启动并实施本预案。及时将事故灾难的基本情况、事态发展和救援进展情况报告国务院并抄报国家安全监管总局；开通与国务院有关部门、军队、武警等有关方面的通信联系；开通与事故灾难发生地的省级应急机构、事发地城市政府应急机构、现场应急机构、相关专业应急机构的通信联系，随时掌握事态进展情况；派出有关人员和专家赶赴现场，参加、指导应急工作；需要其他部门应急力量支援时，向国务院提出请求。

Ⅱ级以下响应时，及时开通与事故灾难发生地的省级应急机构、事发地城市政府应急机构的通信联系，随时掌握事态进展情况；根据有关部门和专家的建议，为地方应急指挥救援工作提供协调和技术支持；必要时，派出有关人员和专家赶赴现场，参加、指导应急工作。

4.1.2 国务院有关部门、军队、武警的响应

Ⅰ级响应时，国务院有关部门、军队、武警按照预案规定的职责参与应急工作，启动并实施本部门相关的应急预案。

4.2 不同事故灾难的应急响应措施

4.2.1 火灾应急响应措施

（1）城市地铁企业要制定完善的消防预案，针对不同车站、列车运行的不同状态以及消防重点部位制定具体的火灾应急响应预案；

（2）贯彻"救人第一，救人与灭火同步进行"的原则，积极施救；

（3）处置火灾事件应坚持快速反应的原则，做到反应快、报告快、处置快，把握起火初期的关键时间，把损失控制在最低程度；

（4）火灾发生后，工作人员应立即向"119"、"110"报告。同时组织做好乘客的疏散、救护工作，积极开展灭火自救工作；

（5）地铁企业事故灾难应急机构及市级地铁事故灾难应急机构，接到火灾报告后，应立即组织启动相应应急预案。

4.2.2 地震应急响应措施

（1）地震灾害紧急处理的原则：

a.实行高度集中，统一指挥。各单位、各部门要听从事发地省、直辖市人民政府指挥，各司其职，各负其责；

b.抓住主要矛盾，先救人、后救物，先抢救通信、供电等要害部位，后抢救

一般设施。

（2）市级地铁事故灾难应急机构及地铁企业负责制定地震应急预案，做好应急物资的储备及管理工作。

（3）发布破坏性地震预报后，即进入临震应急状态。省级人民政府建设主管部门采取相应措施：

a.根据震情发展和工程设施情况，发布避震通知，必要时停止运营和施工，组织避震疏散；

b.对有关工程和设备采取紧急抗震加固等保护措施；

c.检查抢险救灾的准备工作；

d.及时准确通报地震信息，保护正常工作秩序。

（4）地震发生时，省级人民政府建设主管部门及时将灾情报有关部门，同时做好乘客疏散和地铁设备、设施保护工作。

（5）地铁企业事故灾难应急机构及市级地铁事故灾难应急机构，接到地震报告后，应立即组织启动相应应急预案。

4.2.3　地铁爆炸应急响应措施

（1）迅速反应，及时报告，密切配合，全力以赴疏散乘客、排除险情，尽快恢复运营；

（2）地铁企业应针对地铁列车、地铁车站、地铁主变电站、地铁控制中心，以及地铁车辆段等重点防范部位制订防爆措施；

（3）地铁内发现的爆炸物品、可疑物品应由专业人员进行排除，任何非专业人员不得随意触动；

（4）地铁爆炸案件一旦发生，市级建设主管部门应立即报告当地公安部门、消防部门、卫生部门，组织开展调查处理和应急工作；

（5）地铁企业事故灾难应急机构及市级地铁事故灾难应急机构，接到爆炸报告后，应立即组织启动相应应急预案。

4.2.4　地铁大面积停电应急响应措施

（1）地铁企业应贯彻预防为主、防救结合的原则，重点做好日常安全供电保障工作，准备备用电源，防止停电事件的发生；

（2）停电事件发生后，地铁企业要做好信息发布工作，做好乘客紧急疏散、安抚工作，协助做好地铁的治安防护工作；

（3）供电部门在事故灾难发生后，应根据事故灾难性质、特点，立即实施事故灾难抢修、抢险有关预案，尽快恢复供电；

（4）地铁企业事故灾难应急机构及市级地铁事故灾难应急机构，接到停电报告后，应立即组织启动相应应急预案。

4.3　应急情况报告

应急情况报告的基本原则是：快捷、准确、直报、续报。

4.3.1　快捷

最先接到事故灾难信息的单位应在第一时间报告，最迟不能超过1小时。

4.3.2　准确

报告内容要真实，不得瞒报、虚报、漏报。

4.3.3　直报

发生特别重大事故灾难，要直报领导小组办公室，同时报省、市地铁事故灾难应急机构。紧急情况下，可越级上报国务院，并及时通报有关部门。

4.3.4　续报

在事故灾难发生一段时间内，要连续上报事故灾难应急处置的进展情况及有关内容。

4.3.5　报告内容

特别重大事故灾难快报及续报应当包括以下内容：

（1）事件单位的名称、负责人、联系电话及地址；

（2）事件发生的时间、地点；

（3）事件造成的危害程度、影响范围、伤亡人数、直接经济损失；

（4）事件的简要经过；

（5）其他需上报的有关事项。

4.4　报告程序

4.4.1　地铁事故灾难发生后，现场人员必须立即报警，并报告地铁企业应急机构。有关部门接到报告后，应迅速确认事故灾难性质和等级，立即启动相应的预案，并向上级地铁应急机构报告。

4.4.2　特别重大事故灾难发生单位、属地政府及其相关行政主管部门，接报后必须做到：

（1）迅速采取有效措施，组织抢救，防止事故灾难扩大；

（2）严格保护事故灾难现场；

（3）迅速派人赶赴事故灾难现场，负责维护现场秩序和证据收集工作；

（4）服从地方政府统一部署和指挥，了解掌握事故灾难情况，协调组织事件抢险救灾和调查处理等事宜，并及时报告事态趋势及状况。

4.4.3　因抢救人员、防止事故灾难扩大、恢复生产以及疏通交通等原因，需要移动现场物件的，应当做好标志，采取拍照、摄像、绘图等方法详细记录事故灾难现场的原貌，妥善保存现场重要痕迹、物证。

4.4.4　发生特别重大事故灾难的单位及城市地铁事故灾难应急机构应在事故灾难发生后4小时内写出事故灾难快报，分别报送国家、省地铁事故灾难应急机构。

4.5　情况接报

4.5.1　领导小组办公室获悉发生城市地铁事故灾难后，迅速通知领导小组，并根据事故灾难的性质和严重程度提出启动预案的建议。

4.5.2　领导小组接到报告后，应将有关情况上报国务院，同时通报国务院有关部门。

4.6　紧急处置

紧急处置应按照属地为主的原则，依靠本行政区域的力量。事故灾难发生后，地铁企业和当地人民政府应立即启动应急预案，并按照应急预案迅速采取措施，使事故灾难损失降到最低。

根据事态发展情况，出现急剧恶化的特殊险情时，现场应急指挥机构在充分考虑专家和有关方面意见的基础上，及时制定应急处置方案，依法采取紧急处置措施。

4.7　医疗卫生救助

各级卫生行政部门要根据《国家突发公共事件医疗卫生救援应急预案》，组织做好应急准备，在应急响应时，组织、协调开展应急医疗卫生救援工作，保护人民群众的健康和生命安全。

4.8　应急人员的安全防护

现场处置人员应根据需要佩带相应的专业防护装备，采取安全防护措施，严格执行应急人员进入和离开事故灾难现场的相关规定。

现场应急机构根据需要具体协调、调集相应的安全防护装备。城市人民政府应事先为城市地铁企业配备响应的专业防护装备。

4.9 群众的安全防护

现场应急机构负责组织群众的安全防护工作，主要工作内容如下：

（1）根据事故灾难的特点，确定保护群众安全需要采取的防护措施；

（2）决定紧急状态下群众疏散、转移和安置的方式、范围、路线和程序，指定有关部门具体负责实施疏散、转移和安置；

（3）启用应急避难场所；

（4）维护事发现场的治安秩序。

4.10 社会力量的动员与参与

现场应急机构组织调动本行政区域社会力量参与应急工作。超出事发地省级人民政府的处置能力时，省级人民政府向国务院申请本行政区域外的社会力量支援。

4.11 现场检测与评估

根据需要，现场应急机构成立事故灾难现场检测与评估小组，负责检测、分析和评估工作，查找事故灾难的原因和评估事态的发展趋势，预测事故灾难的后果，为现场应急决策提供参考。检测与评估报告要及时上报领导小组办公室。

4.12 信息发布

城市地铁事故灾难应急信息的公开发布由各级城市地铁事故灾难应急机构决定。对城市地铁事故灾难和应急响应的信息实行统一、快速、有序、规范管理。

信息发布应明确事件的地点、事件的性质、人员伤亡和财产损失情况、救援进展情况、事件区域交通管制情况以及临时交通措施等。

4.13 应急结束

Ⅰ级响应行动由领导小组决定终止。

Ⅱ级以下响应行动的终止由省级人民政府决定。

5　后期处置

5.1　善后处置

事发地的城市人民政府负责组织地铁事故灾难的善后处置工作，包括治安管理、人员安置、补偿、征用物资补偿、救援物资供应和及时补充、恢复生产等事项。尽快消除事故灾难影响，妥善安置和慰问受害及受影响人员，保证社会稳定，尽快恢复地铁正常运营秩序。

5.2　保险理赔

地铁事故灾难发生后，保险机构及时开展应急人员保险受理和受灾人员保险理赔工作。

5.3　调查报告

属于Ⅰ级响应行动的地铁事故灾难由领导小组牵头组成调查组进行调查；必要时，国务院可以直接组成调查组。属于Ⅱ级以下响应行动的地铁事故灾难调查工作由省级人民政府规定；必要时，领导小组可以牵头组成调查组。

应急状态解除后，现场地铁事故灾难应急机构应整理和审查所有的应急记录和文件等资料；总结和评价导致应急状态的事故灾难原因和在应急期间采取的主要行动；必要时，修订城市地铁应急预案，并及时作出书面报告。

（1）应急状态终止后的两个月内，现场地铁事故灾难应急机构应向领导小组提交书面总结报告。

（2）总结报告应包括以下内容：发生事故灾难的地铁基本情况，事故灾难原因、发展过程及造成的后果（包括人员伤亡、经济损失）分析、评价，采取的主要应急响应措施及其有效性，主要经验教训和事故灾难责任人及其处理结果等。

6　保障措施

6.1　通信与信息保障

领导小组应指定专门场所并建设相应的设施满足进行决策、指挥和对外应急联络的需要。

逐步建立并完善全国地铁安全信息库、救援力量和资源信息库，规范信息获取、分析、发布、报送格式和程序，保证国务院及国务院有关部门、省级、市级应急机构之间的信息资源共享。

保证应急响应期间领导小组同国务院，省级、市级和地铁企业事故灾难应急机构、应急支援单位通信联络的需要；明确联系人、联系方式。

能够接受、显示和传达地铁事故灾难信息，为应急决策和专家咨询提供依据；能够接受、传递省级、市级地铁应急机构应急响应的有关信息；能够为地铁事故灾难应急指挥、与有关部门的信息传输提供条件；对省级、市级和地铁企业事故灾难应急机构预案及地铁企业基本情况进行备案。

6.2　应急支援与装备保障

6.2.1　救援装备保障

有地铁运营的城市人民政府负责地铁应急装备的保障。领导小组负责指导、监督地铁应急装备保障工作。

6.2.2　应急队伍保障

领导小组和国务院有关部门、军队、武警根据本预案规定的职责分工，做好应急支援力量准备。地方人民政府建立并完善以消防部队为骨干的应急队伍。

6.2.3　交通运输保障

发生事故灾难后，事发地人民政府有关部门负责对事发现场和相关区域进行交通管制，根据需要开设应急特别通道，确保救灾物资、器材和人员运送及时到位，满足应急处置需要。

6.2.4　医疗卫生保障

各级卫生行政部门，要按照《国家突发公共事件医疗卫生救援应急预案》落实医疗卫生应急的各项保障措施。

6.2.5　治安秩序保障

应急响应时，事发地公安机关负责事故灾难现场的治安秩序保障工作。

6.2.6　物资保障

省级人民政府和城市人民政府及其有关部门，应建立应急设备、救治药物和医疗器械等储备制度。

领导小组根据实际情况，负责监督应急物资的储备情况。

国家发展改革委、商务部协调有关省级人民政府跨地区的物资调用。

6.2.7　资金保障

城市人民政府应当做好事故灾难应急资金准备。领导小组应急处置资金按照《财政应急保障预案》的规定解决。

6.2.8　社会动员保障

事发地人民政府根据需要动员和组织社会力量参与地铁事故灾难的应急。领导小组协调事发地以外的社会力量参与救援。

6.2.9　紧急避难场所保障

城市人民政府负责规划与建设能够基本满足事故灾难发生时人员避难需要的场所。

6.2.10　应急保障的衔接

省级、市级的应急保障按国家有关法律、法规、标准的规定及各自批准的应急预案进行。应急保障应为各自所需的应急响应能力提供保证，并保证各级响应的相互衔接与协调。

6.3　技术储备与保障

领导小组专家组对应急提供技术支持和保障。省级人民政府应比照领导小组专家组的设置，建立相应的机构，对应急提供技术支持和保障。

国务院有关部门和省级、市级人民政府要组织地铁安全保障技术的研究，开发应急技术和装备。

6.4　宣传、培训和演习

6.4.1　公众信息交流

公众信息交流工作由城市人民政府和地铁企业负责，主要内容是城市地铁安全运营及应急的基本常识和救助知识等。城市人民政府组织制订宣传内容、方式等，并组织地铁企业实施。

6.4.2　培训

对所有参与城市地铁事故灾难应急准备与响应的人员进行培训。

6.4.3　演习

省级人民政府地铁事故灾难应急机构应每年组织一次应急演习。城市（含直辖市）人民政府应每半年组织一次应急演习。

6.5　监督检查

领导小组对地铁事故灾难应急预案实施的全过程进行监督。

7　附　　则

7.1　名词解释

7.1.1　地铁

本预案所称地铁是指承担城市公共客运的城市轨道交通系统，包括地上形式和地下形式。

7.1.2　特别重大、重大事故灾难

本预案所称的特别重大、重大事故灾难是指需要启动本预案中规定的Ⅲ级以上应急响应的灾难事故。

特别重大、重大事故灾难类型主要包括：

（1）地铁遭受火灾、爆炸等事故灾难；

（2）地铁发生大面积停电；

（3）地铁发生一条线路全线停运或两条以上线路同时停运；

（4）地铁车站内发生聚众闹事等突发事件；

（5）地铁遭受台风、水灾、地震等自然灾害的侵袭。

7.1.3　本预案有关数量的表述中，"以上"含本数，"以下"不含本数。

7.2　预案管理与更新

建设部根据国家应急管理的有关法律、法规和应急资源的变化情况，以及预案实施过程中发现的问题或出现的新情况，及时修订完善本预案。

7.3　奖励与责任追究

7.3.1　奖励

在地铁事故灾难应急工作中有下列表现之一的单位和个人，应根据有关规定予以奖励：

（1）出色完成应急任务，成绩显著的；

（2）防止或挽救事故灾难有功，使人民群众的生命和国家、集体财产免受损失或减少损失的；

（3）对应急准备或响应提出重大建议，实施效果显著的；

（4）有其他特殊贡献的。

7.3.2 责任追究

在地铁事故灾难应急工作中有下列行为之一的，按照法律、法规及有关规定，对有关责任人视情节和危害后果，由其所在单位或上级机关给予行政处分；其中，对国家公务人员和国家机关任命的其他人员，分别由任免机关或监察机关给予行政处分；属于违反治安管理行为的，由公安机关依法予以治安处罚；构成犯罪的，由司法机关依法追究刑事责任：

（1）不按照规定制定事故灾难应急预案，拒绝履行应急准备义务的；

（2）不按照规定报告、通报事故灾难真实情况的；

（3）拒不执行地铁事故灾难应急预案，不服从命令和指挥，或者在应急响应时临阵脱逃的；

（4）盗窃、挪用、贪污应急工作资金或物资的；

（5）阻碍应急工作人员依法执行任务或者进行破坏活动的；

（6）散布谣言，扰乱社会秩序的；

（7）有其他危害应急工作行为的。

7.4 国际交流与合作

领导小组要积极建立与国际地铁应急机构的联系，开展国际间的交流与合作活动。

7.5 预案实施时间

本预案自印发之日起实施。

附录3 国家自然灾害救助应急预案

（2016 年 3 月 10 日修订）

1 总 则

1.1 编制目的

建立健全应对突发重大自然灾害救助体系和运行机制，规范应急救助行为，提高应急救助能力，最大程度地减少人民群众生命和财产损失，确保受灾人员基本生活，维护灾区社会稳定。

1.2 编制依据

《中华人民共和国突发事件应对法》、《中华人民共和国防洪法》、《中华人民共和国防震减灾法》、《中华人民共和国气象法》、《自然灾害救助条例》、《国家突发公共事件总体应急预案》等。

1.3 适用范围

本预案适用于我国境内发生自然灾害的国家应急救助工作。

当毗邻国家发生重特大自然灾害并对我国境内造成重大影响时，按照本预案开展国内应急救助工作。

发生其他类型突发事件，根据需要可参照本预案开展应急救助工作。

1.4 工作原则

坚持以人为本，确保受灾人员基本生活；坚持统一领导、综合协调、分级负责、属地管理为主；坚持政府主导、社会互助、群众自救，充分发挥基层群众自治组织和公益性社会组织的作用。

2 组织指挥体系

2.1 国家减灾委员会

国家减灾委员会（以下简称国家减灾委）为国家自然灾害救助应急综合协调机构，负责组织、领导全国的自然灾害救助工作，协调开展特别重大和重大自然灾害救助活动。国家减灾委成员单位按照各自职责做好自然灾害救助相关工作。国家减灾委办公室负责与相关部门、地方的沟通联络，组织开展灾情会商评估、灾害救助等工作，协调落实相关支持措施。

由国务院统一组织开展的抗灾救灾，按有关规定执行。

2.2 专家委员会

国家减灾委设立专家委员会，对国家减灾救灾工作重大决策和重要规划提供政策咨询和建议，为国家重大自然灾害的灾情评估、应急救助和灾后救助提出咨询意见。

3 灾害预警响应

气象、水利、国土资源、海洋、林业、农业等部门及时向国家减灾委办公室和履行救灾职责的国家减灾委成员单位通报自然灾害预警预报信息，测绘地信部门根据需要及时提供地理信息数据。国家减灾委办公室根据自然灾害预警预报信息，结合可能受影响地区的自然条件、人口和社会经济状况，对可能出现的灾情进行预评估，当可能威胁人民生命财产安全、影响基本生活、需要提前采取应对措施时，启动预警响应，视情采取以下一项或多项措施：

（1）向可能受影响的省（区、市）减灾委或民政部门通报预警信息，提出灾害救助工作要求。

（2）加强应急值守，密切跟踪灾害风险变化和发展趋势，对灾害可能造成的损失进行动态评估，及时调整相关措施。

（3）通知有关中央救灾物资储备库做好救灾物资准备，紧急情况下提前调拨；启动与交通运输、铁路、民航等部门和单位的应急联动机制，做好救灾物资调运准备。

（4）派出预警响应工作组，实地了解灾害风险，检查指导各项救灾准备工作。

（5）向国务院、国家减灾委负责人、国家减灾委成员单位报告预警响应启动情况。

（6）向社会发布预警响应启动情况。

灾害风险解除或演变为灾害后，国家减灾委办公室终止预警响应。

4 信息报告和发布

县级以上地方人民政府民政部门按照民政部《自然灾害情况统计制度》和《特别重大自然灾害损失统计制度》，做好灾情信息收集、汇总、分析、上报和部门间共享工作。

4.1 信息报告

4.1.1 对突发性自然灾害，县级人民政府民政部门应在灾害发生后 2 小时内将本行政区域灾情和救灾工作情况向本级人民政府和地市级人民政府民政部门报告；地市级和省级人民政府民政部门在接报灾情信息 2 小时内审核、汇总，并向本级人民政府和上一级人民政府民政部门报告。

对造成县级行政区域内 10 人以上死亡（含失踪）或房屋大量倒塌、农田大面积受灾等严重损失的突发性自然灾害，县级人民政府民政部门应在灾害发生后立即上报县级人民政府、省级人民政府民政部门和民政部。省级人民政府民政部门接报后立即报告省级人民政府。省级人民政府、民政部按照有关规定及时报告国务院。

4.1.2 特别重大、重大自然灾害灾情稳定前，地方各级人民政府民政部门执行灾情 24 小时零报告制度，逐级上报上级民政部门；灾情发生重大变化时，民政部立即向国务院报告。灾情稳定后，省级人民政府民政部门应在 10 日内审核、汇总灾情数据并向民政部报告。

4.1.3 对干旱灾害，地方各级人民政府民政部门应在旱情初显、群众生产和生活受到一定影响时，初报灾情；在旱情发展过程中，每10日续报一次灾情，直至灾情解除；灾情解除后及时核报。

4.1.4 县级以上地方人民政府要建立健全灾情会商制度，各级减灾委或者民政部门要定期或不定期组织相关部门召开灾情会商会，全面客观评估、核定灾情数据。

4.2 信息发布

信息发布坚持实事求是、及时准确、公开透明的原则。信息发布形式包括授权发布、组织报道、接受记者采访、举行新闻发布会等。要主动通过重点新闻网站或政府网站、政务微博、政务微信、政务客户端等发布信息。

灾情稳定前，受灾地区县级以上人民政府减灾委或民政部门应当及时向社会滚动发布自然灾害造成的人员伤亡、财产损失以及自然灾害救助工作动态、成效、下一步安排等情况；灾情稳定后，应当及时评估、核定并按有关规定发布自然灾害损失情况。

关于灾情核定和发布工作，法律法规另有规定的，从其规定。

5 国家应急响应

根据自然灾害的危害程度等因素，国家自然灾害救助应急响应分为Ⅰ、Ⅱ、Ⅲ、Ⅳ四级。

5.1 Ⅰ级响应

5.1.1 启动条件

某一省（区、市）行政区域内发生特别重大自然灾害，一次灾害过程出现下列情况之一的，启动Ⅰ级响应：

（1）死亡200人以上（含本数，下同）；

（2）紧急转移安置或需紧急生活救助200万人以上；

（3）倒塌和严重损坏房屋30万间或10万户以上；

（4）干旱灾害造成缺粮或缺水等生活困难，需政府救助人数占该省（区、市）农牧业人口30%以上或400万人以上。

5.1.2　启动程序

灾害发生后，国家减灾委办公室经分析评估，认定灾情达到启动标准，向国家减灾委提出启动Ⅰ级响应的建议；国家减灾委决定启动Ⅰ级响应。

5.1.3　响应措施

国家减灾委主任统一组织、领导、协调国家层面自然灾害救助工作，指导支持受灾省（区、市）自然灾害救助工作。国家减灾委及其成员单位视情采取以下措施：

（1）召开国家减灾委会商会，国家减灾委各成员单位、专家委员会及有关受灾省（区、市）参加，对指导支持灾区减灾救灾重大事项作出决定。

（2）国家减灾委负责人率有关部门赴灾区指导自然灾害救助工作，或派出工作组赴灾区指导自然灾害救助工作。

（3）国家减灾委办公室及时掌握灾情和救灾工作动态信息，组织灾情会商，按照有关规定统一发布灾情，及时发布灾区需求。国家减灾委有关成员单位做好灾情、灾区需求及救灾工作动态等信息共享，每日向国家减灾委办公室通报有关情况。必要时，国家减灾委专家委员会组织专家进行实时灾情、灾情发展趋势以及灾区需求评估。

（4）根据地方申请和有关部门对灾情的核定情况，财政部、民政部及时下拨中央自然灾害生活补助资金。民政部紧急调拨生活救助物资，指导、监督基层救灾应急措施落实和救灾款物发放；交通运输、铁路、民航等部门和单位协调指导开展救灾物资、人员运输工作。

（5）公安部加强灾区社会治安、消防安全和道路交通应急管理，协助组织灾区群众紧急转移。军队、武警有关部门根据国家有关部门和地方人民政府请求，组织协调军队、武警、民兵、预备役部队参加救灾，必要时协助地方人民政府运送、发放救灾物资。

（6）国家发展改革委、农业部、商务部、国家粮食局保障市场供应和价格稳定。工业和信息化部组织基础电信运营企业做好应急通信保障工作，组织协调救灾装备、防护和消杀用品、医药等生产供应工作。住房城乡建设部指导灾后房屋建筑和市政基础设施工程的安全应急评估等工作。水利部指导灾区水利工程修复、水利行业供水和乡镇应急供水工作。国家卫生计生委及时组织医疗卫生队伍赴灾区协助开展医疗救治、卫生防病和心理援助等工作。科技部提供科技方面的综合咨询建议，协调适用于灾区救援的科技成果支持救灾工作。国家测绘地信局准备灾区地理信息数据，组织灾区现场影像获取等应急测绘，开展灾情监测和空间分析，提供应急测绘保障服务。

（7）中央宣传部、新闻出版广电总局等组织做好新闻宣传等工作。

（8）民政部向社会发布接受救灾捐赠的公告，组织开展跨省（区、市）或者全国性救灾捐赠活动，呼吁国际救灾援助，统一接收、管理、分配国际救灾捐赠款物，指导社会组织、志愿者等社会力量参与灾害救助工作。外交部协助做好救灾的涉外工作。中国红十字会总会依法开展救灾募捐活动，参与救灾工作。

（9）国家减灾委办公室组织开展灾区社会心理影响评估，并根据需要实施心理抚慰。

（10）灾情稳定后，根据国务院关于灾害评估工作的有关部署，民政部、受灾省（区、市）人民政府、国务院有关部门组织开展灾害损失综合评估工作。国家减灾委办公室按有关规定统一发布自然灾害损失情况。

（11）国家减灾委其他成员单位按照职责分工，做好有关工作。

5.2　Ⅱ级响应

5.2.1　启动条件

某一省（区、市）行政区域内发生重大自然灾害，一次灾害过程出现下列情况之一的，启动Ⅱ级响应：

（1）死亡100人以上、200人以下（不含本数，下同）；

（2）紧急转移安置或需紧急生活救助100万人以上、200万人以下；

（3）倒塌和严重损坏房屋20万间或7万户以上、30万间或10万户以下；

（4）干旱灾害造成缺粮或缺水等生活困难，需政府救助人数占该省（区、市）农牧业人口25%以上、30%以下，或300万人以上、400万人以下。

5.2.2　启动程序

灾害发生后，国家减灾委办公室经分析评估，认定灾情达到启动标准，向国家减灾委提出启动Ⅱ级响应的建议；国家减灾委副主任（民政部部长）决定启动Ⅱ级响应，并向国家减灾委主任报告。

5.2.3　响应措施

国家减灾委副主任（民政部部长）组织协调国家层面自然灾害救助工作，指导支持受灾省（区、市）自然灾害救助工作。国家减灾委及其成员单位视情采取以下措施：

（1）国家减灾委副主任主持召开会商会，国家减灾委成员单位、专家委员会及有关受灾省（区、市）参加，分析灾区形势，研究落实对灾区的救灾支持措施。

（2）派出由国家减灾委副主任或民政部负责人带队、有关部门参加的工作组赴灾区慰问受灾群众，核查灾情，指导地方开展救灾工作。

（3）国家减灾委办公室及时掌握灾情和救灾工作动态信息，组织灾情会商，按照有关规定统一发布灾情，及时发布灾区需求。国家减灾委有关成员单位做好灾情、灾区需求及救灾工作动态等信息共享，每日向国家减灾委办公室通报有关情况。必要时，国家减灾委专家委员会组织专家进行实时灾情、灾情发展趋势以及灾区需求评估。

（4）根据地方申请和有关部门对灾情的核定情况，财政部、民政部及时下拨中央自然灾害生活补助资金。民政部紧急调拨生活救助物资，指导、监督基层救灾应急措施落实和救灾款物发放；交通运输、铁路、民航等部门和单位协调指导开展救灾物资、人员运输工作。

（5）国家卫生计生委根据需要，及时派出医疗卫生队伍赴灾区协助开展医疗救治、卫生防病和心理援助等工作。测绘地信部门准备灾区地理信息数据，组织灾区现场影像获取等应急测绘，开展灾情监测和空间分析，提供应急测绘保障服务。

（6）中央宣传部、新闻出版广电总局等指导做好新闻宣传等工作。

（7）民政部指导社会组织、志愿者等社会力量参与灾害救助工作。中国红十字会总会依法开展救灾募捐活动，参与救灾工作。

（8）国家减灾委办公室组织开展灾区社会心理影响评估，并根据需要实施心理抚慰。

（9）灾情稳定后，受灾省（区、市）人民政府组织开展灾害损失综合评估工作，及时将评估结果报送国家减灾委。国家减灾委办公室组织核定并按有关规定统一发布自然灾害损失情况。

（10）国家减灾委其他成员单位按照职责分工，做好有关工作。

5.3 Ⅲ级响应

5.3.1 启动条件

某一省（区、市）行政区域内发生重大自然灾害，一次灾害过程出现下列情况之一的，启动Ⅲ级响应：

（1）死亡50人以上、100人以下；

（2）紧急转移安置或需紧急生活救助50万人以上、100万人以下；

（3）倒塌和严重损坏房屋10万间或3万户以上、20万间或7万户以下；

（4）干旱灾害造成缺粮或缺水等生活困难，需政府救助人数占该省（区、市）农牧业人口20%以上、25%以下，或200万人以上、300万人以下。

5.3.2 启动程序

灾害发生后，国家减灾委办公室经分析评估，认定灾情达到启动标准，向国家减灾委提出启动Ⅲ级响应的建议；国家减灾委秘书长决定启动Ⅲ级响应。

5.3.3 响应措施

国家减灾委秘书长组织协调国家层面自然灾害救助工作，指导支持受灾省（区、市）自然灾害救助工作。国家减灾委及其成员单位视情采取以下措施：

（1）国家减灾委办公室及时组织有关部门及受灾省（区、市）召开会商会，分析灾区形势，研究落实对灾区的救灾支持措施。

（2）派出由民政部负责人带队、有关部门参加的联合工作组赴灾区慰问受灾群众，核查灾情，协助指导地方开展救灾工作。

（3）国家减灾委办公室及时掌握并按照有关规定统一发布灾情和救灾工作动态信息。

（4）根据地方申请和有关部门对灾情的核定情况，财政部、民政部及时下拨中央自然灾害生活补助资金。民政部紧急调拨生活救助物资，指导、监督基层救灾应急措施落实和救灾款物发放；交通运输、铁路、民航等部门和单位协调指导开展救灾物资、人员运输工作。

（5）国家减灾委办公室组织开展灾区社会心理影响评估，并根据需要实施心理抚慰。国家卫生计生委指导受灾省（区、市）做好医疗救治、卫生防病和心理援助工作。

（6）民政部指导社会组织、志愿者等社会力量参与灾害救助工作。

（7）灾情稳定后，国家减灾委办公室指导受灾省（区、市）评估、核定自然灾害损失情况。

（8）国家减灾委其他成员单位按照职责分工，做好有关工作。

5.4 Ⅳ级响应

5.4.1 启动条件

某一省（区、市）行政区域内发生重大自然灾害，一次灾害过程出现下列情况之一的，启动Ⅳ级响应：

（1）死亡20人以上、50人以下；

（2）紧急转移安置或需紧急生活救助10万人以上、50万人以下；

（3）倒塌和严重损坏房屋1万间或3000户以上、10万间或3万户以下；

（4）干旱灾害造成缺粮或缺水等生活困难，需政府救助人数占该省（区、市）农牧业人口15%以上、20%以下，或100万人以上、200万人以下。

5.4.2 启动程序

灾害发生后，国家减灾委办公室经分析评估，认定灾情达到启动标准，由国家减灾委办公室常务副主任决定启动Ⅳ级响应。

5.4.3 响应措施

国家减灾委办公室组织协调国家层面自然灾害救助工作，指导支持受灾省（区、市）自然灾害救助工作。国家减灾委及其成员单位视情采取以下措施：

（1）国家减灾委办公室视情组织有关部门和单位召开会商会，分析灾区形势，研究落实对灾区的救灾支持措施。

（2）国家减灾委办公室派出工作组赴灾区慰问受灾群众，核查灾情，协助指导地方开展救灾工作。

（3）国家减灾委办公室及时掌握并按照有关规定统一发布灾情和救灾工作动态信息。

（4）根据地方申请和有关部门对灾情的核定情况，财政部、民政部及时下拨中央自然灾害生活补助资金。民政部紧急调拨生活救助物资，指导、监督基层救灾应急措施落实和救灾款物发放。

（5）国家卫生计生委指导受灾省（区、市）做好医疗救治、卫生防病和心理援助工作。

（6）国家减灾委其他成员单位按照职责分工，做好有关工作。

5.5　启动条件调整

对灾害发生在敏感地区、敏感时间和救助能力特别薄弱的"老、少、边、穷"地区等特殊情况，或灾害对受灾省（区、市）经济社会造成重大影响时，启动国家自然灾害救助应急响应的标准可酌情调整。

5.6　响应终止

救灾应急工作结束后，由国家减灾委办公室提出建议，启动响应的单位决定终止响应。

6　灾后救助与恢复重建

6.1　过渡期生活救助

6.1.1　特别重大、重大灾害发生后，国家减灾委办公室组织有关部门、专家及灾区民政部门评估灾区过渡期生活救助需求情况。

6.1.2　财政部、民政部及时拨付过渡期生活救助资金。民政部指导灾区人民政府做好过渡期生活救助的人员核定、资金发放等工作。

6.1.3　民政部、财政部监督检查灾区过渡期生活救助政策和措施的落实，定期通报灾区救助工作情况，过渡期生活救助工作结束后组织绩效评估。

6.2　冬春救助

自然灾害发生后的当年冬季、次年春季，受灾地区人民政府为生活困难的受灾人员提供基本生活救助。

6.2.1　民政部每年9月下旬开展冬春受灾群众生活困难情况调查，并会同省级人民政府民政部门，组织有关专家赴灾区开展受灾群众生活困难状况评估，核实情况。

6.2.2　受灾地区县级人民政府民政部门应当在每年10月底前统计、评估本行政区域受灾人员当年冬季、次年春季的基本生活救助需求，核实救助对象，编制工作台账，制定救助工作方案，经本级人民政府批准后组织实施，并报上一级人民政府民政部门备案。

6.2.3 根据省级人民政府或其民政、财政部门的资金申请，结合灾情评估情况，财政部、民政部确定资金补助方案，及时下拨中央自然灾害生活补助资金，专项用于帮助解决冬春受灾群众吃饭、穿衣、取暖等基本生活困难。

6.2.4 民政部通过开展救灾捐赠、对口支援、政府采购等方式解决受灾群众的过冬衣被等问题，组织有关部门和专家评估全国冬春期间中期和终期救助工作绩效。发展改革、财政等部门组织落实以工代赈、灾歉减免政策，粮食部门确保粮食供应。

6.3 倒损住房恢复重建

因灾倒损住房恢复重建要尊重群众意愿，以受灾户自建为主，由县级人民政府负责组织实施。建房资金等通过政府救助、社会互助、邻里帮工帮料、以工代赈、自行借贷、政策优惠等多种途径解决。重建规划和房屋设计要根据灾情因地制宜确定方案，科学安排项目选址，合理布局，避开地震断裂带、地质灾害隐患点、泄洪通道等，提高抗灾设防能力，确保安全。

6.3.1 民政部根据省级人民政府民政部门倒损住房核定情况，视情组织评估小组，参考其他灾害管理部门评估数据，对因灾倒损住房情况进行综合评估。

6.3.2 民政部收到受灾省（区、市）倒损住房恢复重建补助资金的申请后，根据评估小组的倒损住房情况评估结果，按照中央倒损住房恢复重建资金补助标准，提出资金补助建议，商财政部审核后下达。

6.3.3 住房重建工作结束后，地方各级民政部门应采取实地调查、抽样调查等方式，对本地倒损住房恢复重建补助资金管理工作开展绩效评估，并将评估结果报上一级民政部门。民政部收到省级人民政府民政部门上报本行政区域内的绩效评估情况后，通过组成督查组开展实地抽查等方式，对全国倒损住房恢复重建补助资金管理工作进行绩效评估。

6.3.4 住房城乡建设部门负责倒损住房恢复重建的技术支持和质量监督等工作。测绘地信部门负责灾后恢复重建的测绘地理信息保障服务工作。其他相关部门按照各自职责，做好重建规划、选址，制定优惠政策，支持做好住房重建工作。

6.3.5 由国务院统一组织开展的恢复重建，按有关规定执行。

7 保障措施

7.1 资金保障

财政部、国家发展改革委、民政部等部门根据《中华人民共和国预算法》、《自然灾害救助条例》等规定，安排中央救灾资金预算，并按照救灾工作分级负责、救灾资金分级负担、以地方为主的原则，建立完善中央和地方救灾资金分担机制，督促地方政府加大救灾资金投入力度。

7.1.1 县级以上人民政府将自然灾害救助工作纳入国民经济和社会发展规划，建立健全与自然灾害救助需求相适应的资金、物资保障机制，将自然灾害救助资金和自然灾害救助工作经费纳入财政预算。

7.1.2 中央财政每年综合考虑有关部门灾情预测和上年度实际支出等因素，合理安排中央自然灾害生活补助资金，专项用于帮助解决遭受特别重大、重大自然灾害地区受灾群众的基本生活困难。

7.1.3 中央和地方政府根据经济社会发展水平、自然灾害生活救助成本等因素适时调整自然灾害救助政策和相关补助标准。

7.2 物资保障

7.2.1 合理规划、建设中央和地方救灾物资储备库，完善救灾物资储备库的仓储条件、设施和功能，形成救灾物资储备网络。设区的市级以上人民政府和自然灾害多发、易发地区的县级人民政府应当根据自然灾害特点、居民人口数量和分布等情况，按照布局合理、规模适度的原则，设立救灾物资储备库（点）。救灾物资储备库（点）建设应统筹考虑各行业应急处置、抢险救灾等方面需要。

7.2.2 制定救灾物资储备规划，合理确定储备品种和规模；建立健全救灾物资采购和储备制度，每年根据应对重大自然灾害的要求储备必要物资。按照实物储备和能力储备相结合的原则，建立救灾物资生产厂家名录，健全应急采购和供货机制。

7.2.3 制定完善救灾物资质量技术标准、储备库（点）建设和管理标准，完善救灾物资发放全过程管理。建立健全救灾物资应急保障和征用补偿机制。建立健全救灾物资紧急调拨和运输制度。

7.3 通信和信息保障

7.3.1 通信运营部门应依法保障灾情传送网络畅通。自然灾害救助信息网络应以公用通信网为基础，合理组建灾情专用通信网络，确保信息畅通。

7.3.2 加强中央级灾情管理系统建设，指导地方建设、管理救灾通信网络，确保中央和地方各级人民政府及时准确掌握重大灾情。

7.3.3 充分利用现有资源、设备，完善灾情和数据共享平台，完善部门间灾情共享机制。

7.4 装备和设施保障

中央各有关部门应配备救灾管理工作必需的设备和装备。县级以上地方人民政府要建立健全自然灾害救助应急指挥技术支撑系统，并为自然灾害救助工作提供必要的交通、通信等设备。

县级以上地方人民政府要根据当地居民人口数量和分布等情况，利用公园、广场、体育场馆等公共设施，统筹规划设立应急避难场所，并设置明显标志。自然灾害多发、易发地区可规划建设专用应急避难场所。

7.5 人力资源保障

7.5.1 加强自然灾害各类专业救灾队伍建设、灾害管理人员队伍建设，提高自然灾害救助能力。支持、培育和发展相关社会组织和志愿者队伍，鼓励和引导其在救灾工作中发挥积极作用。

7.5.2 组织民政、国土资源、环境保护、交通运输、水利、农业、商务、卫生计生、安全监管、林业、地震、气象、海洋、测绘地信、红十字会等方面专家，重点开展灾情会商、赴灾区现场评估及灾害管理的业务咨询工作。

7.5.3 推行灾害信息员培训和职业资格证书制度，建立健全覆盖中央、省、市、县、乡镇（街道）、村（社区）的灾害信息员队伍。村民委员会、居民委员会和企事业单位应当设立专职或者兼职的灾害信息员。

7.6 社会动员保障

完善救灾捐赠管理相关政策，建立健全救灾捐赠动员、运行和监督管理机制，规范救灾捐赠的组织发动、款物接收、统计、分配、使用、公示反馈等各个环节的工作。完善接收境外救灾捐赠管理机制。

完善非灾区支援灾区、轻灾区支援重灾区的救助对口支援机制。

科学组织、有效引导，充分发挥乡镇人民政府、街道办事处、村民委员会、居民委员会、企事业单位、社会组织和志愿者在灾害救助中的作用。

7.7 科技保障

7.7.1 建立健全环境与灾害监测预报卫星、环境卫星、气象卫星、海洋卫星、资源卫星、航空遥感等对地监测系统，发展地面应用系统和航空平台系统，建立基于遥感、地理信息系统、模拟仿真、计算机网络等技术的"天地空"一体化的灾害监测预警、分析评估和应急决策支持系统。开展地方空间技术减灾应用示范和培训工作。

7.7.2 组织民政、国土资源、环境保护、交通运输、水利、农业、卫生计生、安全监管、林业、地震、气象、海洋、测绘地信等方面专家及高等院校、科研院所等单位专家开展灾害风险调查，编制全国自然灾害风险区划图，制定相关技术和管理标准。

7.7.3 支持和鼓励高等院校、科研院所、企事业单位和社会组织开展灾害相关领域的科学研究和技术开发，建立合作机制，鼓励减灾救灾政策理论研究。

7.7.4 利用空间与重大灾害国际宪章、联合国灾害管理与应急反应天基信息平台等国际合作机制，拓展灾害遥感信息资源渠道，加强国际合作。

7.7.5 开展国家应急广播相关技术、标准研究，建立国家应急广播体系，实现灾情预警预报和减灾救灾信息全面立体覆盖。加快国家突发公共事件预警信息发布系统建设，及时向公众发布自然灾害预警。

7.8 宣传和培训

组织开展全国性防灾减灾救灾宣传活动，利用各种媒体宣传应急法律法规和灾害预防、避险、避灾、自救、互救、保险的常识，组织好"防灾减灾日"、"国际减灾日"、"世界急救日"、"全国科普日"、"全国消防日"和"国际民防日"等活动，加强防灾减灾科普宣传，提高公民防灾减灾意识和科学防灾减灾能力。积极推进社区减灾活动，推动综合减灾示范社区建设。

组织开展对地方政府分管负责人、灾害管理人员和专业应急救灾队伍、社会组织和志愿者的培训。

8 附 则

8.1 术语解释

本预案所称自然灾害主要包括干旱、洪涝灾害，台风、风雹、低温冷冻、雪、沙尘暴等气象灾害，火山、地震灾害，山体崩塌、滑坡、泥石流等地质灾害，风暴潮、海啸等海洋灾害，森林草原火灾等。

8.2 预案演练

国家减灾委办公室协同国家减灾委成员单位制定应急演练计划并定期组织演练。

8.3 预案管理

本预案由民政部制订，报国务院批准后实施。预案实施后民政部应适时召集有关部门和专家进行评估，并视情况变化作出相应修改后报国务院审批。地方各级人民政府的自然灾害救助综合协调机构应根据本预案修订本地区自然灾害救助应急预案。

8.4 预案解释

本预案由民政部负责解释。

8.5 预案实施时间

本预案自印发之日起实施。

附录 4　国家处置电网大面积停电事件应急预案

（2006 年 1 月 23 日公布）

1　总　　则

1.1　编制目的

正确、有效和快速地处理大面积停电事件，最大程度地减少大面积停电造成的影响和损失，维护国家安全、社会稳定和人民生命财产安全。

1.2　编制依据

依据《中华人民共和国安全生产法》、《中华人民共和国电力法》和《国家突发公共事件总体应急预案》，制定本预案。

1.3　适用范围

（1）本预案适用于国家应对和处理因电力生产重特大事故、电力设施大范围破坏、严重自然灾害、电力供应持续危机等引起的对国家安全和社会稳定以及人民群众生产生活构成重大影响和严重威胁的大面积停电事件。

（2）本预案用于规范在电网发生大面积停电事件下，各相关地区、各有关部门组织开展社会救援、事故抢险与处置、电力供应恢复等工作。

（3）本预案中大面积停电是指：电力生产受严重自然灾害影响或发生重特大事故，引起连锁反应，造成区域电网、省电网或重要中心城市电网减供负荷而引起的大面积停电事件。

1.4　工作原则

（1）预防为主。坚持"安全第一、预防为主"的方针，加强电力安全管理，落实事故预防和隐患控制措施，有效防止重特大电力生产事故发生；加强电力设施保护宣传工作和行政执法力度，提高公众保护电力设施的意识；协调发电燃料供给，规范电力市场秩序，避免发生电力供应危机；开展大面积停电恢复控制研究，制订科学有效的电网恢复预案；开展停电救援和紧急处置演习，提高对大面积停电事件处理和应急救援综合处置能力。

（2）统一指挥。在国家统一指挥和协调下，通过应急指挥机构和电网调度机构，组织开展事故处理、事故抢险、电网恢复、应急救援、维护社会稳定、恢复生产等各项应急工作。

（3）分工负责。按照分层分区、统一协调、各负其责的原则建立事故应急处理体系。电网企业按照电网结构和调度管辖范围，制订和完善电网应急处理和恢复预案，保证电网尽快恢复供电。发电企业完善保"厂用电"措施，确保机组的启动能力和电厂自身安全。电力用户根据重要程度，自备必要的保安措施，避免在突然停电情况下发生次生灾害。各省（区、市）人民政府、国务院有关部门按各自职责，组织做好电网大面积停电事件应急准备和处置工作。

（4）保证重点。在电网事故处理和控制中，将保证大电网的安全放在第一位，采取各种必要手段，防止事故范围进一步扩大，防止发生系统性崩溃和瓦解。在电网恢复中，优先保证重要电厂厂用电源和主干网架、重要输变电设备恢复，提高整个系统恢复速度。在供电恢复中，优先考虑对重点地区、重要城市、重要用户恢复供电，尽快恢复社会正常秩序。

2　组织机构

2.1　国家应急机构

2.1.1　电网大面积停电应急领导小组

国家成立电网大面积停电事件应急领导小组（以下简称应急领导小组），统一领导指挥大面积停电事件应急处置工作。

2.1.2　应急领导小组办公室

应急领导小组下设办公室，负责日常工作。办公室设在电监会安全监管局。

2.1.3　相关部门（应急机构）

发展改革、公安、财政、铁道、交通、商务、安全生产监督管理等部门或单位按照国务院大面积停电应急协调机构、应急领导小组、各级人民政府的统一部署和各自职责配合做好大面积停电应急工作。

2.2 地方应急指挥机构

各省（区、市）人民政府比照国家处置电网大面积停电事件应急预案，结合本地实际制定预案并成立相应的电网大面积停电应急指挥机构，建立和完善相应的电网停电应急救援与处置体系。

2.3 电力调度机构、电力企业、重要用户

2.3.1 电力调度机构

各级电力调度机构是电网事故处理的指挥中心，值班调度员是电网事故处理的指挥员，统一指挥调度管辖范围内的电网事故处理。

2.3.2 电力企业

有关电网企业、发电企业成立大面积停电应急指挥机构，负责本企业的事故抢险和应急处理工作。

2.3.3 重要用户

负责本单位事故抢险和应急处理。

3　事件分级

按照电网停电范围和事故严重程度，将大面积停电分为Ⅰ级停电事件和Ⅱ级停电事件两个状态等级。

3.1　Ⅰ级停电事件

发生下列情况之一，电网进入Ⅰ级停电事件状态：

（1）因电力生产发生重特大事故，引起连锁反应，造成区域电网大面积停电，减供负荷达到事故前总负荷的30%以上；

（2）因电力生产发生重特大事故，引起连锁反应，造成重要政治、经济中心城市减供负荷达到事故前总负荷的50%以上；

（3）因严重自然灾害引起电力设施大范围破坏，造成省电网大面积停电，减供负荷达到事故前总负荷的40%以上，并且造成重要发电厂停电、重要输变电

设备受损，对区域电网、跨区电网安全稳定运行构成严重威胁；

（4）因发电燃料供应短缺等各类原因引起电力供应严重危机，造成省电网60％以上容量机组非计划停机，省电网拉限负荷达到正常值的50％以上，并且对区域电网、跨区电网正常电力供应构成严重影响；

（5）因重要发电厂、重要变电站、重要输变电设备遭受毁灭性破坏或打击，造成区域电网大面积停电，减供负荷达到事故前总负荷的20％以上，对区域电网、跨区电网安全稳定运行构成严重威胁。

3.2 Ⅱ级停电事件

发生下列情况之一，电网进入Ⅱ级停电事件状态：

（1）因电力生产发生重特大事故，造成区域电网减供负荷达到事故前总负荷的10％以上，30％以下；

（2）因电力生产发生重特大事故，造成重要政治、经济中心城市减供负荷达到事故前总负荷的20％以上，50％以下；

（3）因严重自然灾害引起电力设施大范围破坏，造成省电网减供负荷达到事故前总负荷的20％以上，40％以下；

（4）因发电燃料供应短缺等各类原因引起电力供应危机，造成省电网40％以上，60％以下容量机组非计划停机。

4 应急响应

4.1 Ⅰ级停电事件响应

4.1.1 事件报告

（1）发生Ⅰ级停电事件时，电网企业应急指挥机构应将停电范围、停电负荷、发展趋势等有关情况立即报告应急领导小组办公室。

（2）应急领导小组组长主持召开紧急会议，就有关重大应急问题作出决策和部署，并将有关情况向国务院汇报。同时宣布启动预案。

4.1.2 事件通告

（1）发生Ⅰ级停电事件后，应急领导小组办公室负责召集有关部门（单位），就事故影响范围、发展过程、抢险进度、预计恢复时间等内容及时通报，使有关部门（单位）和公众对停电情况有客观的认识和了解。在 I 级停电事件应急状态宣布解除后，及时向有关部门（单位）和公众通报信息。

（2）在大面积停电期间，要加强信息发布和舆论宣传工作，各级政府要积极组织力量，发动群众，坚决打击造谣惑众、散布谣言、哄抬物价、偷盗抢劫等各种违法违纪行为，减少公众恐慌情绪，维护社会稳定。

4.1.3　应急处置

（1）电网与供电恢复：发生 I 级停电事件后，电力调度机构和有关电力企业要尽快恢复电网运行和电力供应。

在电网恢复过程中，电力调度机构负责协调电网、电厂、用户之间的电气操作、机组启动、用电恢复，保证电网安全稳定留有必要裕度。在条件具备时，优先恢复重点地区、重要城市、重要用户的电力供应。

在电网恢复过程中，各发电厂严格按照电力调度命令恢复机组并网运行，调整发电出力。

在供电恢复过程中，各电力用户严格按照调度计划分时分步地恢复用电。

（2）社会应急：发生 I 级停电事件后，受影响或受波及的地方各级政府、各有关部门、各类电力用户要按职责分工立即行动，组织开展社会停电应急救援与处置工作。

对停电后易造成重大影响和生命财产损失的单位、设施等电力用户，按照有关技术要求迅速启动保安电源，避免造成更大影响和损失。

地铁、机场、高层建筑、商场、影剧院、体育场（馆）等各类人员聚集场所的电力用户，停电后应迅速启用应急照明，组织人员有组织、有秩序地集中或疏散，确保所有人员人身安全。

公安、武警等部门在发生停电的地区要加强对关系国计民生、国家安全和公共安全的重点单位的安全保卫工作，加强社会巡逻防范工作，严密防范和严厉打击违法犯罪活动，维护社会稳定。

消防部门做好各项灭火救援应急准备工作，及时扑灭大面积停电期间发生的各类火灾。

交通管理部门组织力量，加强停电地区道路交通指挥和疏导，缓解交通堵塞，避免出现交通混乱，保障各项应急工作的正常进行。

物资供应部门要迅速组织有关应急物资的加工、生产、运输和销售，保证居民在停电期间的基本生活资料供给。

停电地区各类电力用户要及时启动相应停电预案，有效防止各种次生灾害的发生。

电力企业迅速组织力量开展事故抢险救灾，修复被损电力设施，恢复灾区电力供应工作。

4.1.4　应急结束

在同时满足下列条件下，应急领导小组经研究决定宣布解除 I 级停电事件状态：

（1）电网主干网架基本恢复正常接线方式，电网运行参数保持在稳定限额之内，主要发电厂机组运行稳定；

（2）停电负荷恢复 80％ 以上，重点地区、重要城市负荷恢复 90％ 以上；

（3）发电燃料恢复正常供应、发电机组恢复运行，燃料储备基本达到规定要求；

（4）无其他对电网安全稳定运行和正常电力供应存在重大影响或严重威胁的事件。

4.2　II 级停电事件响应

发生 II 级停电事件时，由电网企业应急指挥机构和省级人民政府就有关应急问题作出决策和部署，按本级应急处置预案进行处置，同时立即将有关情况向应急领导小组办公室报告。

对 II 级停电事件，由应急领导小组办公室或经授权的地方政府与电监会区域电监局共同负责通报事故情况，发布事故信息。

5　应急保障

5.1　技术保障

全面加强技术支持部门的应急基础保障工作。电力管理部门应聘请电力生产、管理、科研等各方面专家，组成大面积停电处置专家咨询小组，对应急处置进行技术咨询和决策支持。电力企业应认真分析和研究电网大面积停电可能造成的社会危害和损失，增加技术投入，研究、学习国际先进经验，不断完善电网大面积停电应急技术保障体系。

5.2 装备保障

各相关地区、各有关部门以及电力企业在积极利用现有装备的基础上，根据应急工作需要，建立和完善救援装备数据库和调用制度，配备必要的应急救援装备。各应急指挥机构应掌握各专业的应急救援装备的储备情况，并保证救援装备始终处在随时可正常使用的状态。

5.3 人员保障

加强电力企业的电力调度、运行值班、抢修维护、生产管理、事故救援队伍建设，通过日常技能培训和模拟演练等手段提高各类人员的业务素质、技术水平和应急处置能力。

6 宣传、培训和演习

6.1 宣传

各电力企业和重要电力用户应对全体员工加强防范事故的安全生产教育和应急救援教育，并通过各种新闻媒体向全社会宣传出现大面积停电的紧急情况下如何采取正确措施处置，增强公众的自我保护意识。

6.2 培训

各电力企业和重要电力用户应认真组织员工对应急预案的学习和演练，并通过专业人员的技术交流和研讨，提高应急救援的业务知识水平。

6.3 演习

应急领导小组办公室至少每年协调组织一次应急联合演习，加强和完善各电力企业之间的协调配合工作。各电力企业应根据自身特点，定期组织本企业的应急救援演习。

7　信息发布

应急领导小组办公室负责对事故信息统一对外发布，并负责拟定信息发布方案，及时采用适当方式发布信息，组织报道。

8　后期处置

8.1　事故调查

大面积停电之后，由国务院有关部门组成事故调查组进行事故调查。各相关地区、各有关部门和单位认真配合调查组的工作，客观、公正、准确地查清事故原因、发生过程、恢复情况、事故损失等。

事故调查应与现场应急处置工作有机结合。事故调查组到达现场后应认真听取现场应急处置工作情况介绍，并与现场应急指挥机构协调，参与现场应急处置工作。

事故调查工作包括：调查组的组成，应急救援情况的调查，事故现场调查，技术分析，事故原因的判定，事故性质和责任的查明，编写事故调查报告，提出安全预防措施建议。

8.2　改进措施

（1）大面积停电之后，电力企业应及时组织生产、运行、科研等部门联合攻关，研究事故发生机理，分析事故发展过程，吸取事故教训，提出具体措施，进一步完善和改进电力应急预案。

（2）各相关地区、各有关部门应及时总结社会应急救援工作的经验和教训，进一步完善和改进社会停电应急救援、事故抢险与紧急处置体系。

9　附　　则

9.1　预案管理与更新

随着应急救援相关法律法规的制定和修订，部门职责或应急资源发生变化，以及实施过程中发现存在问题或出现的情况，及时修订完善本预案。

本预案有关数量的表述中，"以上"含本数，"以下"不含本数。

9.2　预案实施时间

本预案自印发之日起实施。

附录5 国家地震应急预案

（2012 年 8 月 28 日修订）

1 总 则

1.1 编制目的

依法科学统一、有力有序有效地实施地震应急，最大程度减少人员伤亡和经济损失，维护社会正常秩序。

1.2 编制依据

《中华人民共和国突发事件应对法》、《中华人民共和国防震减灾法》等法律法规和国家突发事件总体应急预案等。

1.3 适用范围

本预案适用于我国发生地震及火山灾害和国外发生造成重大影响地震及火山灾害的应对工作。

1.4 工作原则

抗震救灾工作坚持统一领导、军地联动，分级负责、属地为主，资源共享、快速反应的工作原则。地震灾害发生后，地方人民政府和有关部门立即自动按照职责分工和相关预案开展前期处置工作。省级人民政府是应对本行政区域特别重大、重大地震灾害的主体。视省级人民政府地震应急的需求，国家地震应急给予必要的协调和支持。

2　组织体系

2.1　国家抗震救灾指挥机构

国务院抗震救灾指挥部负责统一领导、指挥和协调全国抗震救灾工作。地震局承担国务院抗震救灾指挥部日常工作。

必要时，成立国务院抗震救灾总指挥部，负责统一领导、指挥和协调全国抗震救灾工作；在地震灾区成立现场指挥机构，在国务院抗震救灾指挥机构的领导下开展工作。

2.2　地方抗震救灾指挥机构

县级以上地方人民政府抗震救灾指挥部负责统一领导、指挥和协调本行政区域的抗震救灾工作。地方有关部门和单位、当地解放军、武警部队和民兵组织等，按照职责分工，各负其责，密切配合，共同做好抗震救灾工作。

3　响应机制

3.1　地震灾害分级

地震灾害分为特别重大、重大、较大、一般四级。

（1）特别重大地震灾害是指造成 300 人以上死亡（含失踪），或者直接经济损失占地震发生地省（区、市）上年国内生产总值 1% 以上的地震灾害。

当人口较密集地区发生 7.0 级以上地震，人口密集地区发生 6.0 级以上地震，初判为特别重大地震灾害。

（2）重大地震灾害是指造成 50 人以上、300 人以下死亡（含失踪）或者造成严重经济损失的地震灾害。

当人口较密集地区发生 6.0 级以上、7.0 级以下地震，人口密集地区发生 5.0 级以上、6.0 级以下地震，初判为重大地震灾害。

（3）较大地震灾害是指造成 10 人以上、50 人以下死亡（含失踪）或者造成较重经济损失的地震灾害。

当人口较密集地区发生 5.0 级以上、6.0 级以下地震，人口密集地区发生 4.0 级以上、5.0 级以下地震，初判为较大地震灾害。

（4）一般地震灾害是指造成 10 人以下死亡（含失踪）或者造成一定经济损失的地震灾害。

当人口较密集地区发生 4.0 级以上、5.0 级以下地震，初判为一般地震灾害。

3.2 分级响应

根据地震灾害分级情况，将地震灾害应急响应分为 I 级、II 级、III 级和 IV 级。

应对特别重大地震灾害，启动 I 级响应。由灾区所在省级抗震救灾指挥部领导灾区地震应急工作；国务院抗震救灾指挥机构负责统一领导、指挥和协调全国抗震救灾工作。

应对重大地震灾害，启动 II 级响应。由灾区所在省级抗震救灾指挥部领导灾区地震应急工作；国务院抗震救灾指挥部根据情况，组织协调有关部门和单位开展国家地震应急工作。

应对较大地震灾害，启动 III 级响应。在灾区所在省级抗震救灾指挥部的支持下，由灾区所在市级抗震救灾指挥部领导灾区地震应急工作。中国地震局等国家有关部门和单位根据灾区需求，协助做好抗震救灾工作。

应对一般地震灾害，启动 IV 级响应。在灾区所在省、市级抗震救灾指挥部的支持下，由灾区所在县级抗震救灾指挥部领导灾区地震应急工作。中国地震局等国家有关部门和单位根据灾区需求，协助做好抗震救灾工作。

地震发生在边疆地区、少数民族聚居地区和其他特殊地区，可根据需要适当提高响应级别。地震应急响应启动后，可视灾情及其发展情况对响应级别及时进行相应调整，避免响应不足或响应过度。

4　监测报告

4.1 地震监测预报

中国地震局负责收集和管理全国各类地震观测数据，提出地震重点监视防御区和年度防震减灾工作意见。各级地震工作主管部门和机构加强震情跟踪监测、预测预报和群测群防工作，及时对地震预测意见和可能与地震有关的异常现象进行综合分析研判。省级人民政府根据预报的震情决策发布临震预报，组织预报区加强应急防范措施。

4.2　震情速报

地震发生后，中国地震局快速完成地震发生时间、地点、震级、震源深度等速报参数的测定，报国务院，同时通报有关部门，并及时续报有关情况。

4.3　灾情报告

地震灾害发生后，灾区所在县级以上地方人民政府及时将震情、灾情等信息报上级人民政府，必要时可越级上报。发生特别重大、重大地震灾害，民政部、中国地震局等部门迅速组织开展现场灾情收集、分析研判工作，报国务院，并及时续报有关情况。公安、安全生产监管、交通、铁道、水利、建设、教育、卫生等有关部门及时将收集了解的情况报国务院。

5　应急响应

各有关地方和部门根据灾情和抗灾救灾需要，采取以下措施。

5.1　搜救人员

立即组织基层应急队伍和广大群众开展自救互救，同时组织协调当地解放军、武警部队、地震、消防、建筑和市政等各方面救援力量，调配大型吊车、起重机、千斤顶、生命探测仪等救援装备，抢救被掩埋人员。现场救援队伍之间加强衔接和配合，合理划分责任区边界，遇有危险时及时传递警报，做好自身安全防护。

5.2　开展医疗救治和卫生防疫

迅速组织协调应急医疗队伍赶赴现场，抢救受伤群众，必要时建立战地医院或医疗点，实施现场救治。加强救护车、医疗器械、药品和血浆的组织调度，特别是加大对重灾区及偏远地区医疗器械、药品供应，确保被救人员得到及时医治，最大程度减少伤员致死、致残。统筹周边地区的医疗资源，根据需要分流重伤员，实施异地救治。开展灾后心理援助。

加强灾区卫生防疫工作。及时对灾区水源进行监测消毒，加强食品和饮用水卫生监督；妥善处置遇难者遗体，做好死亡动物、医疗废弃物、生活垃圾、粪便等消毒和无害化处理；加强鼠疫、狂犬病的监测、防控和处理，及时接种疫苗；实行重大传染病和突发卫生事件每日报告制度。

5.3 安置受灾群众

开放应急避难场所，组织筹集和调运食品、饮用水、衣被、帐篷、移动厕所等各类救灾物资，解决受灾群众吃饭、饮水、穿衣、住处等问题；在受灾村镇、街道设置生活用品发放点，确保生活用品的有序发放；根据需要组织生产、调运、安装活动板房和简易房；在受灾群众集中安置点配备必要的消防设备器材，严防火灾发生。救灾物资优先保证学校、医院、福利院的需要；优先安置孤儿、孤老及残疾人员，确保其基本生活。鼓励采取投亲靠友等方式，广泛动员社会力量安置受灾群众。

做好遇难人员的善后工作，抚慰遇难者家属；积极创造条件，组织灾区学校复课。

5.4 抢修基础设施

抢通修复因灾损毁的机场、铁路、公路、桥梁、隧道等交通设施，协调运力，优先保证应急抢险救援人员、救灾物资和伤病人员的运输需要。抢修供电、供水、供气、通信、广播电视等基础设施，保障灾区群众基本生活需要和应急工作需要。

5.5 加强现场监测

地震局组织布设或恢复地震现场测震和前兆台站，实时跟踪地震序列活动，密切监视震情发展，对震区及全国震情形势进行研判。气象局加强气象监测，密切关注灾区重大气象变化。灾区所在地抗震救灾指挥部安排专业力量加强空气、水源、土壤污染监测，减轻或消除污染危害。

5.6 防御次生灾害

加强次生灾害监测预警，防范因强余震和降雨形成的滑坡、泥石流、滚石等造成新的人员伤亡和交通堵塞；组织专家对水库、水电站、堤坝、堰塞湖等开展险情排查、评估和除险加固，必要时组织下游危险地区人员转移。

加强危险化学品生产储存设备、输油气管道、输配电线路的受损情况排查，及时采取安全防范措施；对核电站等核工业生产科研重点设施，做好事故防范处置工作。

5.7 维护社会治安

严厉打击盗窃、抢劫、哄抢救灾物资、借机传播谣言制造社会恐慌等违法犯罪行为；在受灾群众安置点、救灾物资存放点等重点地区，增设临时警务站，加强治安巡逻，增强灾区群众的安全感；加强对党政机关、要害部门、金融单位、储备仓库、监狱等重要场所的警戒，做好涉灾矛盾纠纷化解和法律服务工作，维护社会稳定。

5.8 开展社会动员

灾区所在地抗震救灾指挥部明确专门的组织机构或人员，加强志愿服务管理；及时开通志愿服务联系电话，统一接收志愿者组织报名，做好志愿者派遣和相关服务工作；根据灾区需求、交通运输等情况，向社会公布志愿服务需求指南，引导志愿者安全有序参与。

视情开展为灾区人民捐款捐物活动，加强救灾捐赠的组织发动和款物接收、统计、分配、使用、公示反馈等各环节工作。

必要时，组织非灾区人民政府，通过提供人力、物力、财力、智力等形式，对灾区群众生活安置、伤员救治、卫生防疫、基础设施抢修和生产恢复等开展对口支援。

5.9 加强涉外事务管理

及时向相关国家和地区驻华机构通报相关情况；协调安排国外救援队入境救援行动，按规定办理外事手续，分配救援任务，做好相关保障；加强境外救援物资的接受和管理，按规定做好检验检疫、登记管理等工作；适时组织安排境外新闻媒体进行采访。

5.10 发布信息

各级抗震救灾指挥机构按照分级响应原则，分别负责相应级别地震灾害信息发布工作，回应社会关切。信息发布要统一、及时、准确、客观。

5.11 开展灾害调查与评估

地震局开展地震烈度、发震构造、地震宏观异常现象、工程结构震害特征、地震社会影响和各种地震地质灾害调查等。民政、地震、国土资源、建设、环境保护等有关部门，深入调查灾区范围、受灾人口、成灾人口、人员伤亡数量、建构筑物和基础设施破坏程度、环境影响程度等，组织专家开展灾害损失评估。

5.12 应急结束

在抢险救灾工作基本结束、紧急转移和安置工作基本完成、地震次生灾害的后果基本消除，以及交通、电力、通信和供水等基本抢修抢通、灾区生活秩序基本恢复后，由启动应急响应的原机关决定终止应急响应。

6 指挥与协调

6.1 特别重大地震灾害

6.1.1 先期保障

特别重大地震灾害发生后，根据中国地震局的信息通报，有关部门立即组织做好灾情航空侦察和机场、通信等先期保障工作。

（1）测绘地信局、民航局、总参谋部等迅速组织协调出动飞行器开展灾情航空侦察。

（2）总参谋部、民航局采取必要措施保障相关机场的有序运转，组织修复灾区机场或开辟临时机场，并实行必要的飞行管制措施，保障抗震救灾工作需要。

（3）工业和信息化部按照国家通信保障应急预案及时采取应对措施，抢修受损通信设施，协调应急通信资源，优先保障抗震救灾指挥通信联络和信息传递畅通。自有通信系统的部门尽快恢复本部门受到损坏的通信设施，协助保障应急救援指挥通信畅通。

6.1.2 地方政府应急处置

省级抗震救灾指挥部立即组织各类专业抢险救灾队伍开展人员搜救、医疗救护、受灾群众安置等，组织抢修重大关键基础设施，保护重要目标；国务院启动Ⅰ级响应后，按照国务院抗震救灾指挥机构的统一部署，领导和组织实施本行政区域抗震救灾工作。

灾区所在市（地）、县级抗震救灾指挥部立即发动基层干部群众开展自救互救，组织基层抢险救灾队伍开展人员搜救和医疗救护，开放应急避难场所，及时转移和安置受灾群众，防范次生灾害，维护社会治安，同时提出需要支援的应急措施建议；按照上级抗震救灾指挥机构的安排部署，领导和组织实施本行政区域抗震救灾工作。

6.1.3 国家应急处置

中国地震局或灾区所在省级人民政府向国务院提出实施国家地震应急Ⅰ级响应和需采取应急措施的建议，国务院决定启动Ⅰ级响应，由国务院抗震救灾指挥机构负责统一领导、指挥和协调全国抗震救灾工作。必要时，国务院直接决定启动Ⅰ级响应。

国务院抗震救灾指挥机构根据需要设立抢险救援、群众生活保障、医疗救治和卫生防疫、基础设施保障和生产恢复、地震监测和次生灾害防范处置、社会治安、救灾捐赠与涉外事务、涉港澳台事务、国外救援队伍协调事务、地震灾害调查及灾情损失评估、信息发布及宣传报道等工作组，国务院办公厅履行信息汇总和综合协调职责，发挥运转枢纽作用。国务院抗震救灾指挥机构组织有关地区和部门开展以下工作：

（1）派遣公安消防部队、地震灾害紧急救援队、矿山和危险化学品救护队、医疗卫生救援队伍等各类专业抢险救援队伍，协调解放军和武警部队派遣专业队伍，赶赴灾区抢救被压埋幸存者和被困群众。

（2）组织跨地区调运救灾帐篷、生活必需品等救灾物资和装备，支援灾区保障受灾群众的吃、穿、住等基本生活需要。

（3）支援灾区开展伤病员和受灾群众医疗救治、卫生防疫、心理援助工作，根据需要组织实施跨地区大范围转移救治伤员，恢复灾区医疗卫生服务能力和秩序。

（4）组织抢修通信、电力、交通等基础设施，保障抢险救援通信、电力以及救灾人员和物资交通运输的畅通。

（5）指导开展重大危险源、重要目标物、重大关键基础设施隐患排查与监测预警，防范次生衍生灾害。对于已经受到破坏的，组织快速抢险救援。

（6）派出地震现场监测与分析预报工作队伍，布设或恢复地震现场测震和前兆台站，密切监视震情发展，指导做好余震防范工作。

（7）协调加强重要目标警戒和治安管理，预防和打击各种违法犯罪活动，指导做好涉灾矛盾纠纷化解和法律服务工作，维护社会稳定。

（8）组织有关部门和单位、非灾区省级人民政府以及企事业单位、志愿者等社会力量对灾区进行紧急支援。

（9）视情实施限制前往或途经灾区旅游、跨省（区、市）和干线交通管制等特别管制措施。

（10）组织统一发布灾情和抗震救灾信息，指导做好抗震救灾宣传报道工作，正确引导国内外舆论。

（11）其他重要事项。

必要时，国务院抗震救灾指挥机构在地震灾区成立现场指挥机构，负责开展以下工作：

（1）了解灾区抗震救灾工作进展和灾区需求情况，督促落实国务院抗震救灾指挥机构工作部署。

（2）根据灾区省级人民政府请求，协调有关部门和地方调集应急物资、装备。

（3）协调指导国家有关专业抢险救援队伍以及各方面支援力量参与抗震救灾行动。

（4）协调公安、交通运输、铁路、民航等部门和地方提供交通运输保障。

（5）协调安排灾区伤病群众转移治疗。

（6）协调相关部门支持协助地方人民政府处置重大次生衍生灾害。

（7）国务院抗震救灾指挥机构部署的其他任务。

6.2　重大地震灾害

6.2.1　地方政府应急处置

省级抗震救灾指挥部制订抢险救援力量及救灾物资装备配置方案，协调驻地解放军、武警部队，组织各类专业抢险救灾队伍开展人员搜救、医疗救护、灾民安置、次生灾害防范和应急恢复等工作。需要国务院支持的事项，由省级人民政府向国务院提出建议。

灾区所在市（地）、县级抗震救灾指挥部迅速组织开展自救互救、抢险救灾等先期处置工作，同时提出需要支援的应急措施建议；按照上级抗震救灾指挥机构的安排部署，领导和组织实施本行政区域抗震救灾工作。

6.2.2　国家应急处置

中国地震局向国务院抗震救灾指挥部上报相关信息，提出应对措施建议，同时通报有关部门。国务院抗震救灾指挥部根据应对工作需要，或者灾区所在省级人民政府请求或国务院有关部门建议，采取以下一项或多项应急措施：

（1）派遣公安消防部队、地震灾害紧急救援队、矿山和危险化学品救护队、医疗卫生救援队伍等专业抢险救援队伍，赶赴灾区抢救被压埋幸存者和被困群众，转移救治伤病员，开展卫生防疫等。必要时，协调解放军、武警部队派遣专业队伍参与应急救援。

（2）组织调运救灾帐篷、生活必需品等抗震救灾物资。

（3）指导、协助抢修通信、广播电视、电力、交通等基础设施。

（4）根据需要派出地震监测和次生灾害防范、群众生活、医疗救治和卫生防疫、基础设施恢复等工作组，赴灾区协助、指导开展抗震救灾工作。

（5）协调非灾区省级人民政府对灾区进行紧急支援。

（6）需要国务院抗震救灾指挥部协调解决的其他事项。

6.3　较大、一般地震灾害

市（地）、县级抗震救灾指挥部组织各类专业抢险救灾队伍开展人员搜救、医疗救护、灾民安置、次生灾害防范和应急恢复等工作。省级抗震救灾指挥部根据应对工作实际需要或下级抗震救灾指挥部请求，协调派遣专业技术力量和救援队伍，组织调运抗震救灾物资装备，指导市（地）、县开展抗震救灾各项工作；必要时，请求国家有关部门予以支持。

根据灾区需求，中国地震局等国家有关部门和单位协助地方做好地震监测、趋势判定、房屋安全性鉴定和灾害损失调查评估，以及支援物资调运、灾民安置和社会稳定等工作。必要时，派遣公安消防部队、地震灾害紧急救援队和医疗卫生救援队伍赴灾区开展紧急救援行动。

7 恢复重建

7.1 恢复重建规划

特别重大地震灾害发生后，按照国务院决策部署，国务院有关部门和灾区省级人民政府组织编制灾后恢复重建规划；重大、较大、一般地震灾害发生后，灾区省级人民政府根据实际工作需要组织编制地震灾后恢复重建规划。

7.2 恢复重建实施

灾区地方各级人民政府应当根据灾后恢复重建规划和当地经济社会发展水平，有计划、分步骤地组织实施本行政区域灾后恢复重建。上级人民政府有关部门对灾区恢复重建规划的实施给予支持和指导。

8 保障措施

8.1 队伍保障

国务院有关部门、解放军、武警部队、县级以上地方人民政府加强地震灾害紧急救援、公安消防、陆地搜寻与救护、矿山和危险化学品救护、医疗卫生救援等专业抢险救灾队伍建设，配备必要的物资装备，经常性开展协同演练，提高共同应对地震灾害的能力。

城市供水、供电、供气等生命线工程设施产权单位、管理或者生产经营单位加强抢险抢修队伍建设。

乡（镇）人民政府、街道办事处组织动员社会各方面力量，建立基层地震抢险救灾队伍，加强日常管理和培训。各地区、各有关部门发挥共青团和红十字会作用，依托社会团体、企事业单位及社区建立地震应急救援志愿者队伍，形成广泛参与地震应急救援的社会动员机制。

各级地震工作主管部门加强地震应急专家队伍建设，为应急指挥辅助决策、地震监测和趋势判断、地震灾害紧急救援、灾害损失评估、地震烈度考察、房屋安全鉴定等提供人才保障。各有关研究机构加强地震监测、地震预测、地震区划、应急处置技术、搜索与营救、建筑物抗震技术等方面的研究，提供技术支撑。

8.2 指挥平台保障

各级地震工作主管部门综合利用自动监测、通信、计算机、遥感等技术，建立健全地震应急指挥技术系统，形成上下贯通、反应灵敏、功能完善、统一高效的地震应急指挥平台，实现震情灾情快速响应、应急指挥决策、灾害损失快速评估与动态跟踪、地震趋势判断的快速反馈，保障各级人民政府在抗震救灾中进行合理调度、科学决策和准确指挥。

8.3 物资与资金保障

国务院有关部门建立健全应急物资储备网络和生产、调拨及紧急配送体系，保障地震灾害应急工作所需生活救助物资、地震救援和工程抢险装备、医疗器械和药品等的生产供应。县级以上地方人民政府及其有关部门根据有关法律法规，做好应急物资储备工作，并通过与有关生产经营企业签订协议等方式，保障应急物资、生活必需品和应急处置装备的生产、供给。

县级以上人民政府保障抗震救灾工作所需经费。中央财政对达到国家级灾害应急响应、受地震灾害影响较大和财政困难的地区给予适当支持。

8.4 避难场所保障

县级以上地方人民政府及其有关部门，利用广场、绿地、公园、学校、体育场馆等公共设施，因地制宜设立地震应急避难场所，统筹安排所必需的交通、通信、供水、供电、排污、环保、物资储备等设备设施。

学校、医院、影剧院、商场、酒店、体育场馆等人员密集场所设置地震应急疏散通道，配备必要的救生避险设施，保证通道、出口的畅通。有关单位定期检测、维护报警装置和应急救援设施，使其处于良好状态，确保正常使用。

8.5 基础设施保障

工业和信息化部门建立健全应急通信工作体系，建立有线和无线相结合、基础通信网络与机动通信系统相配套的应急通信保障系统，确保地震应急救援工作的通信畅通。在基础通信网络等基础设施遭到严重损毁且短时间难以修复的极端情况下，立即启动应急卫星、短波等无线通信系统和终端设备，确保至少有一种以上临时通信手段有效、畅通。

广电部门完善广播电视传输覆盖网，建立完善国家应急广播体系，确保群众能及时准确地获取政府发布的权威信息。

发展改革和电力监管部门指导、协调、监督电力运营企业加强电力基础设施、电力调度系统建设，保障地震现场应急装备的临时供电需求和灾区电力供应。

公安、交通运输、铁道、民航等主管部门建立健全公路、铁路、航空、水运紧急运输保障体系，加强统一指挥调度，采取必要的交通管制措施，建立应急救援"绿色通道"机制。

8.6 宣传、培训与演练

宣传、教育、文化、广播电视、新闻出版、地震等主管部门密切配合，开展防震减灾科学、法律知识普及和宣传教育，动员社会公众积极参与防震减灾活动，提高全社会防震避险和自救互救能力。学校把防震减灾知识教育纳入教学内容，加强防震减灾专业人才培养，教育、地震等主管部门加强指导和监督。

地方各级人民政府建立健全地震应急管理培训制度，结合本地区实际，组织应急管理人员、救援人员、志愿者等进行地震应急知识和技能培训。

各级人民政府及其有关部门要制定演练计划并定期组织开展地震应急演练。机关、学校、医院、企事业单位和居委会、村委会、基层组织等，要结合实际开展地震应急演练。

9 对港澳台地震灾害应急

9.1 对港澳地震灾害应急

香港、澳门发生地震灾害后，中国地震局向国务院报告震情，向国务院港澳办等部门通报情况，并组织对地震趋势进行分析判断。国务院根据情况向香港、澳门特别行政区发出慰问电；根据特别行政区的请求，调派地震灾害紧急救援队伍、医疗卫生救援队伍协助救援，组织有关部门和地区进行支援。

9.2 对台湾地震灾害应急

台湾发生地震灾害后，国务院台办向台湾有关方面了解情况和对祖国大陆的需求。根据情况，祖国大陆对台湾地震灾区人民表示慰问。国务院根据台湾有关方面的需求，协调调派地震灾害紧急救援队伍、医疗卫生救援队伍协助救援，援助救灾款物，为有关国家和地区对台湾地震灾区的人道主义援助提供便利。

10 其他地震及火山事件应急

10.1 强有感地震事件应急

当大中城市和大型水库、核电站等重要设施场地及其附近地区发生强有感地震事件并可能产生较大社会影响，中国地震局加强震情趋势研判，提出意见报告国务院，同时通报国务院有关部门。省（区、市）人民政府督导有关地方人民政府做好新闻及信息发布与宣传工作，保持社会稳定。

10.2 海域地震事件应急

海域地震事件发生后，有关地方人民政府地震工作主管部门及时向本级人民政府和当地海上搜救机构、海洋主管部门、海事管理部门等通报情况。国家海洋局接到海域地震信息后，立即开展分析，预测海域地震对我国沿海可能造成海啸灾害的影响程度，并及时发布相关的海啸灾害预警信息。当海域地震造成或可能造成船舶遇险、原油泄漏等突发事件时，交通运输部、国家海洋局等有关部门和单位根据有关预案实施海上应急救援。当海域地震造成海底通信电缆中断时，工业和信息化部等部门根据有关预案实施抢修。当海域地震波及陆地造成灾害事件时，参照地震灾害应急响应相应级别实施应急。

10.3 火山灾害事件应急

当火山喷发或出现多种强烈临喷异常现象，中国地震局和有关省（区、市）人民政府要及时将有关情况报国务院。中国地震局派出火山现场应急工作队伍赶赴灾区，对火山喷发或临喷异常现象进行实时监测，判定火山灾害类型和影响范围，划定隔离带，视情向灾区人民政府提出转移居民的建议。必要时，国务院研究、部署火山灾害应急工作，国务院有关部门进行支援。灾区人民政府组织火山灾害预防和救援工作，必要时组织转移居民。

10.4 对国外地震及火山灾害事件应急

国外发生造成重大影响的地震及火山灾害事件，外交部、商务部、中国地震局等部门及时将了解到的受灾国的灾情等情况报国务院，按照有关规定实施国际救援和援助行动。根据情况，发布信息，引导我国出境游客避免赴相关地区旅游，组织有关部门和地区协助安置或撤离我境外人员。当毗邻国家发生地震及火山灾害事件造成我国境内灾害时，按照我国相关应急预案处置。

11　附　　则

11.1　奖励与责任

对在抗震救灾工作中作出突出贡献的先进集体和个人，按照国家有关规定给予表彰和奖励；对在抗震救灾工作中玩忽职守造成损失的，严重虚报、瞒报灾情的，依据国家有关法律法规追究当事人的责任，构成犯罪的，依法追究其刑事责任。

11.2　预案管理与更新

中国地震局会同有关部门制订本预案，报国务院批准后实施。预案实施后，中国地震局会同有关部门组织预案宣传、培训和演练，并根据实际情况，适时组织修订完善本预案。

地方各级人民政府制订本行政区域地震应急预案，报上级人民政府地震工作主管部门备案。各级人民政府有关部门结合本部门职能制订地震应急预案或包括抗震救灾内容的应急预案，报同级地震工作主管部门备案。交通、铁路、水利、电力、通信、广播电视等基础设施的经营管理单位和学校、医院，以及可能发生次生灾害的核电、矿山、危险物品等生产经营单位制订地震应急预案或包括抗震救灾内容的应急预案，报所在地县级地震工作主管部门备案。

11.3　以上、以下的含义

本预案所称以上包括本数，以下不包括本数。

11.4　预案解释

本预案由国务院办公厅负责解释。

11.5　预案实施时间

本预案自印发之日起实施。

附录6　国家防汛抗旱应急预案

（2006 年 1 月 11 日公布）

1　总　　则

1.1　编制目的

做好水旱灾害突发事件防范与处置工作，使水旱灾害处于可控状态，保证抗洪抢险、抗旱救灾工作高效有序进行，最大程度地减少人员伤亡和财产损失。

1.2　编制依据

依据《中华人民共和国水法》、《中华人民共和国防洪法》和《国家突发公共事件总体应急预案》等，制定本预案。

1.3　适用范围

本预案适用于全国范围内突发性水旱灾害的预防和应急处置。突发性水旱灾害包括：江河洪水、渍涝灾害、山洪灾害（指由降雨引发的山洪、泥石流、滑坡灾害）、台风暴潮灾害、干旱灾害、供水危机以及由洪水、风暴潮、地震、恐怖活动等引发的水库垮坝、堤防决口、水闸倒塌供水水质被侵害等次生衍生灾害。

1.4　工作原则

1.4.1　坚持以"三个代表"重要思想为指导，以人为本，树立和落实科学发展观，防汛抗旱并举，努力实现由控制洪水向洪水管理转变，由单一抗旱向全面抗旱转变，不断提高防汛抗旱的现代化水平。

1.4.2　防汛抗旱工作实行各级人民政府行政首长负责制，统一指挥，分级分部门负责。

1.4.3　防汛抗旱以防洪安全和城乡供水安全、粮食生产安全为首要目标，实行安全第一，常备不懈，以防为主，防抗结合的原则。

1.4.4　防汛抗旱工作按照流域或区域统一规划，坚持因地制宜，城乡统筹，突出重点，兼顾一般，局部利益服从全局利益。

1.4.5　坚持依法防汛抗旱，实行公众参与，军民结合，专群结合，平战结合。中国人民解放军、中国人民武装警察部队主要承担防汛抗洪的急难险重等攻坚任务。

1.4.6　抗旱用水以水资源承载能力为基础，实行先生活、后生产，先地表、后地下，先节水、后调水，科学调度，优化配置，最大程度地满足城乡生活、生产、生态用水需求。

1.4.7　坚持防汛抗旱统筹，在防洪保安的前提下，尽可能利用洪水资源；以法规约束人的行为，防止人对水的侵害，既利用水资源又保护水资源，促进人与自然和谐相处。

2　组织指挥体系及职责

国务院设立国家防汛抗旱指挥机构，县级以上地方人民政府、有关流域设立防汛抗旱指挥机构，负责本行政区域的防汛抗旱突发事件应对工作。有关单位可根据需要设立防汛抗旱指挥机构，负责本单位防汛抗旱突发事件应对工作。

国家防汛抗旱总指挥部（以下简称国家防总）负责领导、组织全国的防汛抗旱工作，其办事机构国家防总办公室设在水利部。国家防总主要职责是拟订国家防汛抗旱的政策、法规和制度等，组织制订大江大河防御洪水方案和跨省、自治区、直辖市行政区划的调水方案，及时掌握全国汛情、旱情、灾情并组织实施抗洪抢险及抗旱减灾措施，统一调控和调度全国水利、水电设施的水量，做好洪水管理工作，组织灾后处置，并做好有关协调工作。

长江、黄河、松花江、淮河等流域设立流域防汛总指挥部，负责指挥所管辖范围内的防汛抗旱工作。流域防汛总指挥部由有关省、自治区、直辖市人民政府和该江河流域管理机构的负责人等组成，其办事机构设在流域管理机构。

有防汛抗旱任务的县级以上地方人民政府设立防汛抗旱指挥部，在上级防汛抗旱指挥机构和本级人民政府的领导下，组织和指挥本地区的防汛抗旱工作。防汛抗旱指挥部由本级政府和有关部门、当地驻军、人民武装部负责人等组成，其办事机构设在同级水行政主管部门。

水利部门所属的各流域管理机构、水利工程管理单位、施工单位以及水文部门等，汛期成立相应的专业防汛抗灾组织，负责本流域、本单位的防汛抗灾工作；有防洪任务的重大水利水电工程、有防洪任务的大中型企业根据需要成立防汛指挥部。针对重大突发事件，可以组建临时指挥机构，具体负责应急处理工作。

3　预防和预警机制

3.1　预防预警信息

3.1.1　气象水文海洋信息

各级气象、水文、海洋部门应加强对当地灾害性天气的监测和预报，并将结果及时报送有关防汛抗旱指挥机构。当预报即将发生严重水旱灾害和风暴潮灾害时，当地防汛抗旱指挥机构应提早预警，通知有关区域做好相关准备。当江河发生洪水时，水文部门应加密测验时段，及时上报测验结果，雨情、水情应在 2 小时内报到国家防总，重要站点的水情应在 30 分钟内报到国家防总，为防汛抗旱指挥机构适时指挥决策提供依据。

3.1.2　工程信息

当江河出现警戒水位以上洪水时，各级堤防管理单位应加强工程监测，并将堤防、涵闸、泵站等工程设施的运行情况报上级工程管理部门和同级防汛抗旱指挥机构。大江大河干流重要堤防、涵闸等发生重大险情应在险情发生后 4 小时内报到国家防总。

当堤防和涵闸、泵站等穿堤建筑物出现险情或遭遇超标准洪水袭击，以及其他不可抗拒因素而可能决口时，工程管理单位应迅速组织抢险，并在第一时间向可能淹没的有关区域预警，同时向上级堤防管理部门和同级防汛抗旱指挥机构准确报告。

　　当水库水位超过汛限水位时，水库管理单位应按照有管辖权的防汛抗旱指挥机构批准的洪水调度方案调度，其工程运行状况应向防汛抗旱指挥机构报告。当水库出现险情时，水库管理单位应立即在第一时间向下游预警，并迅速处置险情，同时向上级主管部门和同级防汛抗旱指挥机构报告。大型水库发生重大险情应在险情发生后 4 小时内上报到国家防总。当水库遭遇超标准洪水或其他不可抗拒因素而可能溃坝时，应提早向水库溃坝洪水风险图确定的淹没范围发出预警，为群众安全转移争取时间。

　　3.1.3　洪涝灾情信息

　　（1）洪涝灾情信息主要包括：灾害发生的时间、地点、范围、受灾人口以及群众财产、农林牧渔、交通运输、邮电通信、水电设施等方面的损失。

　　（2）洪涝灾情发生后，有关部门及时向防汛抗旱指挥机构报告洪涝受灾情况，防汛抗旱指挥机构应收集动态灾情，全面掌握受灾情况，并及时向同级政府和上级防汛抗旱指挥机构报告。对人员伤亡和较大财产损失的灾情，应立即上报，重大灾情在灾害发生后 4 小时内将初步情况报到国家防总，并对实时灾情组织核实，核实后及时上报，为抗灾救灾提供准确依据。

　　（3）地方各级人民政府、防汛抗旱指挥机构应按照规定上报洪涝灾情。

　　3.1.4　旱情信息

　　（1）旱情信息主要包括：干旱发生的时间、地点、程度、受旱范围、影响人口，以及对工农业生产、城乡生活、生态环境等方面造成的影响。

　　（2）防汛抗旱指挥机构应掌握水雨情变化、当地蓄水情况、农田土壤墒情和城乡供水情况，加强旱情监测，地方各级人民政府防汛抗旱指挥机构应按照规定上报受旱情况。遇旱情急剧发展时应及时加报。

　　3.2　预防预警行动

　　3.2.1　预防预警准备工作

　　（1）思想准备。加强宣传，增强全民预防水旱灾害和自我保护的意识，做好防大汛抗大旱的思想准备。

　　（2）组织准备。建立健全防汛抗旱组织指挥机构，落实防汛抗旱责任人、防汛抗旱队伍和山洪易发重点区域的监测网络及预警措施，加强防汛专业机动抢险队和抗旱服务组织的建设。

（3）工程准备。按时完成水毁工程修复和水源工程建设任务，对存在病险的堤防、水库、涵闸、泵站等各类水利工程设施实行应急除险加固，在有堤防防护的大中城市及时封闭穿越堤防的输排水管道、交通路口和排水沟；对跨汛期施工的水利工程和病险工程，要落实安全度汛方案。

（4）预案准备。修订完善各类江河湖库和城市防洪预案、台风暴潮防御预案、洪水预报方案、防洪工程调度规程、堤防决口和水库垮坝应急方案、蓄滞洪区安全转移预案、山区防御山洪灾害预案和抗旱预案、城市抗旱预案。研究制订防御超标准洪水的应急方案，主动应对大洪水。针对江河堤防险工险段，还要制订工程抢险方案。

（5）物料准备。按照分级负责的原则，储备必需的防汛物料，合理配置。在防汛重点部位应储备一定数量的抢险物料，以应急需。

（6）通信准备。充分利用社会通信公网，确保防汛通信专网、蓄滞洪区的预警反馈系统完好和畅通。健全水文、气象测报站网，确保雨情、水情、工情、灾情信息和指挥调度指令的及时传递。

（7）防汛抗旱检查。实行以查组织、查工程、查预案、查物资、查通信为主要内容的分级检查制度，发现薄弱环节，要明确责任、限时整改。

（8）防汛日常管理工作。加强防汛日常管理工作，对在江河、湖泊、水库、滩涂、人工水道、蓄滞洪区内建设的非防洪建设项目应当编制洪水影响评价报告，对未经审批并严重影响防洪的项目，依法强行拆除。

3.2.2 江河洪水预警

（1）当江河即将出现洪水时，各级水文部门应做好洪水预报工作，及时向防汛抗旱指挥机构报告水位、流量的实测情况和洪水走势，为预警提供依据。

（2）各级防汛抗旱指挥机构应按照分级负责原则，确定洪水预警区域、级别和洪水信息发布范围，按照权限向社会发布。

（3）水文部门应跟踪分析江河洪水的发展趋势，及时滚动预报最新水情，为抗灾救灾提供基本依据。

3.2.3 渍涝灾害预警

当气象预报将出现较大降雨时，各级防汛抗旱指挥机构应按照分级负责原则，确定渍涝灾害预警区域、级别，按照权限向社会发布，并做好排涝的有关准备工作。必要时，通知低洼地区居民及企事业单位及时转移财产。

3.2.4　山洪灾害预警

（1）凡可能遭受山洪灾害威胁的地方，应根据山洪灾害的成因和特点，主动采取预防和避险措施。水文、气象、国土资源等部门应密切联系，相互配合，实现信息共享，提高预报水平，及时发布预报警报。

（2）凡有山洪灾害的地方，应由防汛抗旱指挥机构组织国土资源、水利、气象等部门编制山洪灾害防御预案，绘制区域内山洪灾害风险图，划分并确定区域内易发生山洪灾害的地点及范围，制订安全转移方案，明确组织机构的设置及职责。

（3）山洪灾害易发区应建立专业监测与群测群防相结合的监测体系，落实观测措施，汛期坚持24小时值班巡逻制度，降雨期间，加密观测、加强巡逻。每个乡镇、村、组和相关单位都要落实信号发送员，一旦发现危险征兆，立即向周边群众报警，实现快速转移，并报本地防汛抗旱指挥机构，以便及时组织抗灾救灾。

3.2.5　台风暴潮灾害预警

（1）根据中央气象台发布的台风（含热带风暴、热带低压等）信息，省级及其以下有关气象管理部门应密切监视，做好未来趋势预报，并及时将台风中心位置、强度、移动方向和速度等信息报告同级人民政府和防汛抗旱指挥机构。

（2）可能遭遇台风袭击的地方，各级防汛抗旱指挥机构应加强值班，跟踪台风动向，并将有关信息及时向社会发布。

（3）水利部门应根据台风影响的范围，及时通知有关水库、主要湖泊和河道堤防管理单位，做好防范工作。各工程管理单位应组织人员分析水情和台风带来的影响，加强工程检查，必要时实施预泄预排措施。

（4）预报将受台风影响的沿海地区，当地防汛抗旱指挥机构应及时通知相关部门和人员做好防台风工作。

（5）加强对城镇危房、在建工地、仓库、交通道路、电信电缆、电力电线、户外广告牌等公用设施的检查和采取加固措施，组织船只回港避风和沿海养殖人员撤离工作。

3.2.6　蓄滞洪区预警

（1）蓄滞洪区管理单位应拟订群众安全转移方案。

（2）蓄滞洪区工程管理单位应加强工程运行监测，发现问题及时处理，并报告上级主管部门和同级防汛抗旱指挥机构。

（3）运用蓄滞洪区，当地人民政府和防汛抗旱指挥机构应把人民的生命安全放在首位，迅速启动预警系统，按照群众安全转移方案实施转移。

3.2.7　干旱灾害预警

（1）各级防汛抗旱指挥机构应针对干旱灾害的成因、特点，因地制宜采取预警防范措施。

（2）各级防汛抗旱指挥机构应建立健全旱情监测网络和干旱灾害统计队伍，随时掌握实时旱情灾情，并预测干旱发展趋势，根据不同干旱等级，提出相应对策，为抗旱指挥决策提供科学依据。

（3）各级防汛抗旱指挥机构应当加强抗旱服务网络建设，鼓励和支持社会力量开展多种形式的社会化服务组织建设，以防范干旱灾害的发生和蔓延。

3.2.8　供水危机预警

当因供水水源短缺或被破坏、供水线路中断、供水水质被侵害等原因而出现供水危机，由当地防汛抗旱指挥机构向社会公布预警，居民、企事业单位做好储备应急用水的准备，有关部门做好应急供水的准备。

3.3　预警支持系统

3.3.1　洪水、干旱风险图

（1）各级防汛抗旱指挥机构应组织工程技术人员，研究绘制本地区的城市洪水风险图、蓄滞洪区洪水风险图、流域洪水风险图、山洪灾害风险图、水库洪水风险图和干旱风险图。

（2）防汛抗旱指挥机构应以各类洪水、干旱风险图作为抗洪抢险救灾、群众安全转移安置和抗旱救灾决策的技术依据。

3.3.2　防御洪水方案

防汛抗旱指挥机构应根据需要，编制和修订防御江河洪水方案，主动应对江河洪水。

3.3.3　抗旱预案

各级防汛抗旱指挥机构应编制抗旱预案，以主动应对不同等级的干旱灾害。

4 应急响应

4.1 应急响应的总体要求

4.1.1 按洪涝、旱灾的严重程度和范围，将应急响应行动分为四级。

4.1.2 进入汛期、旱期，各级防汛抗旱指挥机构应实行 24 小时值班制度，全程跟踪雨情、水情、工情、旱情、灾情，并根据不同情况启动相关应急程序。

4.1.3 国务院和国家防总或流域防汛指挥机构负责关系重大的水利、防洪工程调度；其他水利、防洪工程的调度由所属地方人民政府和防汛抗旱指挥机构负责，必要时，视情况由上一级防汛抗旱指挥机构直接调度。防总各成员单位应按照指挥部的统一部署和职责分工开展工作并及时报告有关工作情况。

4.1.4 洪涝、干旱等灾害发生后，由地方人民政府和防汛抗旱指挥机构负责组织实施抗洪抢险、排涝、抗旱减灾和抗灾救灾等方面的工作。

4.1.5 洪涝、干旱等灾害发生后，由当地防汛抗旱指挥机构向同级人民政府和上级防汛抗旱指挥机构报告情况。造成人员伤亡的突发事件，可越级上报，并同时报上级防汛抗旱指挥机构。任何个人发现堤防、水库发生险情时，应立即向有关部门报告。

4.1.6 对跨区域发生的水旱灾害，或者突发事件将影响到邻近行政区域的，在报告同级人民政府和上级防汛抗旱指挥机构的同时，应及时向受影响地区的防汛抗旱指挥机构通报情况。

4.1.7 因水旱灾害而衍生的疾病流行、水陆交通事故等次生灾害，当地防汛抗旱指挥机构应组织有关部门全力抢救和处置，采取有效措施切断灾害扩大的传播链，防止次生或衍生灾害的蔓延，并及时向同级人民政府和上级防汛抗旱指挥机构报告。

4.2 Ⅰ级应急响应

4.2.1 出现下列情况之一者，为Ⅰ级响应

（1）某个流域发生特大洪水；

（2）多个流域同时发生大洪水；

（3）大江大河干流重要河段堤防发生决口；

（4）重点大型水库发生垮坝；

（5）多个省（区、市）发生特大干旱；

（6）多座大型以上城市发生极度干旱。

4.2.2　Ⅰ级响应行动

（1）国家防总总指挥主持会商，防总成员参加。视情启动国务院批准的防御特大洪水方案，作出防汛抗旱应急工作部署，加强工作指导，并将情况上报党中央、国务院。国家防总密切监视汛情、旱情和工情的发展变化，做好汛情、旱情预测预报，做好重点工程调度，并在24小时内派专家组赴一线加强技术指导。国家防总增加值班人员，加强值班，每天在中央电视台发布《汛（旱）情通报》，报道汛（旱）情及抗洪抢险、抗旱措施。财政部门为灾区及时提供资金帮助。国家防总办公室为灾区紧急调拨防汛抗旱物资；铁路、交通、民航部门为防汛抗旱物资运输提供运输保障。民政部门及时救助受灾群众。卫生部门根据需要，及时派出医疗卫生专业防治队伍赴灾区协助开展医疗救治和疾病预防控制工作。国家防总其他成员单位按照职责分工，做好有关工作。

（2）相关流域防汛指挥机构按照权限调度水利、防洪工程；为国家防总提供调度参谋意见。派出工作组、专家组，支援地方抗洪抢险、抗旱。

（3）相关省、自治区、直辖市的流域防汛指挥机构，省、自治区、直辖市的防汛抗旱指挥机构启动Ⅰ级响应，可依法宣布本地区进入紧急防汛期，按照《中华人民共和国防洪法》的相关规定，行使权力。同时，增加值班人员，加强值班，动员部署防汛抗旱工作；按照权限调度水利、防洪工程；根据预案转移危险地区群众，组织强化巡堤查险和堤防防守，及时控制险情，或组织强化抗旱工作。受灾地区的各级防汛抗旱指挥机构负责人、成员单位负责人，应按照职责到分管的区域组织指挥防汛抗旱工作，或驻点具体帮助重灾区做好防汛抗旱工作。各省、自治区、直辖市的防汛抗旱指挥机构应将工作情况上报当地人民政府和国家防总。相关省、自治区、直辖市的防汛抗旱指挥机构成员单位全力配合做好防汛抗旱和抗灾救灾工作。

4.3　Ⅱ级应急响应

4.3.1　出现下列情况之一者，为Ⅱ级响应

（1）一个流域发生大洪水；

（2）大江大河干流一般河段及主要支流堤防发生决口；

（3）数省（区、市）多个市（地）发生严重洪涝灾害；

（4）一般大中型水库发生垮坝；

（5）数省（区、市）多个市（地）发生严重干旱或一省（区、市）发生特大干旱；

（6）多个大城市发生严重干旱，或大中城市发生极度干旱。

4.3.2　Ⅱ级响应行动

（1）国家防总副总指挥主持会商，作出相应工作部署，加强防汛抗旱工作指导，在2小时内将情况上报国务院并通报国家防总成员单位。国家防总加强值班，密切监视汛情、旱情和工情的发展变化，做好汛情旱情预测预报，做好重点工程的调度，并在24小时内派出由防总成员单位组成的工作组、专家组赴一线指导防汛抗旱。国家防总办公室不定期在中央电视台发布汛（旱）情通报。民政部门及时救助灾民。卫生部门派出医疗队赴一线帮助医疗救护。国家防总其他成员单位按照职责分工，做好有关工作。

（2）相关流域防汛指挥机构密切监视汛情、旱情发展变化，做好洪水预测预报，派出工作组、专家组，支援地方抗洪抢险、抗旱；按照权限调度水利、防洪工程；为国家防总提供调度参谋意见。

（3）相关省、自治区、直辖市防汛抗旱指挥机构可根据情况，依法宣布本地区进入紧急防汛期，行使相关权力。同时，增加值班人员，加强值班。防汛抗旱指挥机构具体安排防汛抗旱工作，按照权限调度水利、防洪工程，根据预案组织加强防守巡查，及时控制险情，或组织加强抗旱工作。受灾地区的各级防汛抗旱指挥机构负责人、成员单位负责人，应按照职责到分管的区域组织指挥防汛抗旱工作。相关省级防汛抗旱指挥机构应将工作情况上报当地人民政府主要领导和国家防总。相关省、自治区、直辖市的防汛抗旱指挥机构成员单位全力配合做好防汛抗旱和抗灾救灾工作。

4.4　Ⅲ级应急响应

4.4.1　出现下列情况之一者，为Ⅲ级响应

（1）数省（区、市）同时发生洪涝灾害；

（2）一省（区、市）发生较大洪水；

（3）大江大河干流堤防出现重大险情；

（4）大中型水库出现严重险情或小型水库发生垮坝；

（5）数省（区、市）同时发生中度以上的干旱灾害；

（6）多座大型以上城市同时发生中度干旱；

（7）一座大型城市发生严重干旱。

4.4.2　Ⅲ级响应行动

（1）国家防总秘书长主持会商，作出相应工作安排，密切监视汛情、旱情发展变化，加强防汛抗旱工作的指导，在2小时内将情况上报国务院并通报国家防总成员单位。国家防总办公室在24小时内派出工作组、专家组，指导地方防汛抗旱。

（2）相关流域防汛指挥机构加强汛（旱）情监视，加强洪水预测预报，做好相关工程调度，派出工作组、专家组到一线协助防汛抗旱。

（3）相关省、自治区、直辖市的防汛抗旱指挥机构具体安排防汛抗旱工作；按照权限调度水利、防洪工程；根据预案组织防汛抢险或组织抗旱，派出工作组、专家组到一线具体帮助防汛抗旱工作，并将防汛抗旱的工作情况上报当地人民政府分管领导和国家防总。省级防汛指挥机构在省级电视台发布汛（旱）情通报；民政部门及时救助灾民。卫生部门组织医疗队赴一线开展卫生防疫工作。其他部门按照职责分工，开展工作。

4.5　Ⅳ级应急响应

4.5.1　出现下列情况之一者，为Ⅳ级响应

（1）数省（区、市）同时发生一般洪水；

（2）数省（区、市）同时发生轻度干旱；

（3）大江大河干流堤防出现险情；

（4）大中型水库出现险情；

（5）多座大型以上城市同时因旱影响正常供水。

4.5.2　Ⅳ级响应行动

（1）国家防总办公室常务副主任主持会商，作出相应工作安排，加强对汛（旱）情的监视和对防汛抗旱工作的指导，并将情况上报国务院并通报国家防总

成员单位。

（2）相关流域防汛指挥机构加强汛情、旱情监视，做好洪水预测预报，并将情况及时报国家防总办公室。

（3）相关省、自治区、直辖市的防汛抗旱指挥机构具体安排防汛抗旱工作；按照权限调度水利、防洪工程；按照预案采取相应防守措施或组织抗旱；派出专家组赴一线指导防汛抗旱工作；并将防汛抗旱的工作情况上报当地人民政府和国家防总办公室。

4.6 信息报送和处理

4.6.1 汛情、旱情、工情、险情、灾情等防汛抗旱信息实行分级上报，归口处理，同级共享。

4.6.2 防汛抗旱信息的报送和处理，应快速、准确、翔实，重要信息应立即上报，因客观原因一时难以准确掌握的信息，应及时报告基本情况，同时抓紧了解情况，随后补报详情。

4.6.3 属一般性汛情、旱情、工情、险情、灾情，按分管权限，分别报送本级防汛抗旱指挥机构值班室负责处理。凡因险情、灾情较重，按分管权限一时难以处理，需上级帮助、指导处理的，经本级防汛抗旱指挥机构负责同志审批后，可向上一级防汛抗旱指挥机构值班室上报。

4.6.4 凡经本级或上级防汛抗旱指挥机构采用和发布的水旱灾害、工程抢险等信息，当地防汛抗旱指挥机构应立即调查，对存在的问题，及时采取措施，切实加以解决。

4.6.5 国家防总办公室接到特别重大、重大的汛情、旱情、险情、灾情报告后应立即报告国务院，并及时续报。

4.7 指挥和调度

4.7.1 出现水旱灾害后，事发地的防汛抗旱指挥机构应立即启动应急预案，并根据需要成立现场指挥部。在采取紧急措施的同时，向上一级防汛抗旱指挥机构报告。根据现场情况，及时收集、掌握相关信息，判明事件的性质和危害程度，并及时上报事态的发展变化情况。

4.7.2 事发地的防汛抗旱指挥机构负责人应迅速上岗到位，分析事件的性质，预测事态发展趋势和可能造成的危害程度，并按规定的处置程序，组织指挥有关单位或部门按照职责分工，迅速采取处置措施，控制事态发展。

4.7.3 发生重大水旱灾害后，上一级防汛抗旱指挥机构应派出工作组赶赴现场指导工作，必要时成立前线指挥部。

4.8 抢险救灾

4.8.1 出现水旱灾害或防洪工程发生重大险情后，事发地的防汛抗旱指挥机构应根据事件的性质，迅速对事件进行监控、追踪，并立即与相关部门联系。

4.8.2 事发地的防汛抗旱指挥机构应根据事件具体情况，按照预案立即提出紧急处置措施，供当地政府或上一级相关部门指挥决策。

4.8.3 事发地防汛抗旱指挥机构应迅速调集本部门的资源和力量，提供技术支持；组织当地有关部门和人员，迅速开展现场处置或救援工作。大江大河干流堤防决口的堵复、水库重大险情的抢护应按照事先制定的抢险预案进行，并由防汛机动抢险队或抗洪抢险专业部队等实施。

4.8.4 处置水旱灾害和工程重大险情时，应按照职能分工，由防汛抗旱指挥机构统一指挥，各单位或各部门应各司其职，团结协作，快速反应，高效处置，最大程度地减少损失。

4.9 安全防护和医疗救护

4.9.1 各级人民政府和防汛抗旱指挥机构应高度重视应急人员的安全，调集和储备必要的防护器材、消毒药品、备用电源和抢救伤员必备的器械等，以备随时应用。

4.9.2 抢险人员进入和撤出现场由防汛抗旱指挥机构视情况作出决定。抢险人员进入受威胁的现场前，应采取防护措施以保证自身安全。参加一线抗洪抢险的人员，必须穿救生衣。当现场受到污染时，应按要求为抢险人员配备防护设施，撤离时应进行消毒、去污处理。

4.9.3 出现水旱灾害后，事发地防汛抗旱指挥机构应及时做好群众的救援、转移和疏散工作。

4.9.4 事发地防汛抗旱指挥机构应按照当地政府和上级领导机构的指令，及时发布通告，防止人、畜进入危险区域或饮用被污染的水源。

4.9.5 对转移的群众，由当地人民政府负责提供紧急避难场所，妥善安置灾区群众，保证基本生活。

4.9.6 出现水旱灾害后，事发地人民政府和防汛抗旱指挥机构应组织卫生部门加强受影响地区的疾病和突发公共卫生事件监测、报告工作，落实各项防病措施，并派出医疗小分队，对受伤的人员进行紧急救护。必要时，事发地政府可紧急动员当地医疗机构在现场设立紧急救护所。

4.10 社会力量动员与参与

4.10.1 出现水旱灾害后，事发地的防汛抗旱指挥机构可根据事件的性质和危害程度，报经当地政府批准，对重点地区和重点部位实施紧急控制，防止事态及其危害的进一步扩大。

4.10.2 必要时可通过当地人民政府广泛调动社会力量积极参与应急突发事件的处置，紧急情况下可依法征用、调用车辆、物资、人员等，全力投入抗洪抢险。

4.11 信息发布

4.11.1 防汛抗旱的信息发布应当及时、准确、客观、全面。

4.11.2 汛情、旱情及防汛抗旱动态等，由国家防总统一审核和发布；涉及水旱灾情的，由国家防办会同民政部审核和发布。

4.11.3 信息发布形式主要包括授权发布、散发新闻稿、组织报道、接受记者采访、举行新闻发布会等。

4.11.4 地方信息发布：重点汛区、灾区和发生局部汛情的地方，其汛情、旱情及防汛抗旱动态等信息，由各地防汛抗旱指挥机构审核和发布；涉及水旱灾情的，由各地防汛指挥部办公室会同民政部门审核和发布。

4.12 应急结束

4.12.1 当洪水灾害、极度缺水得到有效控制时，事发地的防汛抗旱指挥机构可视汛情旱情，宣布结束紧急防汛期或紧急抗旱期。

4.12.2 依照有关紧急防汛、抗旱期规定征用、调用的物资、设备、交通运输工具等，在汛期、抗旱期结束后应当及时归还；造成损坏或者无法归还的，按照国务院有关规定给予适当补偿或者作其他处理。

4.12.3 紧急处置工作结束后，事发地防汛抗旱指挥机构应协助当地政府进一步恢复正常生活、生产、工作秩序，修复水毁基础设施，尽可能减少突发事件带来的损失和影响。

5　应急保障

5.1　通信与信息保障

5.1.1　任何通信运营部门都有依法保障防汛抗旱信息畅通的责任。

5.1.2　防汛抗旱指挥机构应按照以公用通信网为主的原则，合理组建防汛专用通信网络，确保信息畅通。

5.1.3　出现突发事件后，通信部门应启动应急通信保障预案，迅速调集力量抢修损坏的通信设施，努力保证防汛抗旱通信畅通。必要时，调度应急通信设备，为防汛通信和现场指挥提供通信保障。

5.1.4　在紧急情况下，应充分利用公共广播和电视等媒体以及手机短信等手段发布信息，通知群众快速撤离，确保人民生命的安全。

5.2　应急支援与装备保障

5.2.1　现场救援和工程抢险保障

（1）对历史上的重点险工险段或易出险的水利工程设施，应提前编制工程应急抢险预案，以备紧急情况下因险施策；当出现新的险情后，应派工程技术人员赶赴现场，研究优化除险方案，并由防汛行政首长负责组织实施。

（2）防汛抗旱指挥机构和防洪工程管理单位以及受洪水威胁的其他单位，储备的常规抢险机械、抗旱设备、物资和救生器材，应能满足抢险急需。

5.2.2　应急队伍保障

任何单位和个人都有依法参加防汛抗洪的义务。解放军、武警部队和民兵是抗洪抢险的重要力量。防汛抢险队伍分为：群众抢险队伍、非专业部队抢险队伍和专业抢险队伍。

在抗旱期间，地方各级人民政府和防汛抗旱指挥机构应组织动员社会公众力量投入抗旱救灾工作。

5.2.3　供电保障

电力部门主要负责抗洪抢险、抢排渍涝、抗旱救灾等方面的供电需要和应急救援现场的临时供电。

5.2.4 交通运输保障

交通运输部门主要负责优先保证防汛抢险人员、防汛抗旱救灾物资运输；蓄滞洪区分洪时，负责群众安全转移所需地方车辆、船舶的调配；负责分泄大洪水时河道航行和渡口的安全；负责大洪水时用于抢险、救灾车辆、船舶的及时调配。

5.2.5 医疗保障

医疗卫生防疫部门主要负责水旱灾区疾病防治的业务技术指导；组织医疗卫生队赴灾区巡医问诊，负责灾区防疫消毒、抢救伤员等工作。

5.2.6 治安保障

公安部门主要负责做好水旱灾区的治安管理工作，依法严厉打击破坏抗洪抗旱救灾行动和工程设施安全的行为，保证抗灾救灾工作的顺利进行；负责组织搞好防汛抢险、分洪爆破时的戒严、警卫工作，维护灾区的社会治安秩序。

5.2.7 物资保障

防汛抗旱指挥机构、重点防洪工程管理单位以及受洪水威胁的其他单位应按规范储备防汛抢险物资，并做好生产流程和生产能力储备的有关工作。防汛物资管理部门应及时掌握新材料、新设备的应用情况，及时调整储备物资品种，提高科技含量。

干旱频繁发生地区县级以上地方人民政府应当贮备一定数量的抗旱物资，由本级防汛抗旱指挥机构负责调用。

严重缺水城市应当建立应急供水机制，建设应急供水备用水源。

5.2.8 资金保障

（1）中央财政安排特大防汛抗旱补助费，用于补助遭受特大水旱灾害的省、自治区、直辖市，以及计划单列市、新疆生产建设兵团进行防汛抢险、抗旱及中央直管的大江大河防汛抢险。省、自治区、直辖市人民政府应当在本级财政预算中安排资金，用于本行政区域内遭受严重水旱灾害的工程修复补助。

（2）国家设立中央水利建设基金，专项用于大江大河重点治理工程维护和建设，以及其他规定的水利工程的维护和建设。

5.2.9 社会动员保障

（1）防汛抗旱是社会公益性事业，任何单位和个人都有保护水利工程设施和防汛抗旱的责任。

（2）汛期或旱季，各级防汛抗旱指挥机构应根据水旱灾害的发展，做好动员工作，组织社会力量投入防汛抗旱。

（3）各级防汛抗旱指挥机构的组成部门，在严重水旱灾害期间，应按照分工，特事特办，急事急办，解决防汛抗旱的实际问题，同时充分调动本系统的力量，全力支持抗灾救灾和灾后重建工作。

（4）各级人民政府应加强对防汛抗旱工作的统一领导，组织有关部门和单位，动员全社会的力量，做好防汛抗旱工作。在防汛抗旱的关键时刻，各级防汛抗旱行政首长应靠前指挥，组织广大干部群众奋力抗灾减灾。

5.3　技术保障

建设国家防汛抗旱指挥系统，形成覆盖国家防总、流域机构和各省、自治区、直辖市防汛抗旱部门的计算机网络系统，提高信息传输的质量和速度。

各级防汛抗旱指挥机构应建立专家库，当发生水旱灾害时，由防汛抗旱指挥机构统一调度，派出专家组，指导防汛抗旱工作。

5.4　宣传、培训和演习

5.4.1　公众信息交流

（1）汛情、旱情、工情、灾情及防汛抗旱工作等方面的公众信息交流，实行分级负责制，一般公众信息可通过媒体向社会发布。

（2）当主要江河发生超警戒水位以上洪水，呈上涨趋势；山区发生暴雨山洪，造成较为严重影响；出现大范围的严重旱情，并呈发展趋势时，按分管权限，由本地区的防汛抗旱指挥部统一发布汛情、旱情通报，以引起社会公众关注，参与防汛抗旱救灾工作。

5.4.2　培训

（1）采取分级负责的原则，由各级防汛抗旱指挥机构统一组织培训。

（2）培训工作应做到合理规范课程、考核严格、分类指导，保证培训工作质量。

（3）培训工作应结合实际，采取多种组织形式，定期与不定期相结合，每年汛前至少组织一次培训。

5.4.3　演习

（1）各级防汛抗旱指挥机构应定期举行不同类型的应急演习，以检验、改善和强化应急准备和应急响应能力。

（2）专业抢险队伍必须针对当地易发生的各类险情有针对性地每年进行抗洪抢险演习。

（3）多个部门联合进行的专业演习，一般2～3年举行一次，由省级防汛抗旱指挥机构负责组织。

6　善后工作

发生水旱灾害的地方人民政府应组织有关部门做好灾区生活供给、卫生防疫、救灾物资供应、治安管理、学校复课、水毁修复、恢复生产和重建家园等善后工作。

6.1　救灾

6.1.1　民政部门负责受灾群众生活救助。应及时调配救灾款物，组织安置受灾群众，做好受灾群众临时生活安排，负责受灾群众倒塌房屋的恢复重建，保证灾民有粮吃、有衣穿、有房住，切实解决受灾群众的基本生活问题。

6.1.2　卫生部门负责调配医务技术力量，抢救因灾伤病人员，对污染源进行消毒处理，对灾区重大疫情、病情实施紧急处理，防止疫病的传播、蔓延。

6.1.3　当地政府应组织对可能造成环境污染的污染物进行清除。

6.2　防汛抢险物料补充

针对当年防汛抢险物料消耗情况，按照分级筹措和常规防汛的要求，及时补充到位。

6.3　水毁工程修复

6.3.1　对影响当年防洪安全和城乡供水安全的水毁工程，应尽快修复。防洪工程应力争在下次洪水到来之前，做到恢复主体功能；抗旱水源工程应尽快恢复功能。

6.3.2　遭到毁坏的交通、电力、通信、水文以及防汛专用通信设施，应尽快组织修复，恢复功能。

6.4　蓄滞洪区补偿

全国重点蓄滞洪区分洪运用后，按照《蓄滞洪区补偿暂行办法》进行补偿。其他蓄滞洪区由地方人民政府参照《蓄滞洪区补偿暂行办法》补偿。

6.5 灾后重建

各相关部门应尽快组织灾后重建工作。灾后重建原则上按原标准恢复，在条件允许情况下，可提高标准重建。

6.6 防汛抗旱工作评价

每年各级防汛抗旱部门应针对防汛抗旱工作的各个方面和环节进行定性和定量的总结、分析、评估。引进外部评价机制，征求社会各界和群众对防汛抗旱工作的意见和建议，总结经验，找出问题，从防洪抗旱工程的规划、设计、运行、管理以及防汛抗旱工作的各个方面提出改进建议，以进一步做好防汛抗旱工作。

7 附　　则

7.1　名词术语定义

7.1.1　洪水风险图：是融合地理、社会经济信息、洪水特征信息，通过资料调查、洪水计算和成果整理，以地图形式直观反映某一地区发生洪水后可能淹没的范围和水深，用以分析和预评估不同量级洪水可能造成的风险和危害的工具。

7.1.2　干旱风险图：是融合地理、社会经济信息、水资源特征信息，通过资料调查、水资源计算和成果整理，以地图形式直观反映某一地区发生干旱后可能影响的范围，用以分析和预评估不同干旱等级造成的风险和危害的工具。

7.1.3　防御洪水方案：是有防汛抗洪任务的县级以上地方人民政府根据流域综合规划、防洪工程实际状况和国家规定的防洪标准，制定的防御江河洪水（包括对特大洪水）、山洪灾害（山洪、泥石流、滑坡等）、台风暴潮灾害等方案的统称。

7.1.4　抗旱预案：是在现有工程设施条件和抗旱能力下，针对不同等级、程度的干旱，而预先制定的对策和措施，是各级防汛抗旱指挥部门实施指挥决策的依据。

7.1.5　抗旱服务组织：是由水利部门组建的事业性服务实体，以抗旱减灾为宗旨，围绕群众饮水安全、粮食用水安全、经济发展用水安全和生态环境用水安全开展抗旱服务工作。国家支持和鼓励社会力量兴办各种形式的抗旱社会化服务组织。

7.1.6　一般洪水：洪峰流量或洪量的重现期5～10年一遇的洪水。

7.1.7　较大洪水：洪峰流量或洪量的重现期10～20年一遇的洪水。

7.1.8　大洪水：洪峰流量或洪量的重现期20～50年一遇的洪水。

7.1.9　特大洪水：洪峰流量或洪量的重现期大于50年一遇的洪水。

7.1.10　轻度干旱：受旱区域作物受旱面积占播种面积的比例在30％以下；以及因旱造成农（牧）区临时性饮水困难人口占所在地区人口比例在20％以下。

7.1.11　中度干旱：受旱区域作物受旱面积占播种面积的比例达31％～50％；以及因旱造成农（牧）区临时性饮水困难人口占所在地区人口比例达21％～40％。

7.1.12　严重干旱：受旱区域作物受旱面积占播种面积的比例达51％～80％；以及因旱造成农（牧）区临时性饮水困难人口占所在地区人口比例达41％～60％。

7.1.13　特大干旱：受旱区域作物受旱面积占播种面积的比例在80％以上；以及因旱造成农（牧）区临时性饮水困难人口占所在地区人口比例高于60％。

7.1.14　城市干旱：因遇枯水年造成城市供水水源不足，或者由于突发性事件使城市供水水源遭到破坏，导致城市实际供水能力低于正常需求，致使城市实际供水能力低于正常需求，致使城市的生产、生活和生态环境受到影响。

7.1.15　城市轻度干旱：因旱城市供水量低于正常需求量的5％～10％，出现缺水现象，居民生活、生产用水在受到一定程度影响。

7.1.16　城市中度干旱：因旱城市供水量低于正常日
用水量的10％～20％，出现明显的缺水现象，居民生活、生产用水受到较大影响。

7.1.17　城市重度干旱：因旱城市供水量低于正常日
用水量的20％～30％，出现明显缺水现象，城市生活、生产用水受到严重影响。

7.1.18　城市极度干旱：因旱城市供水量低于正常日

用水量的 30%，出现极为严重的缺水局面或发电供水危机，城市生活、生产用水受到极大影响。

7.1.19 大型城市：指非农业人口在 50 万以上的城市。

7.1.20 紧急防汛期：根据《中华人民共和国防洪法》规定，当江河、湖泊的水情接近保证水位或者安全流量，水库水位接近设计洪水位，或者防洪工程设施发生重大险情时，有关县级以上人民政府防汛指挥机构可以宣布进入紧急防汛期。

本预案有关数量的表述中，"以上"含本数，"以下"不含本数。

7.2 预案管理与更新

本预案由国家防总办公室负责管理，并负责组织对预案进行评估。每 5 年对本预案评审一次，并视情况变化作出相应修改。各流域管理机构，各省、自治区、直辖市防汛抗旱指挥机构根据本预案制定相关江河、地区和重点工程的防汛抗旱应急预案。

7.3 国际沟通与协作

积极开展国际间的防汛抗旱减灾交流，借鉴发达国家防汛抗旱减灾工作的经验，进一步做好我国水旱灾害突发事件防范与处置工作。

7.4 奖励与责任追究

对防汛抢险和抗旱工作作出突出贡献的劳动模范、先进集体和个人，由人事部和国家防总联合表彰；对防汛抢险和抗旱工作中英勇献身的人员，按有关规定追认为烈士；对防汛抗旱工作中玩忽职守造成损失的，依据《中华人民共和国防洪法》、《中华人民共和国防汛条例》、《公务员管理条例》追究当事人的责任，并予以处罚，构成犯罪的，依法追究其刑事责任。

7.5 预案实施时间

本预案自印发之日起实施。

附录7 上海市突发公共事件总体应急预案

1 总 则

1.1 编制目的

贯彻《国家突发公共事件总体应急预案》，适应上海特大城市特点和未来发展需要，提高政府应对突发公共事件的能力，保障公众的生命财产安全，维护国家安全和社会稳定，促进经济社会全面、协调、可持续发展。

1.2 编制依据

依据相关法律、法规、规章以及《国家突发公共事件总体应急预案》（以下简称《国家总体应急预案》），结合本市实际情况，制定本预案。

1.3 分类分级

本预案所称突发公共事件是指突然发生，造成或者可能造成重大人员伤亡、财产损失、生态环境破坏和严重社会危害，危及公共安全的紧急事件。

根据突发公共事件的发生过程、性质和机理，突发公共事件主要分为以下四类：

（1）自然灾害。主要包括气象灾害，地震灾害，地质灾害，海洋灾害，生物灾害等。

（2）事故灾难。主要包括各类安全事故，交通运输事故，公共设施和设备事故，辐射事故，环境污染和生态破坏事件。

（3）公共卫生事件。主要包括传染病疫情，群体性不明原因疾病，食品安全和职业危害，动物疫情，以及其他严重影响公众健康和生命安全的事件。

（4）社会安全事件。主要包括恐怖袭击事件，民族宗教事件，经济安全事件，涉外突发事件和群体性事件等。

上述各类突发公共事件往往是相互交叉和关联的，某类突发公共事件可能和其他类别的事件同时发生，或引发次生、衍生事件，应当具体分析，统筹应对。

各类突发公共事件按照其性质、严重程度、可控性和影响范围等因素，一般分为四级：Ⅰ级（特大）、Ⅱ级（重大）、Ⅲ级（较大）和Ⅳ级（一般）。《国家总体应急预案》附件包括特别重大、重大突发公共事件分级标准（试行），较大和一般突发公共事件按照国务院主管部门制定的分级标准，作为突发公共事件信息报送和分级处置的依据。为适应本市突发公共事件的特点和处置要求，一次死亡三人以上列为报告和应急处置的重大事项。对一些特殊突发公共事件应加强情况报告并提高响应等级。

1.4 适用范围

本预案适用于本市各类突发公共事件。

本预案指导全市的突发公共事件应对工作。

1.5 工作原则

以人为本，预防为主；统一领导，分级负责；依法规范，加强管理；快速反应，协同应对；依靠科技，资源整合。

1.6 预案体系

（1）突发公共事件总体应急预案。总体应急预案是应对本市突发公共事件的整体计划、规范程序和行动指南，是指导区县政府、相关委办局和有关单位编制应急预案的规范性文件。总体应急预案由市政府制定并公布实施。

（2）突发公共事件专项应急预案。专项应急预案是本市为应对某种类型或某几种类型突发公共事件而制定的涉及数个部门职责的计划、方案和措施。专项应急预案由相关市级协调机构负责编制，报市政府批准后实施。

（3）突发公共事件部门应急预案。部门应急预案是本市为应对单一种类且以部门处置为主、相关单位配合的突发公共事件，根据总体应急预案和部门职责制定的计划、方案和措施。部门应急预案由相关职能部门或责任单位负责编制，报市政府批准后实施。

（4）突发公共事件区县应急预案。区县应急预案是各区县根据总体应急预案，为应对本区域突发公共事件制定的整体计划和规范程序，是区县组织、管理、指挥、协调相关应急资源和应急行动的指南。区县应急预案由区县政府制定，报市政府备案。

（5）突发公共事件基层单元应急预案。基层单元应急预案是根据总体应急预案，大型企事业单位、高危行业重点单位为应对本单位突发公共事件制定的工作计划、保障方案和操作规程。市、区县级基层单元应急预案由各单位组织制定，分别报市、区县政府备案。

（6）突发公共事件重大活动应急预案。举办大型会展和文化体育等重大活动，主办单位应当制订应急预案，并报批准举办活动的政府部门审定。

各类各级预案应当根据实际情况变化，由制定单位及时修订并报上级审定、备案。各类各级预案构成种类应不断补充、完善。按照"两级政府、三级管理、四级网络"和"条块结合、属地管理"的要求，逐步建立横向到边、纵向到底、网格化、全覆盖的应急预案体系框架、预案数据库和管理平台，使应急管理工作进社区、进农村、进企业。

2 组织体系

2.1 领导机构

市突发公共事件应急管理工作由市委、市政府统一领导。市政府是本市突发公共事件应急管理工作的行政领导机构。根据市委、市政府决定，成立上海市突发公共事件应急管理委员会（以下简称市应急委），决定和部署本市突发公共事件应急管理工作。

2.2 办事机构

上海市应急管理委员会办公室（以下简称市应急办）是市应急委的日常办事机构，设在市政府办公厅，负责综合协调本市突发公共事件应急管理工作，对"测、报、防、抗、救、援"六个环节进行指导、检查、监督。具体承担值守应急、信息汇总、办理和督促落实市应急委的决定事项；组织编制、修订市总体应急预案，组织审核专项和部门应急预案；综合协调全市应急管理体系建设及应急演练、保障和宣传培训等工作。

2.3 工作机构

本市具有处置突发公共事件职责的市级协调机构、相关职能部门和单位，作为应急管理的工作机构，承担相关类别的应急管理工作。负责制定专项及部门应急预案；在突发公共事件发生时，按照"谁分管，谁负责"的原则，承担相应工作；指导和协助区县政府做好突发公共事件的预防、处置和恢复重建工作。

2.4 专家机构

市应急委和各应急管理工作机构根据实际需要建立各类专业人才库，组织聘请有关专家组成专家组，为应急管理提供决策建议，必要时参加突发公共事件的应急处置工作。

3 工作机制

各级政府要建立应对突发公共事件的预测预警、信息报告、应急处置、恢复重建及调查评估等机制，提高应急处置能力和水平。

市应急办要会同有关部门，整合各方面资源，充分发挥工作机构作用，建立健全快速反应机制，形成统一指挥、分类分级处置的应急平台，提高基层应对突发公共事件能力。

3.1 预测与预警

各级政府及相关部门针对各种可能发生的突发公共事件，完善预测预警机制，开展风险分析，做到早发现、早报告、早处置。

3.1.1 预测预警系统

市公安、消防、水务、气象、地震、建筑、海洋、环保、交通、安监、供电、供气、海事、卫生、农业、金融、外事、信息等部门和单位，要做好对各类突发公共事件的预测预警工作，整合监测信息资源，依托政府系统办公业务资源网及相关网络，建立全时段、全覆盖的突发公共事件预测预警系统。

3.1.2 预警级别和发布

根据预测分析结果，对可能发生和可以预警的突发公共事件进行预警。预警级别依据突发公共事件可能造成的危害性、紧急程度和发展态势，一般分为四级：Ⅰ级（特别严重）、Ⅱ级（严重）、Ⅲ级（较重）和Ⅳ级（一般），依次用红色、橙色、黄色和蓝色表示。

各级政府、应急管理工作机构要及时、准确地报告重特大突发公共事件的有关情况，并根据突发公共事件的管理权限、危害性和紧急程度，发布、调整和解除预警信息。预警信息包括突发公共事件的类别、预警级别、起始时间、可能影响范围、警示事项、应采取的措施和发布单位等。涉及跨区域、跨行业、跨部门的特别严重或严重预警信息的发布、调整和解除，须报上级批准。

预警信息的发布、调整和解除可通过广播、电视、报刊、通信、信息网络、警报器、宣传车或组织人员逐户通知等方式进行，对老、弱、病、残、孕等特殊人群以及学校等特殊场所和警报盲区应当采取有针对性的公告方式。

3.2 应急处置

3.2.1 信息报告和通报

突发公共事件发生后，各应急机构、事发地所在区县政府、职能部门和责任单位，要按照相关预案和报告制度的规定，在组织抢险救援的同时，及时汇总相关信息并迅速报告。一旦发生重大突发公共事件，必须在接报后一小时内分别向市委、市政府值班室口头报告，在两小时内分别向市委、市政府值班室书面报告。报国家主管部门的重大突发公共事件信息，应同时或先行向市委、市政府值班室报告。特别重大或特殊情况，必须立即报告。

各相关单位、部门要与毗邻区域加强协作，建立突发公共事件等信息通报、协调渠道，一旦出现突发公共事件影响范围超出本行政区域的态势，要根据应急处置工作的需要，及时通报、联系和协调。

3.2.2 先期处置

按照"精简、统一、高效"的原则，建立上海市应急联动中心，设在市公安局，作为本市突发公共事件应急联动先期处置的职能机构和指挥平台，履行应急联动处置较大和一般突发公共事件、组织联动单位对特大或重大突发公共事件进行先期处置等职责。

公安、卫生、安监、民防、海事、建设交通、环保等部门以及各区县政府和区域行政主管机构（以下统称为联动单位），在各自职责范围内负责突发公共事件应急联动先期处置工作。

建立并加强与驻沪部队、武警上海总队、国家有关部门驻沪单位、毗邻省市的协同应急联动机制和网络。根据突发公共事件应急处置实际需要，按照有关规定协调有关部门和单位参与突发公共事件先期处置工作。

市应急联动中心按照《上海市突发公共事件应急联动处置暂行办法》等有关规定，通过组织、指挥、调度、协调各方面资源和力量，采取必要的措施，对突发公共事件进行先期处置，并确定事件等级，上报现场动态信息。

突发公共事件发生单位和所在社区负有进行先期处置的第一责任，要组织群众展开自救互救。相关单位必须在第一时间进行即时应急处置。

事发地所在区县政府及有关部门在突发公共事件发生后，要根据职责和规定的权限启动相关应急预案，控制事态并向上级报告。

3.2.3 应急响应

一旦发生先期处置仍不能控制的紧急情况，市应急联动中心等报请或由市应急委直接决定，明确应急响应等级和范围，启动相应应急预案，必要时设立市应急处置指挥部，实施应急处置工作。

各级各类应急预案，应当根据应急任务与要求，明确责任单位及信息处理、抢险救助、医疗救护、卫生防疫、交通管制、现场监控、人员疏散、安全防护、物资调用、社会动员等工作程序。

3.2.4 指挥与协调

需要市政府组织处置的，由市应急委或相关应急管理工作机构统一指挥、协调有关单位和部门开展处置工作。主要包括：

（1）组织协调有关部门负责人、专家和应急队伍参与应急救援；

（2）制定并组织实施抢险救援方案，防止引发次生、衍生事件；

（3）协调有关单位和部门提供应急保障，调度各方应急资源等；

（4）部署做好维护现场治安秩序和当地社会稳定工作；

（5）及时向市委、市政府报告应急处置工作进展情况；

（6）研究处理其他重大事项。

事发地所在区县政府负责成立现场应急指挥机构，在市相关机构的指挥或指导下，负责现场的应急处置工作。必要时也可由专业处置部门负责开设现场应急指挥机构。

3.2.5 应急结束

突发公共事件应急处置工作结束，或者相关危险因素消除后，由负责决定、发布或执行机构宣布解除应急状态，转入常态管理。

3.3　恢复与重建

3.3.1　善后处置

各级政府、应急管理工作机构和有关职能部门要积极稳妥、深入细致地做好善后处置工作。对突发公共事件中的伤亡人员、应急处置工作人员，以及紧急调集、征用有关单位及个人的物资，要按照规定给予抚恤、补助或补偿，并提供心理及司法援助。市政府主管部门按照规定及时调拨救助资金和物资。有关部门要做好疫病防治和环境污染消除工作。保险监管机构督促有关保险机构及时做好有关单位和个人损失的理赔工作。

3.3.2　调查与评估

市政府有关主管部门会同事发地单位和部门，对突发公共事件的起因、性质、影响、责任、经验教训和恢复重建等问题进行调查评估，并向市政府作出报告。

3.3.3　恢复重建

恢复重建工作按照属地管理的原则，由事发地政府负责。

区县政府、相关职能部门在对受灾情况、重建能力以及可利用资源评估后，要认真制定灾后重建和恢复生产、生活的计划，迅速采取各种有效的措施，明确救助程序，规范捐赠管理，组织恢复、重建。

3.4　信息发布

突发公共事件的信息发布应当及时、准确、客观、全面。事件发生的第一时间要向社会发布信息，并根据事件处置情况做好后续发布工作。

发生重特大突发公共事件时，市政府新闻办人员要配合市有关部门做好信息发布工作，并做好现场媒体活动管理工作。

4　应急保障

市政府有关部门要按照职责分工和相关预案，切实做好应对突发公共事件的人力、物力、财力、交通运输、医疗卫生及通信保障等工作，保证应急救援工作需要和灾区群众的基本生活，以及恢复重建工作的顺利进行。

4.1 队伍保障

公安（消防）、民防救灾、医疗卫生、地震救援、海上搜救、防台防汛、核与辐射、环境监控、危险化学品事故救援、铁路事故、民航事故、基础信息网络和重要信息系统事故处置，以及水、电、油、气等工程抢险救援队伍是应急救援的专业队伍和骨干力量。市有关部门和单位、区县政府要加强应急救援队伍的业务培训和应急演练，建立联动协调机制，提高装备水平；动员社会团体、企事业单位以及志愿者等各种社会力量参与应急救援工作。

驻沪各部队和武警上海总队是处置突发公共事件的骨干和突击力量，按照有关规定参与应急处置和支援抢险救灾工作。民兵预备役部队按照"一专多能、一队多用、平战结合"的要求，积极参与突发公共事件应急处置工作。

4.2 经费保障

用于突发公共事件应急管理工作机制日常运作和保障、信息化建设等所需经费，通过各有关单位的预算予以落实。

全市性特大突发公共事件应急处置所需经费，按现行事权、财权划分原则，分级负担；对受突发公共事件影响较大的行业、企事业单位和个人，市政府有关部门要及时研究提出相应的补偿或救助政策，报市政府审批。

各级财政和审计部门要对突发公共事件财政应急保障资金的使用和效果进行监管和评估。

4.3 物资保障

围绕"明确一个机制，建立一个数据库"的目标，建立科学规划、统一建设、平时分开管理、用时统一调度的应急物资储备保障体系。由市应急办会市发展改革委具体负责全市应急物资储备的综合管理工作。市经委及有关部门按照职能分工，负责基本生活用品的应急供应及重要生活必需品的储备管理工作。相关职能部门、区县政府根据有关法律法规、应急预案和部门职责，做好物资储备工作。

4.4 基本生活保障

市民政局等有关部门会同事发地所在区县政府做好基本生活保障工作，确保受灾群众衣、食、住、行等生活需求。

4.5 医疗卫生保障

市卫生局、区县政府和有关单位根据应急预案和部门职责，建立医疗卫生应急专业技术队伍和保障系统，根据需要及时赴现场开展医疗救治、疾病预防控制等卫生应急工作。市卫生局、市食品药品监管局等有关部门要根据实际情况和事发地所在区县政府提出的需求，及时为受灾地区提供药品、器械等卫生和医疗设备。必要时，组织动员红十字会等社会卫生力量参与医疗卫生救助工作。

4.6 交通运输保障

市建设交通委、民航华东管理局、上海铁路局等有关部门要保证紧急情况下应急交通工具的优先安排、优先调度、优先放行，确保运输安全畅通。依法建立应急交通运输工具的征用程序，确保抢险救灾物资和人员能够及时、安全送达。必要时，要对现场及相关通道实行交通管制，开设应急救援"绿色通道"，保证应急救援工作顺利开展。

4.7 治安维护

市公安局、武警上海总队按照有关规定，参与应急处置和治安维护工作。要加强对重点地区、重点场所、重点人群、重要物资和设备的安全保护，依法采取有效管制措施，严厉打击违法犯罪活动。必要时，动员民兵预备役人员参与控制事态，维护社会秩序。

4.8 人员防护

区县政府和相关部门要指定或建立与人口密度、城市规模相适应的应急避险场所，完善紧急疏散管理办法和程序，明确各级责任人，确保在紧急情况下的公众安全和有序的转移或疏散。

政府有关部门要为涉险人员和应急救援人员提供符合要求的安全防护装备，采取必要的防护措施，严格按照程序开展应急救援工作，确保人员安全。

4.9 通信保障

市信息委、市通信管理局、市文广影视局等有关部门负责建立健全应急通信、应急广播电视保障工作体系，完善公用通信网，建立有线和无线相结合、基础电信网络与机动通信系统相配套的应急通信系统，确保通信畅通。对于已建或拟建专用通信网的单位，应明确应急通信保障工作中各自的职责，确保紧急情况下的协同运作。

4.10 科技支撑

有关部门和科研教学单位，要积极开展公共安全领域的科学研究；加大公共安全监测、预测、预警、预防和应急处置技术研发的投入，不断改进技术装备，建立健全公共安全应急技术平台，提高公共安全科技水平；发挥企业在公共安全领域的研发作用。

5 监督管理

5.1 宣传教育和培训

市应急办要会同有关部门加强民众防护宣传教育，组织编写教育培训教材和通俗读本。宣传、教育、文广影视、新闻出版等有关部门要通过图书、报刊、音像制品和电子出版物、广播、电视、网络等，广泛宣传应急法律法规和预防、避险、自救、互救、减灾等常识，增强公众的忧患意识，社会责任意识和自救、互救能力。

各有关方面要明确应急管理和救援人员上岗前和常规性培训等要求。要有计划地对应急救援和管理人员进行培训，提高其专业技能。

5.2 演练

市应急办应当定期组织综合性应急处置演练。各职能部门组织相应的专项应急演练，明确演练的课题、队伍、内容、范围、组织、评估和总结等。各区县和基层应急管理单元应当积极组织本区域综合性应急处置演练和专项演练。演练要从实战角度出发，切实提高应急救援能力，深入发动和依靠市民群众，普及减灾知识和技能。

5.3 责任与奖惩

突发公共事件应急处置工作实行行政领导负责制和责任追究制。

对在突发公共事件应急管理工作中作出突出贡献的先进集体和个人，要给予表彰和奖励。

对迟报、谎报、瞒报和漏报突发公共事件重要情况或者应急管理工作中有其他失职、渎职行为的，依法对有关责任人给予行政处分；构成犯罪的，依法追究刑事责任。

5.4　预案管理

本预案由市应急办负责解释与组织实施。市政府有关部门和区县政府按照本预案的规定履行职责，并制定相应的应急预案。

市应急委根据实际情况的变化，及时修订本预案。

本预案自发布之日起实施。

二〇〇六年一月

附录 8　中华人民共和国突发事件应对法

第一章　总　　则

第一条

为了预防和减少突发事件的发生，控制、减轻和消除突发事件引起的严重社会危害，规范突发事件应对活动，保护人民生命财产安全，维护国家安全、公共安全、环境安全和社会秩序，制定本法。

第二条

突发事件的预防与应急准备、监测与预警、应急处置与救援、事后恢复与重建等应对活动，适用本法。

第三条

本法所称突发事件，是指突然发生，造成或者可能造成严重社会危害，需要采取应急处置措施予以应对的自然灾害、事故灾难、公共卫生事件和社会安全事件。

按照社会危害程度、影响范围等因素，自然灾害、事故灾难、公共卫生事件分为特别重大、重大、较大和一般四级。法律、行政法规或者国务院另有规定的，从其规定。

突发事件的分级标准由国务院或者国务院确定的部门制定。

第四条

国家建立统一领导、综合协调、分类管理、分级负责、属地管理为主的应急管理体制。

第五条

突发事件应对工作实行预防为主、预防与应急相结合的原则。国家建立重大突发事件风险评估体系，对可能发生的突发事件进行综合性评估，减少重大突发事件的发生，最大限度地减轻重大突发事件的影响。

第六条

国家建立有效的社会动员机制，增强全民的公共安全和防范风险的意识，提高全社会的避险救助能力。

第七条

县级人民政府对本行政区域内突发事件的应对工作负责；涉及两个以上行政区域的，由有关行政区域共同的上一级人民政府负责，或者由各有关行政区域的上一级人民政府共同负责。

突发事件发生后，发生地县级人民政府应当立即采取措施控制事态发展，组织开展应急救援和处置工作，并立即向上一级人民政府报告，必要时可以越级上报。

突发事件发生地县级人民政府不能消除或者不能有效控制突发事件引起的严重社会危害的，应当及时向上级人民政府报告。上级人民政府应当及时采取措施，统一领导应急处置工作。

法律、行政法规规定由国务院有关部门对突发事件的应对工作负责的，从其规定；地方人民政府应当积极配合并提供必要的支持。

第八条

国务院在总理领导下研究、决定和部署特别重大突发事件的应对工作；根据实际需要，设立国家突发事件应急指挥机构，负责突发事件应对工作；必要时，国务院可以派出工作组指导有关工作。

县级以上地方各级人民政府设立由本级人民政府主要负责人、相关部门负责人、驻当地中国人民解放军和中国人民武装警察部队有关负责人组成的突发事件应急指挥机构，统一领导、协调本级人民政府各有关部门和下级人民政府开展突发事件应对工作；根据实际需要，设立相关类别突发事件应急指挥机构，组织、协调、指挥突发事件应对工作。

上级人民政府主管部门应当在各自职责范围内，指导、协助下级人民政府及其相应部门做好有关突发事件的应对工作。

第九条

国务院和县级以上地方各级人民政府是突发事件应对工作的行政领导机关，其办事机构及具体职责由国务院规定。

第十条

有关人民政府及其部门作出的应对突发事件的决定、命令，应当及时公布。

第十一条

有关人民政府及其部门采取的应对突发事件的措施，应当与突发事件可能造成的社会危害的性质、程度和范围相适应；有多种措施可供选择的，应当选择有利于最大程度地保护公民、法人和其他组织权益的措施。

公民、法人和其他组织有义务参与突发事件应对工作。

第十二条

有关人民政府及其部门为应对突发事件，可以征用单位和个人的财产。被征用的财产在使用完毕或者突发事件应急处置工作结束后，应当及时返还。财产被征用或者征用后毁损、灭失的，应当给予补偿。

第十三条

因采取突发事件应对措施，诉讼、行政复议、仲裁活动不能正常进行的，适用有关时效中止和程序中止的规定，但法律另有规定的除外。

第十四条

中国人民解放军、中国人民武装警察部队和民兵组织依照本法和其他有关法律、行政法规、军事法规的规定以及国务院、中央军事委员会的命令，参加突发事件的应急救援和处置工作。

第十五条

中华人民共和国政府在突发事件的预防、监测与预警、应急处置与救援、事后恢复与重建等方面，同外国政府和有关国际组织开展合作与交流。

第十六条

县级以上人民政府作出应对突发事件的决定、命令，应当报本级人民代表大会常务委员会备案；突发事件应急处置工作结束后，应当向本级人民代表大会常务委员会作出专项工作报告。

第二章　预防与应急准备

第十七条

国家建立健全突发事件应急预案体系。

国务院制定国家突发事件总体应急预案，组织制定国家突发事件专项应急预案；国务院有关部门根据各自的职责和国务院相关应急预案，制定国家突发事件部门应急预案。

地方各级人民政府和县级以上地方各级人民政府有关部门根据有关法律、法规、规章、上级人民政府及其有关部门的应急预案以及本地区的实际情况，制定相应的突发事件应急预案。

应急预案制定机关应当根据实际需要和情势变化，适时修订应急预案。应急预案的制定、修订程序由国务院规定。

第十八条

应急预案应当根据本法和其他有关法律、法规的规定，针对突发事件的性质、特点和可能造成的社会危害，具体规定突发事件应急管理工作的组织指挥体系与职责和突发事件的预防与预警机制、处置程序、应急保障措施以及事后恢复与重建措施等内容。

第十九条

城乡规划应当符合预防、处置突发事件的需要，统筹安排应对突发事件所必需的设备和基础设施建设，合理确定应急避难场所。

第二十条

县级人民政府应当对本行政区域内容易引发自然灾害、事故灾难和公共卫生事件的危险源、危险区域进行调查、登记、风险评估，定期进行检查、监控，并责令有关单位采取安全防范措施。

省级和设区的市级人民政府应当对本行政区域内容易引发特别重大、重大突发事件的危险源、危险区域进行调查、登记、风险评估，组织进行检查、监控，并责令有关单位采取安全防范措施。

县级以上地方各级人民政府按照本法规定登记的危险源、危险区域，应当按照国家规定及时向社会公布。

第二十一条

县级人民政府及其有关部门、乡级人民政府、街道办事处、居民委员会、村民委员会应当及时调解处理可能引发社会安全事件的矛盾纠纷。

第二十二条

所有单位应当建立健全安全管理制度，定期检查本单位各项安全防范措施的落实情况，及时消除事故隐患；掌握并及时处理本单位存在的可能引发社会安全事件的问题，防止矛盾激化和事态扩大；对本单位可能发生的突发事件和采取安全防范措施的情况，应当按照规定及时向所在地人民政府或者人民政府有关部门报告。

第二十三条

矿山、建筑施工单位和易燃易爆物品、危险化学品、放射性物品等危险物品的生产、经营、储运、使用单位，应当制定具体应急预案，并对生产经营场所、有危险物品的建筑物、构筑物及周边环境开展隐患排查，及时采取措施消除隐患，防止发生突发事件。

第二十四条

公共交通工具、公共场所和其他人员密集场所的经营单位或者管理单位应当制定具体应急预案，为交通工具和有关场所配备报警装置和必要的应急救援设备、设施，注明其使用方法，并显著标明安全撤离的通道、路线，保证安全通道、出口的畅通。

有关单位应当定期检测、维护其报警装置和应急救援设备、设施，使其处于良好状态，确保正常使用。

第二十五条

县级以上人民政府应当建立健全突发事件应急管理培训制度，对人民政府及其有关部门负有处置突发事件职责的工作人员定期进行培训。

第二十六条

县级以上人民政府应当整合应急资源，建立或者确定综合性应急救援队伍。人民政府有关部门可以根据实际需要设立专业应急救援队伍。

县级以上人民政府及其有关部门可以建立由成年志愿者组成的应急救援队伍。单位应当建立由本单位职工组成的专职或者兼职应急救援队伍。

县级以上人民政府应当加强专业应急救援队伍与非专业应急救援队伍的合作，联合培训、联合演练，提高合成应急、协同应急的能力。

第二十七条

国务院有关部门、县级以上地方各级人民政府及其有关部门、有关单位应当为专业应急救援人员购买人身意外伤害保险，配备必要的防护装备和器材，减少应急救援人员的人身风险。

第二十八条

中国人民解放军、中国人民武装警察部队和民兵组织应当有计划地组织开展应急救援的专门训练。

第二十九条

县级人民政府及其有关部门、乡级人民政府、街道办事处应当组织开展应急知识的宣传普及活动和必要的应急演练。

居民委员会、村民委员会、企业事业单位应当根据所在地人民政府的要求，结合各自的实际情况，开展有关突发事件应急知识的宣传普及活动和必要的应急演练。

新闻媒体应当无偿开展突发事件预防与应急、自救与互救知识的公益宣传。

第三十条

各级各类学校应当把应急知识教育纳入教学内容，对学生进行应急知识教育，培养学生的安全意识和自救与互救能力。

教育主管部门应当对学校开展应急知识教育进行指导和监督。

第三十一条

国务院和县级以上地方各级人民政府应当采取财政措施，保障突发事件应对工作所需经费。

第三十二条

国家建立健全应急物资储备保障制度，完善重要应急物资的监管、生产、储备、调拨和紧急配送体系。

设区的市级以上人民政府和突发事件易发、多发地区的县级人民政府应当建立应急救援物资、生活必需品和应急处置装备的储备制度。

县级以上地方各级人民政府应当根据本地区的实际情况，与有关企业签订协议，保障应急救援物资、生活必需品和应急处置装备的生产、供给。

第三十三条

国家建立健全应急通信保障体系，完善公用通信网，建立有线与无线相结合、基础电信网络与机动通信系统相配套的应急通信系统，确保突发事件应对工作的通信畅通。

第三十四条

国家鼓励公民、法人和其他组织为人民政府应对突发事件工作提供物资、资金、技术支持和捐赠。

第三十五条

国家发展保险事业，建立国家财政支持的巨灾风险保险体系，并鼓励单位和公民参加保险。

第三十六条

国家鼓励、扶持具备相应条件的教学科研机构培养应急管理专门人才，鼓励、扶持教学科研机构和有关企业研究开发用于突发事件预防、监测、预警、应急处置与救援的新技术、新设备和新工具。

第三章　监测与预警

第三十七条

国务院建立全国统一的突发事件信息系统。

县级以上地方各级人民政府应当建立或者确定本地区统一的突发事件信息系统，汇集、储存、分析、传输有关突发事件的信息，并与上级人民政府及其有关部门、下级人民政府及其有关部门、专业机构和监测网点的突发事件信息系统实现互联互通，加强跨部门、跨地区的信息交流与情报合作。

第三十八条

县级以上人民政府及其有关部门、专业机构应当通过多种途径收集突发事件信息。

县级人民政府应当在居民委员会、村民委员会和有关单位建立专职或者兼职信息报告员制度。

获悉突发事件信息的公民、法人或者其他组织，应当立即向所在地人民政府、有关主管部门或者指定的专业机构报告。

第三十九条

地方各级人民政府应当按照国家有关规定向上级人民政府报送突发事件信息。县级以上人民政府有关主管部门应当向本级人民政府相关部门通报突发事件信息。专业机构、监测网点和信息报告员应当及时向所在地人民政府及其有关主管部门报告突发事件信息。

有关单位和人员报送、报告突发事件信息，应当做到及时、客观、真实，不得迟报、谎报、瞒报、漏报。

第四十条

县级以上地方各级人民政府应当及时汇总分析突发事件隐患和预警信息，必要时组织相关部门、专业技术人员、专家学者进行会商，对发生突发事件的可能性及其可能造成的影响进行评估；认为可能发生重大或者特别重大突发事件的，应当立即向上级人民政府报告，并向上级人民政府有关部门、当地驻军和可能受到危害的毗邻或者相关地区的人民政府通报。

第四十一条

国家建立健全突发事件监测制度。

县级以上人民政府及其有关部门应当根据自然灾害、事故灾难和公共卫生事件的种类和特点，建立健全基础信息数据库，完善监测网络，划分监测区域，确定监测点，明确监测项目，提供必要的设备、设施，配备专职或者兼职人员，对可能发生的突发事件进行监测。

第四十二条

国家建立健全突发事件预警制度。

可以预警的自然灾害、事故灾难和公共卫生事件的预警级别，按照突发事件发生的紧急程度、发展势态和可能造成的危害程度分为一级、二级、三级和四级，分别用红色、橙色、黄色和蓝色标示，一级为最高级别。

预警级别的划分标准由国务院或者国务院确定的部门制定。

第四十三条

可以预警的自然灾害、事故灾难或者公共卫生事件即将发生或者发生的可能性增大时，县级以上地方各级人民政府应当根据有关法律、行政法规和国务院规定的权限和程序，发布相应级别的警报，决定并宣布有关地区进入预警期，同时向上一级人民政府报告，必要时可以越级上报，并向当地驻军和可能受到危害的毗邻或者相关地区的人民政府通报。

第四十四条

发布三级、四级警报，宣布进入预警期后，县级以上地方各级人民政府应当根据即将发生的突发事件的特点和可能造成的危害，采取下列措施：

（一）启动应急预案；

（二）责令有关部门、专业机构、监测网点和负有特定职责的人员及时收集、报告有关信息，向社会公布反映突发事件信息的渠道，加强对突发事件发生、发展情况的监测、预报和预警工作；

（三）组织有关部门和机构、专业技术人员、有关专家学者，随时对突发事件信息进行分析评估，预测发生突发事件可能性的大小、影响范围和强度以及可能发生的突发事件的级别；

（四）定时向社会发布与公众有关的突发事件预测信息和分析评估结果，并对相关信息的报道工作进行管理；

（五）及时按照有关规定向社会发布可能受到突发事件危害的警告，宣传避免、减轻危害的常识，公布咨询电话。

第四十五条

发布一级、二级警报，宣布进入预警期后，县级以上地方各级人民政府除采取本法第四十四条规定的措施外，还应当针对即将发生的突发事件的特点和可能造成的危害，采取下列一项或者多项措施：

（一）责令应急救援队伍、负有特定职责的人员进入待命状态，并动员后备人员做好参加应急救援和处置工作的准备；

（二）调集应急救援所需物资、设备、工具，准备应急设施和避难场所，并确保其处于良好状态、随时可以投入正常使用；

（三）加强对重点单位、重要部位和重要基础设施的安全保卫，维护社会治安秩序；

（四）采取必要措施，确保交通、通信、供水、排水、供电、供气、供热等公共设施的安全和正常运行；

（五）及时向社会发布有关采取特定措施避免或者减轻危害的建议、劝告；

（六）转移、疏散或者撤离易受突发事件危害的人员并予以妥善安置，转移重要财产；

（七）关闭或者限制使用易受突发事件危害的场所，控制或者限制容易导致危害扩大的公共场所的活动；

（八）法律、法规、规章规定的其他必要的防范性、保护性措施。

第四十六条

对即将发生或者已经发生的社会安全事件，县级以上地方各级人民政府及其有关主管部门应当按照规定向上一级人民政府及其有关主管部门报告，必要时可以越级上报。

第四十七条

发布突发事件警报的人民政府应当根据事态的发展，按照有关规定适时调整预警级别并重新发布。

有事实证明不可能发生突发事件或者危险已经解除的，发布警报的人民政府应当立即宣布解除警报，终止预警期，并解除已经采取的有关措施。

第四章　应急处置与救援

第四十八条

突发事件发生后，履行统一领导职责或者组织处置突发事件的人民政府应当针对其性质、特点和危害程度，立即组织有关部门，调动应急救援队伍和社会力量，依照本章的规定和有关法律、法规、规章的规定采取应急处置措施。

第四十九条

自然灾害、事故灾难或者公共卫生事件发生后，履行统一领导职责的人民政府可以采取下列一项或者多项应急处置措施：

（一）组织营救和救治受害人员，疏散、撤离并妥善安置受到威胁的人员以及采取其他救助措施；

（二）迅速控制危险源，标明危险区域，封锁危险场所，划定警戒区，实行交通管制以及其他控制措施；

（三）立即抢修被损坏的交通、通信、供水、排水、供电、供气、供热等公共设施，向受到危害的人员提供避难场所和生活必需品，实施医疗救护和卫生防疫以及其他保障措施；

（四）禁止或者限制使用有关设备、设施，关闭或者限制使用有关场所，中止人员密集的活动或者可能导致危害扩大的生产经营活动以及采取其他保护措施；

（五）启用本级人民政府设置的财政预备费和储备的应急救援物资，必要时调用其他急需物资、设备、设施、工具；

（六）组织公民参加应急救援和处置工作，要求具有特定专长的人员提供服务；

（七）保障食品、饮用水、燃料等基本生活必需品的供应；

（八）依法从严惩处囤积居奇、哄抬物价、制假售假等扰乱市场秩序的行为，稳定市场价格，维护市场秩序；

（九）依法从严惩处哄抢财物、干扰破坏应急处置工作等扰乱社会秩序的行为，维护社会治安；

（十）采取防止发生次生、衍生事件的必要措施。

第五十条

社会安全事件发生后，组织处置工作的人民政府应当立即组织有关部门并由公安机关针对事件的性质和特点，依照有关法律、行政法规和国家其他有关规定，采取下列一项或者多项应急处置措施：

（一）强制隔离使用器械相互对抗或者以暴力行为参与冲突的当事人，妥善解决现场纠纷和争端，控制事态发展；

（二）对特定区域内的建筑物、交通工具、设备、设施以及燃料、燃气、电力、水的供应进行控制；

（三）封锁有关场所、道路，查验现场人员的身份证件，限制有关公共场所内的活动；

（四）加强对易受冲击的核心机关和单位的警卫，在国家机关、军事机关、国家通讯社、广播电台、电视台、外国驻华使领馆等单位附近设置临时警戒线；

（五）法律、行政法规和国务院规定的其他必要措施。

严重危害社会治安秩序的事件发生时，公安机关应当立即依法出动警力，根据现场情况依法采取相应的强制性措施，尽快使社会秩序恢复正常。

第五十一条

发生突发事件，严重影响国民经济正常运行时，国务院或者国务院授权的有关主管部门可以采取保障、控制等必要的应急措施，保障人民群众的基本生活需要，最大限度地减轻突发事件的影响。

第五十二条

履行统一领导职责或者组织处置突发事件的人民政府，必要时可以向单位和个人征用应急救援所需设备、设施、场地、交通工具和其他物资，请求其他地方人民政府提供人力、物力、财力或者技术支持，要求生产、供应生活必需品和应急救援物资的企业组织生产、保证供给，要求提供医疗、交通等公共服务的组织提供相应的服务。

履行统一领导职责或者组织处置突发事件的人民政府，应当组织协调运输经营单位，优先运送处置突发事件所需物资、设备、工具、应急救援人员和受到突发事件危害的人员。

第五十三条

履行统一领导职责或者组织处置突发事件的人民政府，应当按照有关规定统一、准确、及时发布有关突发事件事态发展和应急处置工作的信息。

第五十四条

任何单位和个人不得编造、传播有关突发事件事态发展或者应急处置工作的虚假信息。

第五十五条

突发事件发生地的居民委员会、村民委员会和其他组织应当按照当地人民政府的决定、命令，进行宣传动员，组织群众开展自救和互救，协助维护社会秩序。

第五十六条

受到自然灾害危害或者发生事故灾难、公共卫生事件的单位，应当立即组织本单位应急救援队伍和工作人员营救受害人员，疏散、撤离、安置受到威胁的人员，控制危险源，标明危险区域，封锁危险场所，并采取其他防止危害扩大的必要措施，同时向所在地县级人民政府报告；对因本单位的问题引发的或者主体是本单位人员的社会安全事件，有关单位应当按照规定上报情况，并迅速派出负责人赶赴现场开展劝解、疏导工作。

突发事件发生地的其他单位应当服从人民政府发布的决定、命令，配合人民政府采取的应急处置措施，做好本单位的应急救援工作，并积极组织人员参加所在地的应急救援和处置工作。

第五十七条

突发事件发生地的公民应当服从人民政府、居民委员会、村民委员会或者所属单位的指挥和安排，配合人民政府采取的应急处置措施，积极参加应急救援工作，协助维护社会秩序。

第五章　事后恢复与重建

第五十八条

突发事件的威胁和危害得到控制或者消除后，履行统一领导职责或者组织处置突发事件的人民政府应当停止执行依照本法规定采取的应急处置措施，同时采取或者继续实施必要措施，防止发生自然灾害、事故灾难、公共卫生事件的次生、衍生事件或者重新引发社会安全事件。

第五十九条

突发事件应急处置工作结束后，履行统一领导职责的人民政府应当立即组织对突发事件造成的损失进行评估，组织受影响地区尽快恢复生产、生活、工作和社会秩序，制订恢复重建计划，并向上一级人民政府报告。

受突发事件影响地区的人民政府应当及时组织和协调公安、交通、铁路、民航、邮电、建设等有关部门恢复社会治安秩序，尽快修复被损坏的交通、通信、供水、排水、供电、供气、供热等公共设施。

第六十条

受突发事件影响地区的人民政府开展恢复重建工作需要上一级人民政府支持的，可以向上一级人民政府提出请求。上一级人民政府应当根据受影响地区遭受的损失和实际情况，提供资金、物资支持和技术指导，组织其他地区提供资金、物资和人力支援。

第六十一条

国务院根据受突发事件影响地区遭受损失的情况，制定扶持该地区有关行业发展的优惠政策。

受突发事件影响地区的人民政府应当根据本地区遭受损失的情况，制定救助、补偿、抚慰、抚恤、安置等善后工作计划并组织实施，妥善解决因处置突发事件引发的矛盾和纠纷。

公民参加应急救援工作或者协助维护社会秩序期间，其在本单位的工资待遇和福利不变；表现突出、成绩显著的，由县级以上人民政府给予表彰或者奖励。

县级以上人民政府对在应急救援工作中伤亡的人员依法给予抚恤。

第六十二条

履行统一领导职责的人民政府应当及时查明突发事件的发生经过和原因，总结突发事件应急处置工作的经验教训，制定改进措施，并向上一级人民政府提出报告。

第六章　法律责任

第六十三条

地方各级人民政府和县级以上各级人民政府有关部门违反本法规定，不履行法定职责的，由其上级行政机关或者监察机关责令改正；有下列情形之一的，根据情节对直接负责的主管人员和其他直接责任人员依法给予处分：

（一）未按规定采取预防措施，导致发生突发事件，或者未采取必要的防范措施，导致发生次生、衍生事件的；

（二）迟报、谎报、瞒报、漏报有关突发事件的信息，或者通报、报送、公布虚假信息，造成后果的；

（三）未按规定及时发布突发事件警报、采取预警期的措施，导致损害发生的；

（四）未按规定及时采取措施处置突发事件或者处置不当，造成后果的；

（五）不服从上级人民政府对突发事件应急处置工作的统一领导、指挥和协调的；

（六）未及时组织开展生产自救、恢复重建等善后工作的；

（七）截留、挪用、私分或者变相私分应急救援资金、物资的；

（八）不及时归还征用的单位和个人的财产，或者对被征用财产的单位和个人不按规定给予补偿的。

第六十四条

有关单位有下列情形之一的，由所在地履行统一领导职责的人民政府责令停产停业，暂扣或者吊销许可证或者营业执照，并处五万元以上二十万元以下的罚款；构成违反治安管理行为的，由公安机关依法给予处罚：

（一）未按规定采取预防措施，导致发生严重突发事件的；

（二）未及时消除已发现的可能引发突发事件的隐患，导致发生严重突发事件的；

（三）未做好应急设备、设施日常维护、检测工作，导致发生严重突发事件或者突发事件危害扩大的；

（四）突发事件发生后，不及时组织开展应急救援工作，造成严重后果的。

前款规定的行为，其他法律、行政法规规定由人民政府有关部门依法决定处罚的，从其规定。

第六十五条

违反本法规定，编造并传播有关突发事件事态发展或者应急处置工作的虚假信息，或者明知是有关突发事件事态发展或者应急处置工作的虚假信息而进行传播的，责令改正，给予警告；造成严重后果的，依法暂停其业务活动或者吊销其执业许可证；负有直接责任的人员是国家工作人员的，还应当对其依法给予处分；构成违反治安管理行为的，由公安机关依法给予处罚。

第六十六条

单位或者个人违反本法规定，不服从所在地人民政府及其有关部门发布的决定、命令或者不配合其依法采取的措施，构成违反治安管理行为的，由公安机关依法给予处罚。

第六十七条

单位或者个人违反本法规定，导致突发事件发生或者危害扩大，给他人人身、财产造成损害的，应当依法承担民事责任。

第六十八条

违反本法规定，构成犯罪的，依法追究刑事责任。

第七章 附 则

第六十九条

发生特别重大突发事件，对人民生命财产安全、国家安全、公共安全、环境安全或者社会秩序构成重大威胁，采取本法和其他有关法律、法规、规章规定的应急处置措施不能消除或者有效控制、减轻其严重社会危害，需要进入紧急状态的，由全国人民代表大会常务委员会或者国务院依照宪法和其他有关法律规定的权限和程序决定。

紧急状态期间采取的非常措施，依照有关法律规定执行或者由全国人民代表大会常务委员会另行规定。

第七十条

本法自 2007 年 11 月 1 日起施行。

参 考 文 献

[1] Zhai, Baohui 1997, Analysis on insurance & urban disaster mitigation, RISK ASSESSMENT AND MANAGEMENT [A]. Book for 33rd World Planning Congress, ISoCaRP &JAPA, Japan：53-58.

[2] 蔡新立. 尊重科学，狠抓落实，强化抗震防灾意识——谈合肥市抗震防灾规划的实施 [J]. 工程抗震，1994，（2）：12，47-48.

[3] 陈亮全. 都市建筑地震灾害要因资讯系统之建立 [Z]. 台湾建筑研究所，1993.

[4] 陈运军. 防灾规划呵护平安厦门 [N]. 厦门日报，2003-6-28.

[5] 丁辉. 突发事故应急与本地化防范 [M]. 北京：化学工业出版社，2004.

[6] 方鸿琪，杨闽中. 城市工程地质环境与防灾规划 [J]. 中国地质灾害与防治学报，2002，13（1）：1-4.

[7] 高永昭，朴学东. 城市抗震防灾规划与建筑工程震害预测 [J]. 四川建筑科学研究，2000，26（1）：35-38.

[8] 郭小东等. 我国城市发展中的安全减灾问题研究 [Z]. 内部资料：4-5.

[9] 郭章林，刘俊娥，任传胜. 城市煤气工程抗震防灾规划 [J]. 河北建筑科技学院学报，2001，18（1）：43-46.

[10] 贾抒. 大城市突发自然灾害应急机制建立情况及存在的突出问题 [Z]. 工作调研与信息（54）.

[11] 贾燕，高建国. 地震灾害紧急救援的物资救助问题 [C]. 北京海淀首届城市防震减灾（国际）论坛论文集，2004.

[12] 焦双健、魏巍等. 城市防灾学 [M]. 北京：化学工业出版社，2006.

[13] 金磊. 城市工业化灾害及其综合减灾设计对策——兼论北京城市防灾减灾的规划编研思路 [J]. 城市环境与城市生态，2000，13（4）：58-60.

[14] 金磊. 中国增强现代化城市的应急管理能力探析——美国世贸中心"9.11"事件一周年思考 [J]. 重庆邮电学院学报（社会科学版），2002，12（4）：26-29.

[15] 李程伟，张德耀. 大城市突发事件管理：对京沪穗邕应急模式的分析 [J]. 国家行政学院学报，2005（3）：48-51.

[16] 李梁峰，林建华. 重视新兴石化工业区的抗震防灾规划——浅谈泉州市抗震防灾规划编制 [J]. 福建建筑，2004，86（1）：57-58.

[17] 李延涛，苏幼坡，刘瑞兴. 城市防灾公园的规划思想 [J]. 城市规划，2004，28（5）：71-73.

[18] 连玉明. 我国城市公共安全管理存在五个漏洞 [J]. 领导决策信息，2005（1）：13.

[19] 林阙馨. 城市安全与危机管理 [J]. 江南论坛，2003，151（5）：7-8.

[20] 马吉. 海啸和海啸预警系统 [J]. 中国国家地理，2005（2）.

[21] 马宗晋，郑功成. 灾害管理学 [M]. 长沙：湖南人民出版社，1998.

［22］尚春明，顾宇新，谢映霞．神州市"龙王"台风灾害影响分析［Z］．工作调研与信息．

［23］尚春明，贾抒，翟宝辉，许瑞娟．发达国家应急管理特点研究［J］．城市发展研究，2005，12（6）：64-69．

［24］少姆丹尔·伊斯兰姆，考·朝德伯利．孟加拉灾害管理以备灾为中心［J］．中国减灾，2004（2）：57-61．

［25］世界银行．2000/2001年世界发展报告与贫苦作斗争［R］．本报告翻译组译．北京：中国财政经济出版社，2001．

［26］王雷．减灾应急一个必须重视的话题［J］．城乡建设，2005（4）．

［27］王铁宏，尚春明，张巍．既有建筑幕墙安全已成为城市公共安全新的隐患［Z］．工作调研与信息，2005．

［28］王怡学，王延霞．谈鞍山城镇地震应急救援工作［C］．北京海淀首届城市防震减灾（国际）论坛论文集：84-88．

［29］王优龙．编制和实施企业抗震防灾规划是综合防御的具体体现［J］．工程抗震，1998，8（1）：37，46-47．

［30］魏利军，多英全，吴宗之．城市重大危险源安全规划方法及程序研究［J］．中国安全生产科学技术，2005，1（1）：15-20．

［31］吴慧娟，曲琦，葛学礼，马东辉．农村抗得住多大的震动？——农村抗震能力建设与震后重建调查（林培整理）［N］．中国建设报，2004-10-28．

［32］肖江碧，黄定国．都市与建筑防灾整体研究架构之规划（台湾专题报告）［R］．1995．

［33］谢映霞．加强城市公共安全规划，提高城市综合防灾能力，城市公共安全与应急体系高层论坛论文集［C］．2005．

［34］翟宝辉．充分发挥城市规划对土地开发的调控作用［J］．城市发展研究，1998，5（3）：13-16，34．

［35］翟宝辉．完善城市减灾保险体系［J］．城市发展研究，1998，5（2）：29-32，62．

［36］翟宝辉．保险在城市减灾中的作用［J］．城市发展研究，1998，4（4）：54-58．

［37］张翰卿，戴慎志．城市安全规划研究综述［J］．城市规划学刊，2005，156（2）：38-44．

［38］张敏．国外城市防灾减灾及我们的思考［J］．规划师，2000，16（2）：101-104．

［39］宋健．建设城市应急连动与社会综合服务系统势在必行——信息产业部信息产品管理司司长张琪认为［J］．中国电子商务，2004（6）：32-34．

［40］钟开斌，彭宗超．突发事件与首都城市应急联动系统的构建［J］．北京社会科学，2003（4）：60-65．

［41］师钰，陈安．社会力量参与应急管理的政策审视与实践探索［J］．中国应急救援，2019，75（3）：16-21．

［42］吕志奎．构建适应国家治理现代化的应急管理新体制［J］．学术前沿，2019，（3）上：16-21．

［43］王昱倩．"边应急、边建设"：应急管理部两年之变［N］．新京报，2020-4-16．

原版后记

21世纪前20年既是我国经济社会发展的机遇期，也是各种矛盾的凸现期，如何平稳度过这个关键期是摆在我们面前的巨大挑战。我国本来就是一个灾害多发国，随着城市化的加速，经济、社会和文化体育活动在城市高度集中和快速运转，基础设施规模在扩大和现代化，各种活动和设施的相互依赖性空前增强。一旦出现风险将被逐级放大，造成的生命和财产损失将大大增加。

近年来，世界上发生的一系列自然灾害和恐怖袭击事件，如南亚地震、墨西哥湾飓风、印度洋海啸、纽约"9·11"事件、伦敦地铁爆炸、大邱地铁火灾等，给相关国家造成了巨大生命财产损失，也给世界人民生活带来重大影响和警示。

城市作为国民经济发展的主要载体，只有全面提升政府的公共危机管理能力，预防各种突发事件，减少灾后损失，保障公共安全，才能保护已有的发展成果，维护经济和社会的可持续发展，这既是政府执政能力和社会事务管理能力的具体反映，也是各级政府不可回避的挑战。

因此，我们必须对城市建设的指导思想和实现途径认真反思，改变发展思路，把提高城市综合防灾能力、保障城市公共安全作为落实科学发展观具体要求，以城市为基础努力构建社会主义和谐社会。

本书就是为了廓清城市综合防灾的基本概念，明确增强城市综合防灾能力的战略思路和实施路径，将近来参与的各类研究和管理成果梳理出来，为从事城市灾害预防、应急管理救援、灾后恢复重建等工作的领导和技术人员服务。

本书的编写主要得益于建设部政策研究中心各位领导的鼓励和

支持，特别是陈淮主任刚性的要求和春风般启迪。全书内容参考了
住房城乡建设部《城乡综合防灾战略研究》《建设部城市建设综合防
灾"十一五"规划纲要》《城市综合减灾规划与对策》等研究报告。
翟宝辉、周江、袁利平、马东辉、钟庭军、李博分别负责各章的撰
写，翟宝辉最后对全书进行了统稿、定稿，出版社的编辑们付出了
辛苦努力。在此一并感谢。

尽管我们希望本书的内容权威全面，但疏漏谬误在所难免，请
读者批评指正。

2007 年 1 月 30 日
作者于北京

后　记

　　35 年前就有老领导说过，编辑出版是遗憾的艺术。那时刚刚参加工作，负责编辑《中国城市科学研究会会讯》。当时还没有电子打印这套技术和服务，写完文字经审定后要去印刷厂检铅字、排版、校对，三环节的任何环节都不能出问题，等套了红头的正式印刷品出来发现错误，就成了永久的遗憾。

　　后来编辑出版《城市发展研究》杂志，这种体会更加深刻。有一期卷首一篇部领导的两页文章出现了三处错误，我们不得不在发行前全部改正。为了减少损失，我们用了在工程制图中学来的修图技术裁页换页，三个人整整干了三整天，5000 册杂志全部更换一遍。当然，小错误就忽略了，因此编辑出版行业允许万分之四的差错率（20 世纪 90 年代我主编上岗培训时的标准，不知后来是否有新标准）。

　　其实，写作也是遗憾的艺术。这本书的修订就是为了弥补过去的遗憾，在修订版前言中差不多都交代过了，但更多的遗憾又出来了，这就是必须写这篇后记的主要原因。出版这次修订版本是为了应这次机构改革出现的应急管理体系，一方面把综合防灾延伸到应急管理领域，另一方面把城市运行属性旗帜鲜明地提出来，使城市日常管理与应急管理更好地对接。按照计划这本书应该在去年出版，最晚也在这次新冠肺炎疫情之前面世，但因故拖到了现在。

　　这次疫情既是对城市运行的一次大考，也是对刚刚构建的应急管理体系的检验。从现在的出版进度看，总结这次疫情下城市运行面临的各种考验、防灾应急的各种得失入书出版已经来不及了。袁利平同志花了大量时间仔细修改书稿，未来还能不能抽出这么多时间再修订书稿、再出版，反应这次疫情的影响也还是未知数。这确实非常遗憾。

另一个遗憾是对现在应急管理体系的评价和建议不能入书。清华大学薛澜教授的几次评论引发了我的一些思考，也与袁利平同志交换过意见，但反映到书稿中还需更多时日，再说出版进入最后环节，也不要再给出版社的同志们添麻烦了，只能留有遗憾！

当然，第一版出过力的同志们如果有时间和精力再修订，我鼎力支持，我来继续组织，争取把遗憾减到最少。

但此时此刻，还是用老领导的那句话：编辑出版是遗憾的艺术，聊以此安。

翟宝辉

2020 年 6 月 12 日

于北京百万庄